中国人工智能优秀技术和应用案例丛书

AI-ENABLED

AI赋能：
驱动产业变革的人工智能应用

中国人工智能产业发展联盟　组编

中国工信出版集团　　人民邮电出版社
POSTS & TELECOM PRESS

图书在版编目（CIP）数据

　AI赋能：驱动产业变革的人工智能应用 / 中国人工智能产业发展联盟组编. -- 北京：人民邮电出版社，2019.7
　（中国人工智能优秀技术和应用案例丛书）
　ISBN 978-7-115-49031-5

　Ⅰ．①A… Ⅱ．①中… Ⅲ．①人工智能－案例 Ⅳ．①TP18

　中国版本图书馆CIP数据核字(2019)第116249号

内 容 提 要

　本书集合了在中国人工智能产业发展联盟组织的第二批"人工智能技术和应用案例评选"活动中名列前茅的51个优秀案例，全书共5章，包含：智能制造、智能农业、智能城市、智能医疗、电信领域。本书展示了人工智能技术在工业、医疗、交通、金融、通信、政务、教育、公共安全等各个领域的实际应用，展现了中国科技公司引领技术创新完成行业融合的新浪潮。

　◆ 组　　编　中国人工智能产业发展联盟
　　　责任编辑　周　璇
　　　责任印制　彭志环
　◆ 人民邮电出版社出版发行　　北京市丰台区成寿寺路 11 号
　　　邮编　100164　电子邮件　315@ptpress.com.cn
　　　网址　http://www.ptpress.com.cn
　　　北京捷迅佳彩印刷有限公司印刷
　◆ 开本：787×1092　1/16
　　　印张：17.25　　　　　　　　　2019 年 7 月第 1 版
　　　字数：454 千字　　　　　　　2025 年 4 月北京第 4 次印刷

定价：119.00 元
读者服务热线：(010)53913866　印装质量热线：(010)81055316
反盗版热线：(010)81055315

编委会

序言

人工智能60多年的发展之路并非一帆风顺，其间经历了两次高潮和低谷。剖析其原因，一方面是由于缺乏高质量的数据以及计算机运算能力薄弱；另一方面是当时的研究者对人工智能研究的难度估计不足，提出了一些不切实际的预言，难以实现其承诺的"宏伟目标"。近年来，随着高质量的"大数据"的获取、计算能力的大幅提升、以深度学习为代表的算法模型不断丰富，人工智能研究再次进入了快速发展的时期，同时不断地影响、渗透、推进着相关众多产业、行业的快速发展。人工智能"精彩回归"，重新受到政府、学术界、产业界等社会各界的广泛关注。

60多年来，科学家们一直在追逐着"人工智能梦"，探索着更广阔的科学世界。我们期望人工智能学科本身能够继续进步，并进一步与神经计算科学、生命科学等领域深度融合，催生颠覆性技术。未来其研究成果将在社会管理、生命健康、金融、能源、农业、工业等众多领域大放光彩，人工智能将渗透到人们生活中的各个角落，成为人们生活中不可或缺的组成部分，造福人类。

人工智能是一种引发诸多领域产生颠覆性变革的前沿技术，合理有效地利用人工智能，意味着能获得高水平价值创造和竞争优势。人工智能并不是一个独立、封闭和自我循环发展的智能科学体系，而是通过与其他科学领域的交叉结合融入人类社会发展的各个方面。云计算、大数据、可穿戴设备、智能机器人等领域的重大需求不断推动着人工智能理论与技术的发展。当前，人工智能的发展超乎想象，正在深刻改变着人们的生活，改变着整个世界。

目前，人工智能在发展中也面临三大挑战。第一大挑战是让机器在没有人类教师的帮助下学习。即机器无须在每次输入新数据或者测试算法时都从头开始学习。然而，目前的人工智能在这方面的能力还很薄弱。迄今为止，最成功的机器学习方式被称为"监督式学习"。与老师教幼儿园孩子识字一样，机器在每次学习一项新技能时，基本上要从头开始，需要人类在很大程度上参与机器的学习过程。要达到人类水平的智能，机器需要具备在没有人类过多监督和指令的情况下进行学习的能力，或在少量样本的基础上完成学习。近期，我们欣喜地看到很多学者在迁移学习、元学习方面取得了各种进展。期待不久的将来，人工智能在这方面会有所突破。

第二大挑战是让机器像人类一样感知和理解世界。触觉、视觉和听觉是动物物种生存所必需的能力，感知能力是智能的重要组成部分。如果能让机器像人类一样感知和理解世界，就能解决人工智能研究长期面临的规划和推理方面的问题。虽然我们已经拥有非常出色的数据收集和算法研发能力，利用机器对收集的数据进行推理已不是开发先进人工智能的障碍，但这种推理能力建立在数据的基础上，也就是说机器与感知真实世界仍有相当大的差距。如果能让机器进一步感知真实世界，它们的表现也许会更出色。

第三大挑战是让机器具有自我意识、情感以及反思自身处境与行为的能力。这是实现类人智能最艰难的挑战。具有自我意识以及反思自身处境与行为的能力，是人类区别于其他生物最重要、最根本的一点。另外，人类的大脑皮层能力是有限的，如果将智能机器设备与人类大脑相连接，不仅会增强人类的能力，而且会使机器产生灵感。让机器具有自我意识、情感和反思能力，无论对科学和哲学来说，都是一个引人入胜的探索领域。

人工智能的发展能不断帮助人类，但它同时也是一把"双刃剑"。我们要警惕人工智能给人类带来的负面影响，关注人工智能的发展带来的深刻伦理道德问题。我们需要的是帮助人类而不是代替人类的人工智能。发展人工智能的目的不是把机器变成人，也不是把人变成机器，而是要扩展人类的智能，解决人类社会发展面临的重大问题。这是科学界、各国政府和社会在人工智能发展上应认真对待的问题。各国需要确立伦理道德的约束、监督机制，使人类免受人工智能的不当发展带来的负面影响。

但我们也要深刻认识到，人工智能会使人类社会发展面临许多不确定性，不可避免地带来相应的社会问题。解决人工智能发展带来的问题，一个重要趋势是发展"混合增强智能"。"混合增强智能"是指将人的作用或人的认知模型引入人工智能系统，形成"混合增强智能"的形态。这种形态是人工智能可行的、重要的成长模式。我们应深刻认识到，人是智能机器的服务对象，是"价值判断"的仲裁者，人类对机器的干预应该贯穿于人工智能发展始终。即使我们为人工智能系统提供充足的甚至无限的数据资源，也必须由人类对智能系统进行干预。

发展人工智能要做到"顶天立地"，一方面要敢于"异想天开"，催生浪漫想象和大胆探索；另一方面要"脚踏实地"，扎实推进相关基础理论研究，重视人工智能在重大学科领域和重大工程中的实践应用。青山遮不住，毕竟东流去。在科学家、产业界人士、政府决策者的共同努力下，人工智能的研究成果必将为人类文明进步和美好生活贡献新的力量。

郑南宁
中国工程院院士
中国自动化学会理事长
中国人工智能产业发展联盟常务副理事长

前言

回顾过去60多年人工智能技术的演进及发展，在经历了概念萌芽、术语成型、蓬勃发展、研究停滞、再次复兴等多次技术生命周期之后，伴随着深度学习理论和工程技术体系的成熟，GPU、人工智能专用计算架构及运算硬件研发的新突破，以及通过互联网、移动互联网及物联网搜集的数据的大规模积累，人工智能技术已逐步从学术界走入产业界，通过各类产品及解决方案渗透各行各业，潜移默化地推动未来数字世界的变革。而这也成为此次人工智能突破与历史上的最大不同。

近年来，党中央、国务院将人工智能视为新一轮产业变革的新引擎，并高度重视人工智能技术的研发和落地应用。2016年5月，国家发展改革委、科学技术部、工业和信息化部及中央网信办联合印发《"互联网+"人工智能三年行动实施方案》，提出到2018年我将"形成千亿级的人工智能市场应用规模"。2017年7月，国务院印发《新一代人工智能发展规划》，强调在重点行业领域全面推动人工智能与各行业融合创新，在制造、农业、物流、金融、商务、家居等重点行业和领域开展人工智能创新应用试点示范，推动人工智能规模化应用；力争在2030年实现人工智能在生产生活、社会治理、国防建设各方面应用的广度、深度极大拓

展，形成涵盖核心技术、关键系统、支撑平台和智能应用的完备产业链和高端产业群。

基于多年加速发展的技术能力、快速积累的海量数据、巨大的市场应用需求、积极开放的市场环境等条件，我国人工智能技术产业化落地的进程已进入加速期：人工智能软硬件自主研发实力获得迅猛提升，人工智能产品创新取得大规模进展，人工智能专利数量明显上升，大量行业应用层及应用技术层人工智能创业公司涌现并获得巨额融资，区域性人工智能产业园区及配套产业投资基金帮助企业对接地方资源并提供多角度技术落地支持，计算机视觉、语音识别、自然语言处理等热门人工智能技术的科研项目伴随工业界应用研究的反哺在技术边界上不断获得新突破……

为了更好地分析我国人工智能技术商业化及产业化现状，更深入地了解人工智能产业发展状况、趋势以及其对社会发展的影响，中国人工智能产业发展联盟在全国范围内征集评选出了51个人工智能技术应用案例，并汇编成册，旨在以案例的形式，系统性地展示国内人工智能企业在人工智能产品及解决方案上的技术突破、产品架构和应用成效，为关注人工智能技术落地的相关政府部门、行业企业、科研机构以及从事人工智能政策制定、决

策管理和咨询研究的人员提供借鉴和参考，帮助其更全面地了解人工智能技术如何解决各个领域具体细分应用场景存在的问题、如何赋能及升级传统行业；帮助人工智能行业从业者更好地探索人工智能技术的应用潜力及边界，获得技术创新应用及研发的启示性思考；也供广大对人工智能行业感兴趣的读者学习、研究。希望以此为我国人工智能产业创新发展发挥积极作用。

孙明俊
中国人工智能产业发展联盟总体组组长

目录

CHAPTER 04 智能医疗 / 121

CHAPTER 05 电信领域 / 167

CHAPTER
智能制造

01

便携式电子产品结构模组精密加工智能制造新模式

苏州华数机器人有限公司

－ 应用概述 －

本项目采用国产高速高精钻攻中心及数控系统、自动化生产线与机器人、智能在线检测装备和包装装备、工业软件等建设形成便携式电子产品结构模组精密加工数字化智能车间及高度柔性化的自动生产线系统。在国产CAPP、PLM、MES、云数控系统等工业软件支持下，本项目提升了企业信息化、智能化、协同化水平，达到全制造过程数据透明化，完成了基于实时制造数据的自动化调度系统，实现了便携式电子产品结构模组在批量定制环境下的高质量、规模化、柔性化生产，并达到改善生产效率、提高产品质量、降低制造成本的目的。

－ 技术突破 －

加工全流程采用机器识别技术，实现工件全流程信息追溯；运用机床指令域大数据分析实现工艺参数评估与优化、实时断刀监测、机床健康诊断、无传感器热误差补偿及大批量机床状态实时监控；运用生产大数据建立工艺知识库，进行三维加工工艺优化；运用在线检测和加工误差实时反馈技术实现工件的智能质量闭环控制；运用智能刀具管理系统对刀具进行全生命周期管理；通过大数据平台实现基于实时数据的动态生产调度系统。

- 重要意义 -

本项目所形成的便携式电子产品结构模组精密加工智能制造新模式对我国劳动力密集型企业转型升级具有典型示范意义，并对区域智能化建设带来显著的推动作用。

- 研究机构 -

苏州华数机器人有限公司

苏州胜利精密制造科技股份有限公司

苏州富强科技有限公司

苏州富强加能精机有限公司

武汉华中数控股份有限公司

艾普工华科技（武汉）有限公司

武汉开目信息技术有限责任公司

武汉创景可视技术有限公司

苏州凡目视觉科技有限公司

■ **建设智能制造示范工厂**

■ **促进企业转型升级**

✓ 提高生产效率

✓ 提升产品质量

✓ 降低能源消耗

✓ 缩短研制周期

✓ 降低生产成本

- 技术与应用详细介绍 -

一、总体介绍

本项目针对3C行业普遍存在的"批量加工"和"批量转移"的现象，采用先进的钻攻中心生产线布局与自动化测量、闭环控制工艺，将生产线按照流程布局组成柔性化的作业单元，辅以必要的自动化产线设备，构成灵活的适应多品种混流生产的柔性加工单元。以模块化钻攻中心单元应对规模批量加工的订单品种需求；以高度柔性化的加工单元应对多品种小批量或频繁换线产品的混流加工需求。

项目分为上、下两层，由总共179台高速钻攻中心、10台高速高精钻攻中心、96个六关节机器人组成了19条机加生产线，每条产线配备独立的

工件清洗机和高精度激光在线检测机。其中一楼有8条生产线，二楼有11条生产线。根据场地条件，每条产线配备4~5台上下料机器人、7~12台钻攻中心。除线头、线尾的机器人外，线中机器人配置地轨，负责3~4台钻攻中心的上、下料操作。另外还有一条由6台打磨机器人组成的自动打磨线。现场配备一座总容量为3260个库位的数字化立体仓库，分上、下两层部署，利用7台AGV小车为19条机加工产线配送物料、回收工件。另外还在二楼配置有一座智能刀具库，利用RFID系统，通过刀具管理系统对整个车间的刀具进行管理。

项目按纵向集成的技术需求，分为4个层次，如图1-1所示。最底层是由高档数控机床、机器人以及自动化物流设备构成的设备层；在设备层之上，由各类传感器、数据采集装置构成了用于多源异构数据采集的传感层；在传感层之上，由MES、CAPP、WMS等智能软件构成了软件层；最后由大数据中心、展示终端等构成了决策层。本项目通过功能清晰的层次划分及各层次之间有机的整合，形成了拓扑结构合理、兼容性强、具有先进性的国产集成方案。

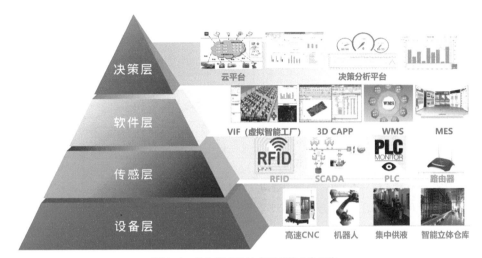

图1-1　纵向集成的技术需求的4个层次

二、项目特点

本项目技术特点可总结为："三国""六化""一核心"。

1."三国"

本项目采用完全自主可控的国产智能装备、国产数控系统、国产工业软件。

（1）智能制造车间核心设备全部采用国产智能装备

a. 高速钻攻中心/高速高精钻攻中心（自主品牌）：主轴最高转速分别为20 000r/min和40 000r/min，定位精度0.01mm，重复定位精度分别为0.006mm和0.003mm。

b. 高精度检测机（本项目研发）：借助激光线扫描相机，采用2D/3D视觉检测技术，使自动生产线上自动完成工件的量测，避免了人工操作，确保测量的精确性和可重复性，测量精度达到2μm，实现快速高精在线测量。

c. 工业机器人（自主品牌）：有效载荷12/20kg，重复定位精度±0.08mm。

（2）国产智能装备全部采用国产数控系统

a. 高速钻攻中心/高速高精钻攻中心采用完全自主知识产权的华中8型全数字开放式高档数控系统。

b. 工业机器人采用具有自主知识产权的华数II型机器人控制系统。

（3）智能制造车间全部采用国产工业软件

a. 三维机加工工艺规划系统（CAPP）：由武汉开目信息技术有限责任公司开发提供，快速生成工件的机加工工艺。

b. 产品生命周期管理系统（PLM）：由武汉开目信息技术有限责任公司开发提供，支持海量数据处理。

c. 制造执行系统（MES）：由艾普工华科技有限公司提供，包括制造数据管理、生产过程控制、底层数据集成分析、上层数据集成分解等管理

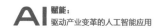

模块，支持移动端展示。

d. 虚拟智能工厂（VIF）建模仿真软件：由创景可视技术有限公司提供，基于完全自主研发的虚拟仿真平台，为行业领先产品。

2. "六化"

本项目形成高度柔性化自动生产线系统，在国产工业软件和云数控大数据平台的支持下，实现便携式电子产品结构模组在批量定制环境中的高质量、规模化、柔性化生产。

（1）加工过程自动化

车间建立了由立体仓库、AGV小车、标准料箱、通用托盘、倍速链传送带以及工业机器人组成的车间自动化物流系统，并部署了自动清洗机、检测机等自动化设备。物料从入库到出库之间的全部生产环节均可自动完成；当某台设备出现故障时可从系统中自动切出，其任务由其余同类设备接管，避免全线停产。

同时，产线具有高度的柔性，通过APS、MES、WMS系统的实时监控和快速调度调整，可以进行单线生产、混线生产、串线生产等多种生产模式，适应不同种类工件的生产需求，发挥最大生产效率。

（2）制造资源物联化

本项目应用RFID技术，通过与设备控制系统集成，以及外接传感器等方式，实现了机机互联、机物互联和人机互联，并由SCADA系统实时采集设备的状态、生产报工信息、质量信息等，从而将生产过程中涉及的全部制造资源信息进行了高度的集成，并且打通了所有系统的信息通道，实现了生产过程的全程可追溯。

（3）制造系统数字化

本项目基于制造资源的物联化，通过实时数据驱动的动态仿真机制，形成人、产品、物理空间和信息空间的深度融合，建立虚拟工厂与物理工厂相互映射、深度融合的"数字双胞胎"，实现实时感知、动态控制和信息服务。通过信息系统对物理工厂进行可视化监控，实时查看设备状态、质量信息、生产实况和生产实绩，同时进行分析与决策，对物理工厂进行智能控制。

（4）质量控制实时化

工件在机床中加工完毕后由机器人送入在线检测机检测，检测完毕后机器人根据检测结果将不合格品放入不合格品料箱，将合格品放入工件托盘，保证不合格品即时分拣；同时检测数据上传至云平台，对同一机床加工的产品历史检测数据进行检索与对比，当对比结果符合设定的情形时，触发自动刀补流程，将信息传递给产线控制器，产线控制器计算刀补参数并下发给目标机床调整刀补，将刀具误差补偿回来，实现工件质量的实时全闭环控制。

（5）决策支持精准化

从生产排产指令的下达到完工信息的反馈，实现了全闭环控制。通过建立生产指挥系统，管理者可以随时精确掌握工厂的计划、生产、物料、质量和设备状态等资源信息，了解和掌控生产现场的状况，提高各级管理者决策的准确性。

（6）制造过程绿色化

本项目中使用太阳能供电、钻攻中心油雾分离系统、切削液循环利用系统以及产线集中排屑系统，实现高效利用能源、减少污染排放，践行绿色制造理念。

3. "一核心"：大数据云平台

本项目以大数据云平台为数据集成核心，如图1-2所示。与以往车间网络化的重大区别在于智能车间的工业软件不再是不可或缺的数据节点，而是"生长"在大数据中心之上的一个应用，提升了系统集成的便利性。

同时，对采集到的机床大数据进行分析、建模、比对，实现了一定程度上的智能化应用。例如：对加工工艺进行评估和优化、实时监控机床健康状况、自动补偿机床热变形、实时监测刀具状况、自动规避主轴共振等。而且通过建立机床故障维修数据库，对机床出现的异常状况进行远程在线诊断，大大缩短了机床维护维修时间，降低了运维难度。

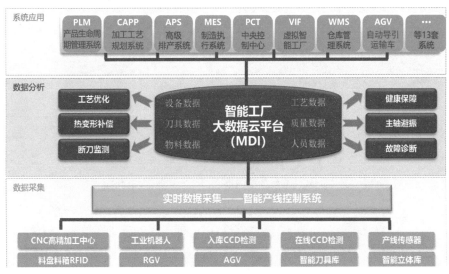

图1-2 大数据云平台

－特邀点评－

　　这个项目综合采用国产高速高精钻攻中心及数控系统、自动化生产线与机器人、便携式电子产品结构模组智能清洗和包装装备、工业软件等软、硬件装备，打造了19条自动化生产线，并利用大数据云平台打通了各个工业软件的信息通道，形成了完整的便携式电子产品结构模组自动化、柔性化加工数字化车间，对于推动离散型金属加工行业智能制造整体能力与核心生产竞争力的提升，以及推广行业智能化制造、区域智能化制造具有深远意义。

——董景辰　教授、中国工程院制造业研究室首席专家、
国家智能制造标准化专家咨询组副组长、工业和信息化部智能制造专家咨询委员会委员

　　大力推行数字化、网络化、智能化制造，是建设制造强国的最重要的对策。本项目是一个高水平的数字化、网络化工厂，并且具有较强的智能功能，如运用大数据进行3D加工工艺优化和热误差补偿、机床状态实时监控和健康诊断、实时断刀监测等，在3C加工领域具有引领意义和推广价值。

——屈贤明　国家制造强国建设战略咨询委员会委员、
工业和信息化部智能制造专家委员会副主任

　　智能制造是中国实体经济转型升级的主要路径。发展智能制造，可以使中国制造业转型升级。本项目运用中国自主品牌的智能装备、数控系统和工业软件，建设智能制造工厂，取得了成功，对我国智能制造、工厂建设，起到了良好的示范效应。

——陈吉红　武汉华中数控股份有限公司董事长、华中科技大学教授、
博士生导师、中国机床工具工业协会数控系统分会理事长

iS-RPA机器人流程自动化软件

上海艺赛旗软件股份有限公司

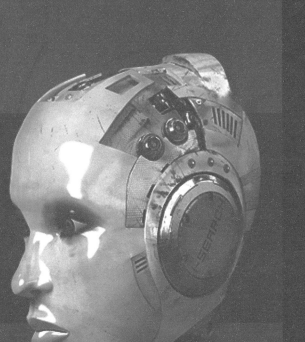

— 应用概述 —

iS-RPA机器人流程自动化软件是让机器看懂并学习人类对计算机操作的自动化软件，它的角色就相当于一个虚拟员工，它可以为企业提供业务流程自动化工作，极大地减少人为从事标准、重复、烦琐、大批量的工作的负担，是最纯粹的自动化形式。艺赛旗iS-RPA机器人以其轻量、高效、快速的特质跨出了"机器做事"的阶段，步入了"代替人做事"的新领域。

— 技术突破 —

传统软件更多的是对工作整体进行设计，需要人去操作，虽然满足了业务的需要，但占用了大量人力，并且工作效率低下。iS-RPA机器人流程自动化软件的核心能力是通过自动化、智能化技术来替代人们进行重复性、低价值、无须人工决策等固定性流程化操作，从而有效地提升工作效率，减少错误。

— 重要意义 —

iS-RPA机器人流程自动化软件相对于其他传统软件来说，最大的区别是代替人操作，从而帮助企业解决流程自动化难题，实现降本增效。

－研究机构－

上海艺赛旗软件股份有限公司南京研发中心

－技术与应用详细介绍－

一、运行模式

智能辅助模式：艺赛旗公司已在行为数据采集分析领域潜心发展了7年之久，在将UEBA（User and Entity Behavior Analytics）用户实体行为分析为核心的技术完美融合到iS-RPA机器人之中的同时，结合iS-RPA机器人的自动化技术，实现了iS-RPA机器人的智能辅助模式。

自动执行模式：iS-RPA机器人提供财务、税务、应用交易、IT维护、数据比对、业务稽核等各类简单、重复形式的业务自动化服务功能，并通过无人值守的方式快速替代人工操作，无须系统改造融合，实现低成本、高回报。

真实回溯模式：iS-RPA机器人在运行过程，可对终端桌面上的所有操作行为进行完整的录像。用户的每个操作动作都将精确记录，并且具有法律效应。录屏产生的数据是最直观、精确、可信的审计数据，有着其他数据无法替代的作用，它能够无缝记录用户希望监控的所有操作行为，任何高危敏感操作动作都无所遁形。

二、智能化设计程度

自动化信息提醒：iS-RPA机器人实现业务操作环节、重要动作及敏感信息的及时提醒，实现对业务流程动作的合规性提醒，防止恶意操作，避免业务不合规。

机器人监控：系统提供对所有机器人的执行任务实时监控功能，通过控制和调度中心，可以远程对每个机器人正在执行的任务过程进行画面、过程监控。

智能UI应用适配：iS-RPA机器人提供高效的应用适配能力，并创新性完成图形文本化识别，实现更多应用的文本识别，并更好地适配业务流程中的图形动作。

文本自动化：支持各类文本文件的解压、读取、复制等功能，并自动化地进行应用交互，快速实现业务流程中所需处理的文本读取、代填、合并、计算等工作。

数据自动化：iS-RPA机器人创新性的数据处理技术，满足了业务自动化过程的机器人对数据处理的各种需求，包括创建、删除、修改、合并、索引、过滤、分析及计算等功能。

控制调度中心：iS-RPA机器人提供控制调度中心，实现对所有机器人的管理工作，并对机器人的任务执行情况、结果进行统计分析，提供各种分析、视图、报表及搜索引擎功能。

可视化设计环境：iS-RPA机器人设计器，操作简单、界面友好，支持拖曳设计，如图1-3所示。即使非IT人员也能快速地完成配置；同时支持Python语言，更方便专业人士使用。

图1-3　iS-RPA机器人设计器界面

三、市场应用情况

金融业: 在"智慧金融"引导下,金融领域是 iS-RPA机器人率先使用者,如图1-4所示。金融系统中有着大量标准、重复、烦琐的工作任务,导致企业工作效率低下,成本高,严重制约着企业的发展。如今,金融业务产品越来越丰富,很多新的产品需要在原有系统中,进行大量的跨系统的人工操作,效率难免低下。此外,金融行业有着和其他领域不同的"值守"工作,需要在常规工作之外的时间完成,如各种报表数据制作、各项交易结算、逾期信息提醒等。以上这些业务,只是iS-RPA机器人实际融合金融业场景的一部分。iS-RPA机器人,在帮助金融业提升工作效率、降低成本的同时,也显著提高了客户服务质量,有效地助力了"智慧金融"发展。

税务自动化机器人

解决纳税申报"最后一公里"问题

iS-RPA · —— 税三 —— 登录系统 —— 数据收集 —— 数据整理 —— 报税填单 —— 结果通知 —— 报税完成

纳税申报发起　登录系统　数据收集　数据整理　报税填单　结果通知

银行现金对账机器人

实时会计 智能对账

iS-RPA · —— 登录 —— 授权 —— 现金调拨 —— 数据补全 —— 数据核对 —— 结果通知 —— 记账完成

登录　授权　现金调拨　数据补全　数据核对　结果通知

图1-4　iS-RPA典型应用场景

通信运营商： 通信运营行业竞争白热化，为客户提供最快、最实惠和最前沿的服务是必然趋势，但在业务中仍然有很多流程工作效率低、耗时长。在成本居高不下的同时，面对客户高质量的服务要求，运营商的挑战也越来越大。iS-RPA机器人的出现，成功帮运营商解决了以上痛点，无论是帮助呼叫中心减少通话时间，还是在订单中心快速、高效地处理订单，iS-RPA机器人都意味着更高的效能和更低的成本。目前，iS-RPA机器人已成为众多通信运营商的优秀解决方案之一。

制造业、政务等其他领域： 现在制造业利润空间越来越受到挤压，制造商必须很好地核算制造、人工、物流等众多成本。它们在降低成本方面，运用了众多的创新实践，越来越多的制造业开始使用iS-RPA机器人。从现有的成果来看，客户在使用iS-RPA机器人后，成本平均节约30%以上。iS-RPA机器人在政务中的公共服务部门也获得了非常好的实践，能够快速地帮助群众处理问题，全面提升公共服务窗口的形象，让群众减少等待时间。

－特邀点评－

艺赛旗公司目前已与南京大学人工智能学院、京东AI等众多第三方单位开展了广泛的合作。京东的OCR技术，已经成功地运用在iS-RPA中。今后，艺赛旗公司也将不断开拓人脸识别、语音交互、数据安全等诸多领域研究与合作，以增加iS-RPA机器人的适用范围。目前，国际上的RPA技术已经成功并深入地应用于金融、政务、医疗、教育、公共服务等领域，RPA技术也在不断发展之中，本篇所介绍的RPA技术在众多行业领域的应用只是冰山一角。也期待中国的RPA技术不断发展，不断为中国企业提供更好、更全面的服务。

——胡立军　上海艺赛旗软件股份有限公司联合创始人/高级副总裁

基于AI的RPA产品是人工智能场景化落地的典型应用，技术型替代的手段和方案能够满足更多用户需求，通过基于有限资源的机器学习模型，让iS-RPA技术适用领域越来越广泛。iS-RPA技术已突破了传统软件的藩篱，已成为现代企业实现降本增效的利器。

——黎铭　南京大学人工智能学院副院长

智能视觉检测系统

中科创达软件股份有限公司

- 应用概述 -

智能视觉检测系统主要是针对目前生产制造过程中，人工检测效率低、一致性差，而传统机器视觉方法灵活度不高、不够智能的问题。本系统通过将计算机视觉和深度学习相结合的技术提取缺陷图像特征，从而突破自学习和自适应各类图像的识别和分类等关键技术，实现可检测、识别复杂环境下的产品未知缺陷，并且准确率高、通用性好，提升了生产制造过程中产品缺陷检测的准确率、品质和效率等核心能力，为研制更为通用智能的缺陷检测分类解决方案奠定坚实的技术基础。

- 技术突破 -

本系统集合了计算机视觉、人工智能及大数据等关键技术。

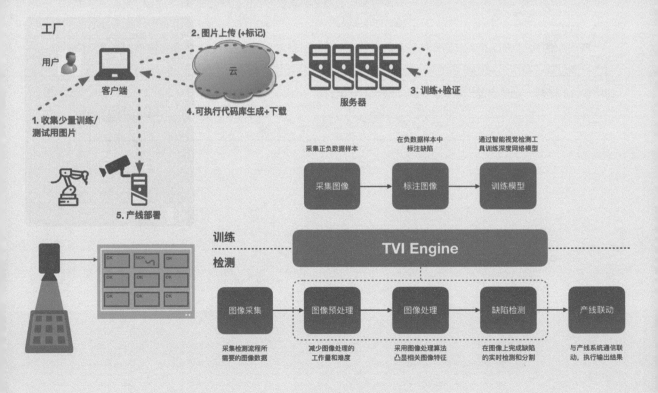

－研究机构－

中科创达软件股份有限公司

－技术与应用详细介绍－

一、系统架构

　　智能视觉检测系统由深度学习基础层、深度学习管理层以及智能视觉检测和分类服务层构成，实现了算法模型开发训练的状态监控、深度优化和定制服务等功能。其中，深度学习基础层不仅适配和集成了基础框架和算法库，同时包含数据存储、网络通信、运算控制和计算加速等基础服务。深度学习管理层包含图像预处理算法、数据标注与数据增强、数据集、训练任务以及深度学习模型等功能模块的管理。智能视觉检测和分类服务层包含图像的特征定位、检测和分类，同时支持图像数据的输入和识别结果的导出等功能服务。

　　同时，本系统设计并实现了一个"基础型"－"定制化"算法模型训练架构，"基础型"算法模型通过包含不同类型未知缺陷的大量图像数据样本训练生成，它可以根据缺陷的视觉形态和区域位置自动生成缺陷特征表示向量值，该向量值通过空间欧几里得距离来区分不同的缺陷类型以及缺陷与非缺陷图像。而"定制化"算法模型是客户采用极少数据量或单一图像数据来基于"基础型"算法模型进行训练和优化的，算法模型可以智能地匹配或生成该检测识别任务专有的缺陷特征表示向量值，进而通过精细化模型参数调整和优化得出"定制化"的算法模型。

　　总体来说，整个智能视觉检测系统实现了以下核心技术功能模块。

　　1. 模块化的通用AI平台功能单元；

　　2. 支持算法模型的迁移学习；

　　3. 支持缺陷特征的强化学习；

　　4. 预置了相关的图像预处理算子；

　　5. 具有可定制化的交互模块；

　　6. 支持可视化的调试工具；

　　7. 支持算法模型的计算加速（训练和推理）；

　　8. 支持结构化的数据输出。

二、主要业务功能

　　本系统主要实现4类智能视觉缺陷检测和分类功能，如图1-5所示。

　　1. 异常/缺陷"检测"： 本系统可检测异常和外观缺陷，通过学习外观正常和包含一些明显但可容忍的缺陷的物体图像，来进行视觉检测。

　　2. 缺陷/特征"定位"： 本系统可通过深度学习标注的图像数据样本来定位和识别单个或多个复杂特征或物体。

　　3. 缺陷/特征"分割"： 本系统可分割检测的瑕疵区域或其他感兴趣的区域，通过学习多种目标区域的外观来检测所有感兴趣的区域，实现缺陷的准确分割。

　　4. 缺陷/物体"分类"： 本系统可通过学习一系列标注过且不同类的缺陷图像来分类，仅需要提供一些标注好类别的数据样本来进行训练。

  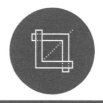 

异常 / 缺陷 "检测"	缺陷 / 特征 "定位"	缺陷 / 特征 "分割"	缺陷 / 物体 "分类"
· 识别出任何存在瑕疵、变形、异常或损坏的样本 · 仅仅需要提供一组无缺陷的样本来学习正常的外观和几个有缺陷的样本来定义容忍变化的水平	· 通过学习一系列标注过不同类的图像，来分类相关的物体或缺陷 · 仅仅需要提供部分标记了特征的图像数据样本训练	· 分割出（像素级精度）检测到的瑕疵/缺陷区域，或其他感兴趣的区域 · 通过学习多种目标区域的外观特征来自动分割	· 通过学习一系列标注过不同类的图像，来分类相关的物体或缺陷 · 仅仅需要提供一些标注好类别的数据进行训练

图1-5　智能视觉检测主要功能

三、技术和产品特点

1. 平台化的智能缺陷检测开发服务：本系统实现了一个适合智能视觉检测的工作流，将所有的智能视觉检测开发和应用所需的全部功能进行了模块化封装，实现复用和快速迭代，以满足客户多变的需求。

2. 出色的检测性能：本系统胜任目前视觉产品无法或难以解决的复杂缺陷检测和分类任务，针对所有图片中缺陷部位特定的图像特征学习和提取，检测精度极高，实现对缺陷的准确、高效检测。

3. 强大的学习功能：本系统不需要手动标注缺陷数据，属于非监督学习，使用方法极其方便简单；系统通过学习少量图像样本自动生成算法模型，算法模型训练速度快，一个模型仅需一小时，而增量训练一个模型仅需几分钟，具有开发周期短和无须编程等优点。

4. 灵活、快速的部署：本系统很好地兼容标准工业相机，实现与产线自动化执行机构的联动以及工厂信息系统的融合。

四、典型应用场景举例

1. 平板显示器FPD的缺陷检测与分类；

2. 手机等3C电子产品的外观瑕疵检测；

3. 太阳能板裂纹、瑕疵检测；

4. 纺织行业的布匹花纹检测。

五、成功应用案例

本智能视觉检测系统目前已成功应用于国内大型柔性OLED面板生产企业，帮助客户实现了面板生产过程中缺陷图像的自动准确分类，如图1-6所示。

在传统的液晶面板生产过程中，由于设备、参数、操作、环境干扰等环节存在问题，会产出不良产品。生产企业在每段工艺后利用光学（AOI）检

测，产生对应的图像，然后需要按照工艺要求把不良图像进行检测、识别和按照要求进行分类，其主要过程需要对产品的不良种类、不良大小、不良与背景之间的空间位置关系等信息计算出来，利用信息对工艺操作提供指导，提高效率，同时降低整个系统不良品的概率以及及时减少Rework和Repair的工作量。当前这一烦琐的检测和分类工

作仍然以人工识别为主，存在人工检测速度慢、准确率和检出率低以及稳定性差等问题。

本智能视觉检测系统利用人工智能技术对现有业务流程进行升级改造，解决不良缺陷检测、分类、识别等重大难题，最终提升生产、质检效率和准确率，同时间接提升整体产品的良率，为企业的智能化升级转型打下了坚实的基础。

该缺陷自动识别分类系统（以下简称"ADC系统"，如图1-7所示）上线后，受到了客户业务部门的一致好评："ADC系统解决了我们长期以来

的因招工难、培训成本高、人员不稳定所带来的产品质检效率低、品质不佳的重大难题，提升了生产和质检流程的效率和准确率，同时间接提升了整体产品的良率。"目前ADC系统已为客户节省了80%的质检时间，缩短了产品的交付周期，提高了产能效率；减少了65%的人力检测和培训成本，大大改善了缺陷检测分类的准确性和一致性，并显著提高了产品的良率。ADC系统帮助客户获取了更多的质检结构化数据，助力企业实现缺陷根本原因的大数据分析，增强了产品和技术核心竞争力。

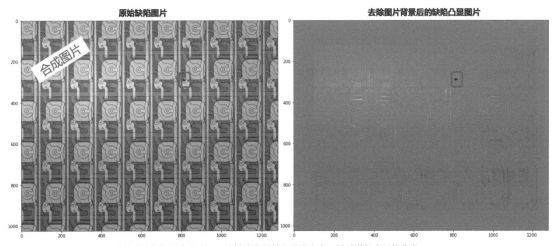

通过神经网络首先将复杂的背景滤除，让缺陷在图片上显现出来，然后进行实际的分类

* 因数据保密，所有图片均为合成数据

图1-6　智能视觉检测系统应用——缺陷捕手

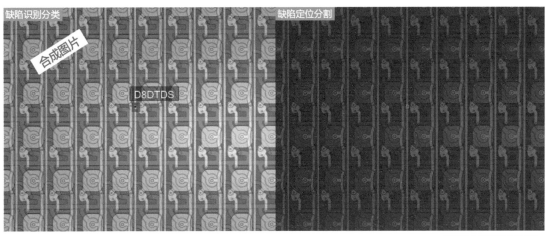

* 因数据保密，所有图片均为合成数据

图1-7　智能视觉检测系统应用——缺陷自动识别分类系统

－特邀点评－

当前我国的工业仍处于半自动化阶段，尤其是在质检领域，仍以人工检测为主，存在效率低、成本高、漏检/误检等缺点。随着AI技术的发展，基于深度学习的智能视觉检测系统将逐步应用到工业领域。

中科创达提供的智能视觉检测系统解决了制造业长期以来的因招工难、培训成本高、人员不稳定所带来的产品质检效率低、品质不佳的重大难题，提升了生产和质检流程的效率和准确率，同时间接提升了产品的整体良率。我们很高兴看到中科创达推出的智能视觉检测系统正在广泛地应用于不同行业，它为制造企业的智能化升级转型提供了先进、高效的支持和服务，同时对我国工业的智能化升级起到了良好的推动作用。

——邓仰东　清华大学软件学院副教授

基于深度学习的智能视觉检测系统相比人工检测，具备一定的自学习性和自适应性，克服了人工检测在效率和检测结果的准确性上的缺陷；相比传统机器视觉技术，一方面它能够处理一些较为复杂的场景，如非标物体的识别，克服了传统机器视觉定制化严重的问题；另一方面也可以解决传统机器视觉难以应对的不确定性问题，能够在一定程度上实现跨行业的通用视觉检测。它在现代工业和智能制造检测中将得到越来越广泛的应用。

——孙力　中科创达软件股份有限公司副总裁

汽车冲压模具智能云工厂

北京航天智造科技发展有限公司

－ 应用概述 －

汽车冲压模具智能云工厂以广东横沥模具协同中心及广东天倬智能装备科技有限公司作为对象,应用INDICS平台构建了汽车冲压模具企业内制造过程智能化和企业间制造协同智能化相结合的智能云工厂。本项目应用工业互联网、智能化装备、人工智能等新技术,突破技术瓶颈,建设基于云平台,满足汽车冲压模具供需对接、产品设计、工艺、制造、检测、物流等全生命周期的智能化要求的智能云工厂。企业内部通过智能云工厂建设充分发挥设备潜能,DOE试验方法智能识别质量关键影响因素,提高产品一致性;神经网络预测刀具寿命,减少工件损伤;基于视情维修的设备维护策略,减少设备停机时间,延长寿命。企业外部与其他制造资源协助充分发挥智能制造的社会聚合效应,通过跨企业的有限产能智能排产,提高资源利用率,最终建成一个基于航天云网INDICS平台的汽车冲压模具智能制造生产基地,实现"互联网+智能制造"的样板示范,可复制、可推广。

－ 技术突破 －

本项目集合应用了工业互联网技术、精准供应链管理技术、智能设计与仿真技术、混合集合规划算法智能云排产技术、大数据分析技术等。

<table>
<tr><td>

— 重要意义 —

本项目应用工业互联网、智能化装备、人工智能等新技术、新设备，突破技术瓶颈，建设基于云平台，满足汽车冲压模具供需对接、产品设计、工艺、制造、检测、物流等全生命周期的智能化要求的智能云工厂。

</td><td>

— 研究机构 —

北京航天智造科技发展有限公司
广东天倬智能装备科技有限公司

</td></tr>
</table>

— 技术与应用详细介绍 —

一、应用规划

北京航天智造科技发展有限公司为帮助汽车冲压模具企业快速实现智能制造，重点进行了6项应用规划。

1. 汽车冲压模具云应用：本项目基于INDICS平台实施云制造应用，建立汽车冲压模具共享制造资源的公共服务平台，将巨大的社会制造资源池连接在一起，提供各种制造服务，实现制造资源与服务的开放协作、社会资源智能共享。

2. 云端业务协同：本项目基于INDICS平台建设云端资源协同CRP、云端研发协同CPDM系统，提供订单协同、资源协同、研发协同、图和文档协同等增值服务，支撑了模具产业实现资源计划协同，搭建了数据驱动的小批量多品种柔性生产模式。

3. 有限云排产系统：本项目提供基于产能的生产任务排程的混合集合规划算法及工具，通过对分布的、异构的制造资源和制造能力的虚拟化和网络化，实现制造资源的高效、准确共享。

4. 云端大数据分析应用：本项目通过工业物联网网关SmartIoT及平台网关接口，将企业设备数据、产线生产数据、调度系统数据、DNC系统等数据及企业运营数据上传至云平台，利用平台分析工具进行数据分析，实现质量/工艺优化应用、设备远程运维应用、关键设备预防性维护应用、运营分析应用；搭建神经网络，利用数据进行训练，实现对关键设备的远程运维和预测性维护，降低运营成本。

5. 产线仿真及优化设计：本项目应用平台产线仿真工具，搭建智能制造车间的整体模型，应用工厂实际生产情况约束，对工厂设计、设备布局、物流线路、加工能力、调度系统进行全局仿真，发现产线设计中存在的相关问题，优化产线的整体情况。

6. 智能生产线：本项目利用先进的系统集成技术，通过基于OPC/UA协议的工业网络，对工业机械手、工业数控多轴加工中心、AGV等设备进行集成，实现对完成云排产后的汽车冲压模具进行智能化生产计划接收，毛坯的自动配送、加工，生产情况的自动统计、反馈，构建一体化的智能模具生产线。

二、实现效果

通过以上规划内容建设，拟实现以下效果。

1. 基于云平台的汽车模具社会化资源聚集与共享

本项目基于INDICS的模具云应用提供智能识别系统，快速发布需求和能力信息；提供搜索、智能匹配和商机推送等服务，具有快速对接能力，能够响应需求，完成供需对接；实现价值链全贯通，数据链全过程流转，以及经营管控、研发、生产业务全覆盖。

2. 构建云端工业软件集成新模式

云制造3C提供集成入口，可从模具云平台导入企业信息、产品功能信息、订单信息、设计模型等；其次云制造3C可集成模具云平台的云化软件，如CPDM与产品数据管理PDM集成、CRP与企业资源计划ERP集成、CMES与制造执行系统MES集成等。以生产计划为数据驱动，打通客户订单–企业生产计划–生产执行数据链条，实现订单驱动生产；以BOM及工艺路线为数据驱动，打通异地事业部、客户、供应商间设计BOM、设计工艺三维模型及审批流的数据链条；以企业数据为驱动，实现企业整体运营状况的优化及决策支撑。

3. 基于仿真技术的生产优化

本项目通过对生产情况的仿真模拟，找到在设备维度、物流系统维度、生产排产维度等的系统不平衡性及瓶颈资源，有针对性地调整瓶颈资源的生产安排，对调度系统及排产系统进行多轮优化迭代，达到企业生产的设备及产线最优配置，最大化地发挥智能产线的生产潜能，达到智能工厂的设计初衷。

4. 数据驱动的工艺优化

本项目针对现有生产工艺路线及指标，精确收集工艺路线关键点的工艺数据，采用数据分析工具建模，提炼出关键指标的量化数据值，通过多轮生产及仿真积累数据进行指标统计与比较，确定最佳工艺路线及工艺数据，达到产品生产的最优工艺能力。

三、企业需求

汽车冲压模具智能云工厂已在广东天倬智能装备科技有限公司实施应用，在实施前企业主要存在以下需求。

1. 企业期望整合模具制造行业工业数据，在充分发挥工业装备、工艺和材料潜能的基础上，提高产品质量、优化资源配置效率、创造差异化产品和实现服务增值。

2. 企业期望建设汽车模具行业的智慧制造产业示范基地，基本实现产品协同设计、协同制造，实现海外订单综合管理以及工厂全球可视化，解决海外业务的拓展与供应链管控问题，争取海外高端客户订单。

3. 企业期望建设智能化车间，实现订单快速响应和车间智能制造，提升企业生产管控水平，探索"单品类、定制化"的生产模式，满足工期要求、提高客户满意度。

4. 企业期望通过现场设备实时采集、智能分析技术，提炼出关键指标的量化数据值，对模具的整体加工工艺进行优化。

四、开展工作

北京航天智造科技发展有限公司根据广东天倬智能装备科技有限公司的建设需求搭建了基于云平台的汽车冲压模具云工厂，帮助企业提升自动化和信息化程度，实现智能制造、协同制造。项目实施过程中重点开展了以下几方面工作。

1. 搭建模具云平台，实现社会化资源协同共享

模具云平台搭建"产学研用金"创新系统，共享技术、专家、课程、知识、金融等资源，为企业提供一站式生产性服务，如图1-8所示。本平台已发布科研成果1847条，技术难题15条，达成合作17个，科研院校上云9家，发布课程52个，知识资源46个。

2. 开展基于云平台的CRP、CPDM系统应用

本项目构建以企业为中心的全价值链生态体系，实现企业（设备、产线、业务）能力上云，如图1-9所示；线上订单协同研发设计，应用智能

020 排产引擎（混合集合规划算法）进行有限产能计划安排；智能驱动线下生产，打造一个模具生产的有机整体，形成大企业带动小企业的模式。

图1-8 "产学研用金"创新系统——横沥模具产业云专区

图1-9 CRP有限云排产应用

3. 应用物联网关，实现生产的智能化

本项目自动获取产品信息和相应的加工参数；实现设备互联、数据采集、过程管控等可视化；实现重型工件（≥30 000kg）物流智能化，实现工件与龙门铣床的自动上料的定位，具体模具车间现场加工单元如图1-10所示。

4. 应用大数据智能分析技术，提高整体管控能力

本项目针对智能管理与决策优化需求，应用大数据智能分析引擎提供管理决策支持；通过采集质量相关指标，利用相关性分析技术，建立相关性分析构件；通过对实时采集的设备数据进行分析，结合知识经验库，建立设备异常检测构件，如图1-11所示。

图1-10　模具车间现场加工单元

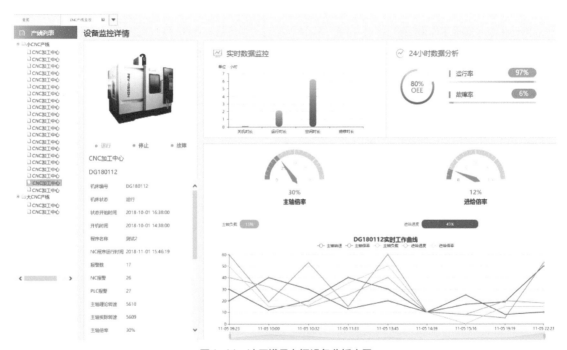

图1-11　冲压模具车间设备分析应用

五、取得效益

广东天倬智能装备有限公司智能云工厂建设后取得了以下良好效益。

1. 经济效益： 通过广东天倬智能产线建设，降低预期企业运营成本，产品研制周期缩短30%，质量问题减少10%，资源利用率提高15%，运营成本降低20%，减少现场操作人员70%以上，可提高效率和产能30%以上。

2. 社会效益： 本项目基于航天云网平台，建设具备可复制性的智能工厂和模具制造产业链的生态圈，帮助当地汽车冲压模具行业转型升级，促进进出口贸易，加强横沥模具产业链上下游企业之间的资源共享、协同协作，建立战略联盟，共同面向市场。

–特邀点评–

　　汽车冲压模具智能云工厂已经在广东天倬智能装备科技有限公司落地，形成了云制造、协同制造、智能制造的样板示范。本项目通过INDICS平台的CRP的智能云排产，构建基于整个东莞模具产业价值链的行业联盟；通过行业联盟所有企业能力的实时共享，解决各个企业因订单不稳定造成部分企业能力不足而部分企业能力得不到充分利用的问题，缩短整个行业的订单交付周期，保证按时交付，使整个行业的生产能力和价值得到充分、高效的利用，这是工业互联网在云制造方面重大价值的体现。在北京航天智造科技发展有限公司及众多合作伙伴的共同努力下，汽车冲压模具智能云工厂会在全球范围内的模具制造业复制并推广，助力模具制造业技术创新、商业模式创新和管理创新。

——庄鑫　北京航天智造科技发展有限公司副总经理

　　广东天倬智能装备科技有限公司是典型的多品种、单件定制化生产模式，智能云工厂建设基于整个产线的自动化改造实现了车间设备联网，打通了设计、工艺、供应链、生产计划，直至驱动产线执行，通过智能数据分析提升工艺和质量，同时大幅提升生产效率，这对满足市场快速多变的客户需求，以及实现柔性化、个性化生产模式是一个重大、成功的尝试。

——聂国顺　广东天倬智能装备科技有限公司董事长

乳品行业智能工厂解决方案

北明智通（北京）科技有限公司

－ 应用概述 －

乳品行业智能工厂解决方案依托物联网、大数据分析、知识图谱、机器学习等技术，贯穿生产原料、产品设计、制造过程、供应和营销服务数据链，构建乳品行业的智能工厂业务模型以及"状态感知、实时分析、科学决策、精准执行"的智能工厂技术平台，帮助乳品企业实现生产信息实时共享、生产全流程智能化管理，以及营销供应链与生产管理的一体化集成、商品的全过程溯源管理。本方案能够辅助企业科学决策，从而实现工厂的数字化与智能化管理，提供生产质量保证，实现降本增效。

本方案的人工智能应用技术特点包含大数据智能分析、行业知识图谱，以及融合了知识图谱与机器学习的交互优化技术。

本方案已经在蒙牛乳业、光明乳业等公司落地实施。通过推广应用，希望本方案能够帮助乳品企业实现智能制造，推动中国制造向中国创造转变、中国速度向中国质量转变。

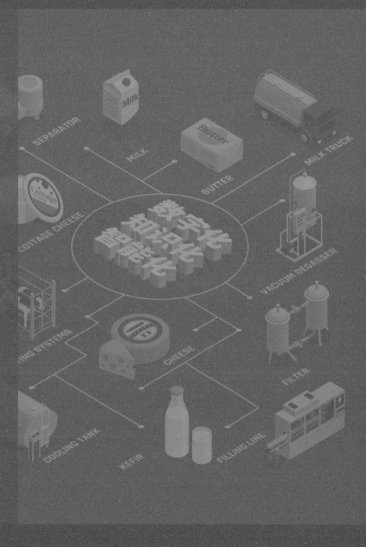

－ 技术突破 －

本方案实现了乳品生产物联网技术标准和多源大数据集成，在智能分析中融入行业知识图谱和机器学习技术。

- 重要意义 -

本方案以采购、生产、物流、营销一体化的全产业链视角，以及人机料法环测全要素的生产管理观，实现实时精细生产的智能化管理。

- 研究机构 -

北明智通（北京）科技有限公司

- 技术与应用详细介绍 -

随着新一代IT技术的发展，以及《中国制造2025》战略的提出，智能制造迎来重大机遇。乳品企业面临消费需求升级、提升品质、降本增效等

一系列挑战，希望建设智能工厂、实现智能制造，需要有针对性的解决方案。

乳品工厂生产业务蓝图，如图1-12所示。

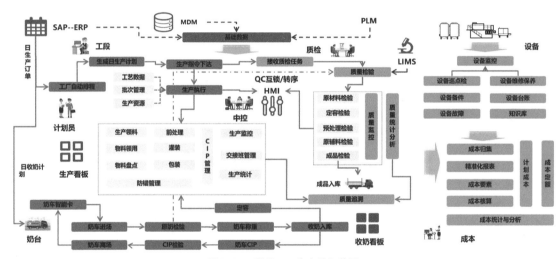

图1-12　乳品工厂生产业务蓝图

本方案包括4个层面。

1. 建立生产物联网规范，实现全链条数据集成与互通互联

数据是智能工厂建设的基础。乳业生产过程具有设备众多、异构多源、海量数据、实时性强等特点，对食品质量管控和可追溯性要求很高，而过去的数据主要运用在独立的各生产单元中，与原料、营销等各相关环节没有贯通。

本方案突破了业务和技术瓶颈，建立了拥有自主知识产权的乳品行业生产物联网标准规范，包括一体化的数据集成模型、技术协议、接口规范，实现了与所有主流生产设备集成的业务规范、技术标

准、设备和软件为一体。

本方案能够帮助乳品企业快速实现智能工厂所需的生产物联网体系，如图1-13所示，以生产为中心的一体化数据集成与互联、互通，为后续的业务流程优化和大数据分析奠定了基础。

2. 建立业务协作平台，实现数据驱动的业务管理流程

企业拥有海量实时数据以及数据互联互通之后，需要将传统的每日生产管理流程，优化为实时、数据驱动的管理流程，这将适当改变现有人员职责、组织方式和工作流程。

智通科技基于乳品行业多年的工作经验，以

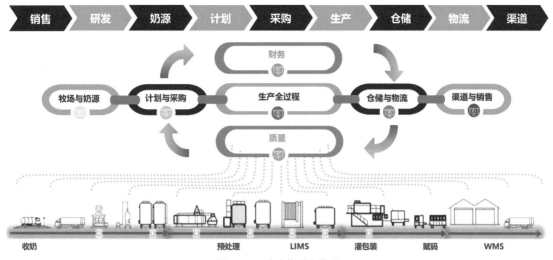

图1-13　生产物联网体系

及对智能制造、数字化转型业务的洞察，以降低成本、提高质量和效率为目标，构建了一整套数据驱动的业务管理流程，并提供了相应的业务管理工具。业务协作平台能够帮助乳品企业建立基于数据驱动的管理流程，在"生产运营、经营管理和决策支持"3个业务层面，提供辅助的科学决策。

在生产运营层面，业务协作平台实现人机料法环测等各生产要素实时数据整合与可视化展现；实现从订单到成品生产过程中，计划与排产、生产运行监控、绩效管理、质量管理、设备管理、能源管理等各个活动的实时管理。在经营管理层面，业务协作平台集成生产数据与采购供应链、物流配送、客户营销等业务数据，提供可视化展现、供应商评估、需求评估等一系列功能。在决策支持层面，业务协作平台为公司领导提供更全面的一体化业务视角和分析报告，如图1-14所示。

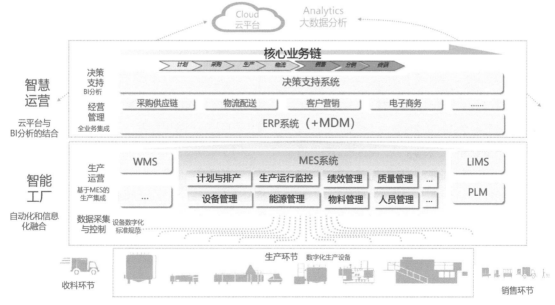

图1-14　业务协作平台示意图

3. 建立行业知识图谱和大数据分析框架，支持数据驱动的生产管理和优化

本方案基于海量实时数据和优化的业务管理流程，能够挖掘对业务有价值的"信息"和"知识"，并且能够融合专家经验，辅助人员做出科学决策。对于乳业生产来说，其主要困难在于缺乏既熟悉大数据与人工智能等先进技术，又熟悉业务细节和未来趋势的行业数据分析专家，以及缺少相应的技术工具。

智通科技具有乳品行业的数据分析团队，将"大数据分析"与"知识图谱"等人工智能技术相融合，构建了一整套行业知识图谱、大数据业务分析框架、评估指标和实现工具，能够快速帮助乳品

企业建立智能工厂的数据分析中枢，逐步优化生产管理水平，提高决策科学性。

本方案建立了工厂"人机料法环测"的行业知识图谱，实现图、表、文、数等多源异构数据的融合分析，并且将行业经验知识、企业知识、专家隐性经验等融入。例如：针对生产运营，提供排产优化、设备智能运维、防错预警等一系列优化；针对经营管理，提供全链条质量追溯和预警、需求评估、供应商风险评估等一系列功能。

如图1-15所示，解决方案采用一物一码技术，提供了乳品行业从牧场、生产、仓储、流通、供销商到消费者全产业链的质量追溯，大大提高了事前、事中和事后的质量管控。

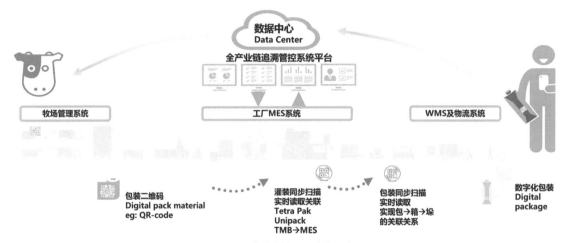

图1-15　全产业链质量追溯示意图

4. 落地示范工程，辅助乳品企业提升

当前各乳品企业既面临经营成本增加、同质竞争激烈、质量安全高要求等挑战，又面临消费升级和消费结构调整等带来的广阔市场前景。乳品生产企业通过管理和技术创新，持续推动业务发展。在国家和地方政府智能制造要求的推动下，许多企业开始启动智能工厂的建设。

智通科技的乳品行业解决方案已经在蒙牛（入选工业和信息化部2016年智能制造试点示范项目）、光明（入选工业和信息化部2018年智能制造综合标准化与新模式应用项目）、澳优等国内外

乳品企业落地实施，并取得了良好的成效。下面以蒙牛项目的实施效果为例。

（1）缩短工序时间，提高生产效率：本方案通过实时监控、排产优化、设备预知性维护，提升机台效率15%，企业产能相应提升；通过敏捷排产，提升生产应对订单能力，增加小批量临时订单的快速应对能力，直接扩大产品销售。

（2）节约生产成本：本方案通过各环节信息贯通，大大减少企业操作人员的工作量与工时。车间统计巡检人员数量下降50%、交接班和生产记录劳动量减少80%、发货环节的清点时间降低

90%、营销统计人员降低50%；同时，精准的温湿度环境管理，以及设备实时监控，综合降低能源消耗约5%。

（3）提高产品质量：从牛奶进厂检验到成品出厂检验，本方案提供产品质量的各种横向、纵向对比分析、原因查找和控制手段，企业质量管控水平得到根本性的提高；质量控制点由原来十几个，增加到上千个，质量追溯由原来的数小时缩减到几分钟，质量分析的有效性增加了50%。

－特邀点评－

该解决方案的技术特点可概括为"一套、两个、三种"。

一套成功的解决方案：人工智能在企业智能制造中的成功应用案例是很稀缺的。中国工程院2018年在全国征集了基于新一代人工智能的智能制造应用案例，但真正符合要求的案例寥寥无几。当看到"乳品行业智能工厂解决方案"时，它让我眼前一亮——这是基于新一代人工智能的智能制造在企业落地的典型案例，已在蒙牛、光明等国内领先的乳品企业获得了有效的实践验证。

两个基本范式的并行应用：中国工程院在2018年发布的《中国智能制造发展战略研究报告》中指出，国内智能制造有"三种基本范式"，第一种范式是基于数字化技术的智能制造；第二种范式是基于CPS技术的智能制造；第三种范式是基于新一代人工智能的智能制造。"乳品行业智能工厂解决方案"可贵之处在于，该方案中同时应用了第二种范式和第三种范式，并且让应用实实在在地在事关亿万群众食品安全的乳品行业落地。

三种人工智能的同时融入：基于大数据智能、融合知识与机器学习的交互优化技术、知识图谱等新一代人工智能技术开发的"乳品行业智能工厂解决方案"，解决了多源、多维、异构、海量数据采集技术问题，实现从采购、生产到销售的过程一体化集成，贯通了供应链、生产过程、营销、财务等全流程的数据和应用集成，从原奶收料到前处理，从灌包装到成品仓储，再到每一箱/盒乳品的追溯，所有的数据尽在该解决方案的掌控之中，让食品安全和生产效率这两个最重要的目标得到了根本性的保证。

——赵敏　走向智能研究院执行院长

乳品行业智能工厂解决方案基于品控需求，从产品末端控制向全流程控制转变，基于CPS和工业互联网构建的智能工厂原型，通过物理层互通互联构建了一个"可测可控、可产可管"的纵向集成环境，通过信息层涵盖企业经营业务的各个环节，形成了企业价值链的横向集成环境。

该方案在蒙牛集团落地，以蒙牛WCO世界级运营为核心，在现有自动化和智能化的基础上，以质量、成本、效率为核心，通过MES横向集成信息化管理系统，纵向集成自动化控制系统，实时采集生产数据并监控设备运行状态、自动生成生产报表，实现生产过程自动分析、自动转序、自动控制、自动报工；同时，通过数字化手段，集成生产设备等自动化控制系统与ERP、PLM、MES、LIMS、WMS等信息化系统，形成了蒙牛特有的乳品生产经营管理模式，实现了以智能工厂起步，拓展覆盖生奶收取、加工全过程、物流仓储、实验管理、设备保障、能源及安全管理等各方面业务的数字化制造新模式，为蒙牛制造走向全球化竞争奠定了良好的基础。

——韩建军　蒙牛集团常温事业部生产总经理、智能制造总技术负责人乳品行业拥有超长的产业链，任何一种产品都要跨越农牧业、工业、服务业三大产业，而数据是智能的基础。产业链越长、环节越复杂，需要采集与分析的数据就越多。乳品行业的设备十分广泛，需要采集信号的设备厂商PLC型号各有不同，连接方式及协议不一致，数据结构也不同。乳品行业智能工厂解决方案提出数采技术体系，将其转化为统一标准的数据结构。同时，通过产线赋码关联以及智能工厂系统的建设，打通从牧场奶源、生产加工、仓储物流、市场营销的全产业链条，使整个产业链中各质量关键点的详细来源、去向、检验信息等可控、可管理，同时可根据企业及消费者的不同角色提供数据开放支持，实现了自动化集成、数字化应用、智能化拓展。

——刘小芳　上海市商务委服务业发展处技术顾问

在从消费互联网向产业互联网扩散，推动传统行业数字化转型的阶段，北明智通（北京）科技有限公司致力于帮助企业充分释放工业数据的价值，发掘"数据红利"。乳品行业智能工厂解决方案依托智能制造和人工智能技术，提供全产业链贯通的"状态感知、实时分析、科学决策、精准执行"技术，帮助乳品企业实现智能化管理，为提高整体质量安全和效率、效益提供宝贵经验。

——史晓凌　北明智通（北京）科技有限公司执行总裁

烟叶综合测试系统

上海创和亿电子科技发展有限公司

－ 应用概述 －

烟叶综合测试系统通过机器视觉检测法、重量检测法、透光性检测法，对烟叶的各项指标进行检测。指标包括烟叶的重量、长宽、面积、油分、颜色均匀度、片形、叶脉、纹理等，结合深度学习算法模型实现对烟叶的部位、等级等自动识别与判定。

此系统主要用于以下各方面：

1. 实现原烟外观及物理属性数字化，为打叶复烤分类加工提供数据支撑；

2. 实现辅助验级，建立完善的烟叶原料综合质量体系；

3. 为打叶复烤区域加工中心提供数据支撑；

4. 为复烤工艺控制参数化提供原料数字化输入；

5. 实现片型结构与叶丝结构研究与应用；

6. 实现成品片烟的醇化过程研究提供数字化数据基础；

7. 构建有特色的基于化学值及烟叶外观两个维度的打叶复烤均匀性评价体系；

8. 探索在满足片烟大中片率的前提下，研究烟叶片型的评价。

－ 技术突破 －

本系统是根据烟草行业在原料保障体系建设、烟叶调拨、选叶、复烤及醇化等多个环节的实际数字化需求，进行自主设计研发的智能化设备。技术创新包括用数字化方法对烟叶油分、结构、颜色、部位、等级等指标进行检测；技术优势包括精度高、测量速度快、测量样本量多、数据直接导出、多项指标创新检测法、可同时检测多个指标。

－ 重要意义 －

相比传统的烟叶测试方法，本系统具有数字化、智能化全覆盖、精密度高、测量时间短、多方法支持自动计算，以及经济性、高效率等特点。

1. 实现从经典模拟定性判定到统一数字化表征的重大转变。

2. 解决了过往人工判定标准不统一、不稳定的影响。

3. 为原料保障体系的建立提供烟叶外观等物理属性质量的大数据支撑。

4. 采用基于机器视觉的多维度品质解析智能算法模型，完美替代人工计算方法单一、差错率高等问题。

－ 研究机构 －

上海创和亿电子科技发展有限公司

－技术与应用详细介绍－

本烟叶综合测试系统基于烟叶的物理特性，构建出独有的"三模块、四体系"的物理指标检测法，并对烟叶的各个物理指标进行数字化实现，促使烟草行业对烟叶物理特性的认知达到新的高度。

三模块包括以下3个系统。

1. 机器视觉系统；

2. 重量采集系统；

3. 光强采集系统。

四体系包括以下4个指标。

1. 颜色指标：颜色色域、颜色深浅、颜色均匀度。

2. 物理指标：长、宽、周长、面积、直径、片形。

3. 外观指标：油分、厚度、密度、结构。

4. 综合指标：部位、等级。

烟叶综合测试系统的主要研究对象为烟叶，如图1-16所示。而烟叶本身在加工过程中具有不同的形态，主要包含原烟、片烟及烟丝。

在原烟的研究应用中，颜色指标、物理指标、外观指标等数字化的表征均有助于实现对原烟的部位识别及等级识别（即综合指标的实现）；在标准样本体系建立的前提下，本系统在1个月内便能够

图1-16　烟叶原图

完成原烟的部位与等级的识别；而其准确率在容错1级的情况下，能够达到识别度≥85%，有助于实现对原烟加工过程中，人工挑选环节的合格率分析，以及分析挑选烟叶的尺度是否发生偏移。本系统按照原烟产地进行识别，有助于分析不同产地烟叶外观的特性与共性，根据原烟种植大区的土壤、水分等农作物种植要素也可以形成新的认知。根据原烟的外观指标的数字化实现，本系统对不同等级的烟叶油分、结构、颜色及外观等指标进行快速测量，并聚类分析，把烟叶按照不同的物理特性指标分类，为相近外观类别采取相近的打叶复烤参数提供数据支撑。在现有烟叶的打叶复烤基础上，本系统根据烟叶的外观指标以及物理指标的快速检测，能够对外省或者非熟悉产地的烟叶提供快速的外观指标的测量数据，形成在外观指标上对外省地烟叶的快速认识，然后按照外省地烟叶外观指标与现有烟叶的外观指标的归类，快速有效地形成外省地烟叶的加工参数，逐步形成并壮大区域加工中心。

在片烟的研究应用中，颜色指标的分析对于打叶复烤均质化加工有着重要的作用，是多维度均质化加工的重要检测指标之一。长期以来，打叶复烤的均匀性评价一般是基于尼古丁与水分的变异系数，这两个指标的评价有时对烟叶的品质均匀度的认识略显单薄，基于化学且用片烟的参配比例的均匀性与片烟颜色的均匀性能够丰富现有的片烟质量均匀性评价体系。同时，物理指标的检测对于打叶复烤加工过程中打叶工艺段的加工起着至关重要的作用，其能够快速反应片烟的大小及片烟的片形；而片烟的大小及造碎对卷烟成品转化率有着极大的影响，并且随着细支卷烟对卷烟市场的占比越来越高，而片烟的形状对成品烟丝的加工又有着至关重要的影响，因此在打叶复烤加工过程中的片烟、片形等检测有着不可忽视的作用。

本系统已经先后与全国多家卷烟复烤企业建立了合作关系并成功应用，同时也得到了行业内多家客户及权威专家的广泛好评。如：云南红塔集团玉溪卷烟厂、湖南烟叶复烤有限公司、福建三明金叶复烤有限公司、山东诸城复烤厂、湖北恩施复烤厂、上海烟草集团技术中心、华环国际烟草有限公司、江苏中烟技术中心等。

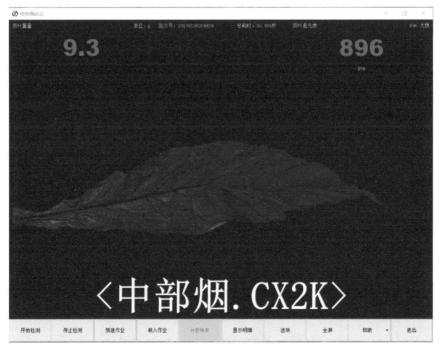

图1-17　烟叶综合测试系统显示界面

这些企业利用烟叶综合测试系统的技术特点实现了对原烟的分级，辅助烟叶挑选合格率的分析，以及分析挑选烟叶的尺度是否随着时间的推移发生改变。此外，根据烟叶综合测试台检测原烟的外观及物理指标的数字化，本系统可实现对不同产地、不同部位、不同等级的烟叶外观指标（油分、结构、颜色等）、烟叶物理指标（长、宽、面积、周长、直径、片形）进行快速检测，并进行聚类，再把烟叶按照不同的外观指标进行分类，为相近外观类别采取相近的打叶复烤加工参数，实现烟叶的聚类加工，如图1-17和图1-18所示；对企业的良好生产、成本控制等均起到了较大的帮助。本系统在进入市场后，始终处于畅销的状态。

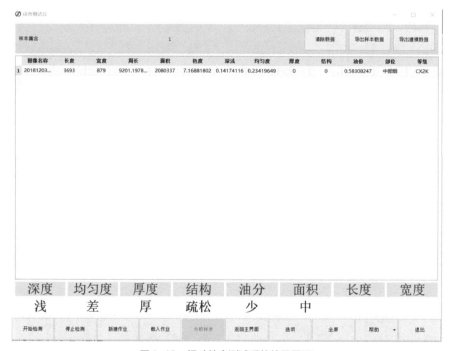

图1-18　烟叶综合测试系统结果界面

特邀点评

　　机器视觉识别技术是目前发展迅速并在多个领域得到广泛应用的快速检测技术，目前普遍的应用主要涉及缺陷检测、特征识别等相对纯粹的图像识别技术。但是，利用机器视觉技术通过外观检测识别对内在产品（如食品）品质进行数字化的人工智能应用技术还比较少，实现大批量的农产品及食品加工过程中生产线上原料的全覆盖检测一直是个发展瓶颈。该烟叶综合测试系统通过机器视觉+人工智能技术在烟草领域对烟叶原料的相关品质实现从人工的定性判定到数字化表征的巨大转变，如油分、颜色均匀度、产地、等级的快速、高效识别，为烟草行业在线质量评价、在线定级、在线选叶等需要大量人工投入的生产环节向自动化、智能化的转变，实现了一次革命性探索。该系统应用的技术何时推广到在线的大规模应用，目前非常值得期待，但其绝对是前所未有的，具有巨大的应用价值。

　　——彭思龙　中科院自动化研究所研究员、博导、智能制造中心主任、中科院自动化研究所苏州研究院院长

烟叶综合测试系统是烟草行业在原料保障体系建设中，根据烟叶调拨、选叶、加工及醇化等多个环节
的实际数字化需求进行量身定做的，并配套人工智能领域相关技术，达到智能化全覆盖，在上海烟草集团、
江苏中烟及其下属烟叶加工企业的实际使用过程中得到了客户端的一致好评，可谓硕果累累。

　　　　　　　　　　　　　　　　　　　　——薛庆逾　上海创和亿电子科技发展有限公司总经理

CHAPTER
智能农业

02

全国农业科教云平台大数据服务

北京农业信息技术研究中心

－ 应用概述 －

全国农业科教云平台以"互联网＋农技推广和职业农民培育"为驱动，畅通农技推广和职业农民培育信息服务通道，打造主体、技术、服务、试点/产业相协同的智能化农技推广服务创新技术环境，综合运用大数据结网协同和人工智能技术，聚集各类农业科教资源，完善农技推广信息服务工具，建立全方位、立体化和多维度的农技人工与智能问答、标准化生产、农技云诊断、农产品质量追溯、在线会商与远程培训、农产品电商等智能服务综合体；促进农机农艺融合协作、绿色高效生产技术指导和知识分享传播，为农技推广插上信息化的翅膀，让职业农民搭乘"互联网＋"的快车；全面提升农技推广和职业农民培育服务效能，解决农业科技服务"最后一公里"问题，提高农业科技对农业发展的贡献度，促进农民增收致富，助力国家乡村振兴。

－ 技术突破 －

全国农业科教云平台突破了立体化、全息画像、特定行为图谱分析的全域农情实时预警与精准管控技术，创制了远程监督学习训练分类器和共轴知识组织相结合的多层梯度智能问答系统。

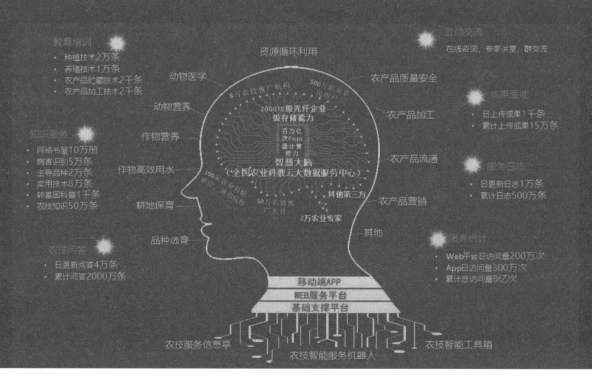

- 技术与应用详细介绍 -

一、农业大数据汇聚技术

全国农业科教云平台构建了设备、数据和系统规范接入技术体系，集成多类型终端，整合农技推广大数据资源，实现软、硬件产品接入，提供托管式平台支撑服务，如图2-1所示；构建统一标准规范的农技推广数据资源池，通过数据资源泵为各区域农技推广平台提供数据共享交换服务。目前，全国农业科教云平台可实现各类物联网采集设备的有条件接入、网络信息的多线程定向按需采集、多平台智能终端（PC、iOS、Android、Windows Phone等）及历史和新建业务系统的无障碍、规范化接入，实现行业数据跨部门、跨系统、跨地域的无缝交换和集成整合，对行业大数据进行集中管理，为全国农业科教服务提供大数据服务支持，全面提升农业行业管理、服务与科学决策水平。同时，与自主研发的农技服务ATM机、农技智能服务机器人、农技智能工具箱等农技推广智能新工具实现数据互联互通，为农技推广终端服务提供数据共享。

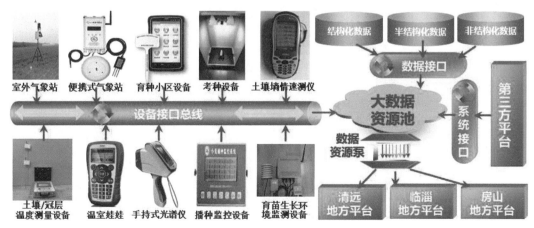

图2-1 农业大数据汇聚共享服务流程

二、大数据服务平台

全国农业科教云平台大数据服务包括Web端服务和手机端服务两大板块，全面对接科研、推广和农民3支队伍，汇聚各省网络资源、信息资源、服务资源和专家资源，链接农业科研机构、涉农大学的专家、成果、基地与项目资源，打造全国农业科教云平台大数据服务中心，实现资源的深度整合与科学利用，总体架构如图2-2所示。此外，基于全国农业科教云平台定制的符合各省产业特色和实际需求的大数据服务分中心，可实现农业科教大数据按需服务，如图2-3所示。

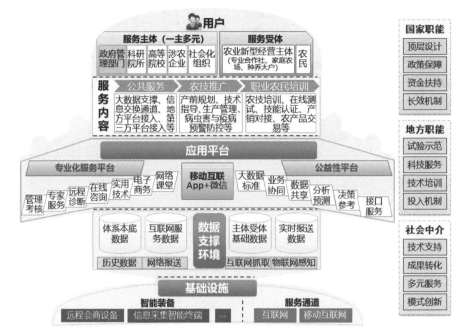

图2-2　全国农业科教云平台建设总体架构

图2-3　全国农业科教云大数据中心

全国农业科教云平台Web端服务主要建设中国农技推广信息服务平台和新型职业农民培育信息管理平台。中国农技推广信息服务平台主要提供农情信息、人员管理、机构管理、管理考核、科技服务、成果发布等核心功能；新型职业农民培育信息管理平台主要提供学员管理、培训管理、基地管理、认定管理、师资管理、教材管理等核心功能。

全国农业科教云平台手机端服务主要建设中

国农技推广App和云上智农App。中国农技推广App主要有通知资讯、技术交流、服务日志、农情上报、知识学习、农技问答、成果速递等核心功能；云上智农App主要有农业资讯、在线学习、培训评价、直播讲堂、涉农服务、农技问答、成果速递等核心功能。两个App的农技问答、成果速递功能模块实现数据互联、互通和实时交互。

目前，全国农业科教云平台聚集了500万职业农民用户、8万农技推广机构、50万农技推广人员、2万名农业专家、100家农业科研单位及涉农院校资源，构建了业务协同、资源共享的全国农业科教云平台大数据服务中心，由500多台9000核高性能计算集群提供百万亿次Flops级浮点运算能力；由2000TB高密度、高容量虚拟化存储服务节点提供高速安全的存储能力；由100多套电信级网络核心设备提供网络秒级加速、流媒体、HTTPS安全访问能力；由堡垒机、安全审计、边界防护、数字证书等安全设备提供安全的业务系统运行和数据共享交换安全保障能力；由1G联通＋1G电信骨干多链路提供稳定、高速的网络负载访问能力，为农技推广和职业农民培育提供安全、实时、高质、有效的大数据分析预测、研判决策等多种类型的数据服务。目前云平台已定制91套地方/专业数据频道，Web平台日访问量近200万，App日访问量近300万，总访问量累计超8亿次，积累农业知识50万条、实时服务日志500万条、农业问答2000万条以上。平台可根据各地的产业特色和实际需求，快速定制数据服务包，搭建全国农业科教云区域性分中心，提供农技问答、农情管理、服务日志、专家咨询、绩效考核定制化服务能力。

三、智能化农技服务终端

全国农业科教云平台通过技术产品创新，人工智能技术和农业产业深度融合，配套研发了一系列智能化农技服务终端。

1. 中国农技推广信息亭

在生产集中区的中心地带建设农技推广信息亭，如图2-4所示，安装自主研发的农技推广服务ATM，配套自动售货机、互动交流Wi-Fi覆盖、红外夜视高清全视角设备、互动交流桌椅等设备，突出信息亭的链接市场、链接专家和互动交流功能。农技推广服务ATM内嵌农情预警、教育培训、远程诊断、农产品供需对接等功能，满足村民生产技

图2-4　农技信息服务亭

040 术咨询、病虫害远程诊断、在线教育培训、农产品展示销售、农资查询购买、互动交流等需求。村民遇到解决不了的问题可通过农技推广服务ATM呼叫地方农业科教云平台，由农技人员提供现场服务，无死角解决农民关心的实际问题。农民可基于摄像头实现作物病虫害远程诊断，诊断结果与决策方案现场打印；还可以进行农产品远程展示和销售，实现农产品上行、农资下行。农技推广服务ATM捆绑农技售货机，决策方案出来后，刷卡购买农资，自动提货，实现解决方案与配套农资的一体化服务。

2. 农技智能服务机器人

农技智能服务机器人针对农业技术指导、生产管理、技能培训等不同的应用场景，研究解答形象

化、生动化表达技术，根据问答主题进行触发式多轮对话，提供智能化、交互式农业技术服务，其服务流程如图2-5所示。

（1）智能语音问答： 机器人自动识别农民的语音提问，分析服务需求，链接后台知识库，提供适用的技术成果和解决方案。

（2）智能农事助手： 机器人智能识别用户身份，匹配该用户相关农业生产场景信息，综合海量知识库、生产现场实时感知数据、控制模型和标准化农事，精准指导农事生产。

（3）智能交互培训： 机器人基于后台千万级农技知识和万余适用课件，同时链接农业专家、农技人员、社会化服务组织等资源，提供新技术和新产品推广、知识学习、趣味交互培训等服务。

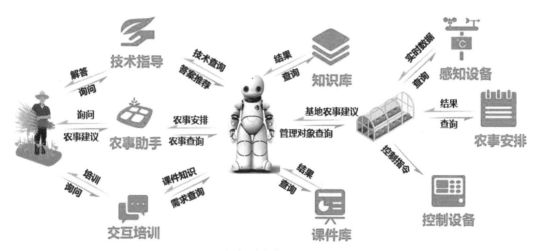

图2-5　农技服务智能机器人服务流程

3. 农技智能工具箱

农技推广服务工具箱由模块化箱体和服务工具组成，提供便携化、便捷化、模块化、实用化的农技服务工具，方便农技人员在现场服务时携带，农业生产从业人员也可常备。工具箱内的设备可迅速对多类生产中需要了解的土壤、水、作物营养、农产品品质等常见指标进行实时检测，辅助农技人员和农业从业者的工作，提升农业数据采集水平，以

及农业数据分析、农事决策的科学化水平，为农技推广人员提供低成本信息采集与远程监测诊断手段，将农技推广服务延伸到田间地头，全面增强农民对农业生产的综合管控能力。农技智能工具箱可直接对农作物生长过程中的直接影响因素进行检测，如图2-6所示，为农技人员分析决策提供实时数据，从而能够快速、准确地诊断问题，随时随地为农民提供精准高效的技术指导服务。

图2-6 农技智能工具箱应用于麦田检测

－特邀点评－

几历寒暑交替，屡鉴泪汗交织，出门阳光未着，归来星辉满身。经过数十人研发团队的日夜兼程、数百次专家领导的悉心斧正、千余天奋斗时光的磨砻淬励，全国农业科教云平台从状若顽石终到质如璞玉，现已雕琢成型、日渐成熟、可堪大用。截至2018年年底，平台累计解答问题2000万条、开展线上及线下服务500万次、共享知识服务50万条、对接科技成果15万次、累计访问量超8亿，已成为全国唯一活跃用户超百万的农业科技推广服务平台。该平台促进了物联网、云计算、互联网、大数据、人工智能等现代信息技术与农技推广工作的深度融合，可助力农技推广服务方式逐渐由经验型、定性化向知识型、定量化转变，为农技推广插上信息化的翅膀，提高科技对现代农业发展和乡村振兴的贡献率。

——吴华瑞　北京农业信息技术研究中心软件工程部主任、研究员，全国农业科技云平台首席专家

追求卓越，需要无数苦思冥想的深夜，需要为达目的不眠不休的执着，需要被击倒后爬起来继续前行的勇气。全国农业科教云平台的研发运维团队富有能力、足够勤勉，给我国农技推广工作提供了一个紧贴需求的产品、一片耕耘希望的热土，给广大农民找专家难、找技术难、找市场难等顽疾开出一剂良方。该平台应用前景广阔，成效可期。

——熊红利　全国农业技术推广服务中心科技与体系处副处长、高级农艺师

全国农业科教云平台是农业人工智能领域的一项划时代的技术成果，其资源质高面广、技术成熟适用、工具便捷智能、服务精准高效，形成了基于千万级实时演进问答知识库的农技智能服务机器人、基于物联感知和云端分析的农技智能工具箱等一系列先进技术产品，有效解决了农业技术推广服务的"最后一公里"问题，大大推进了农业由"机器替代人力""电脑替代人脑"和"自主可控替代技术进口"的三大转变进程，对我国农业现代化发展和乡村振兴具有重大意义。

——赵春江　国家农业信息化工程技术研究中心主任、院士

智能型无人机植保作业系统

国家农业智能装备工程技术研究中心

－ 应用概述 －

为全面提升农业无人机植保作业的智能化水平，国家农业智能装备工程技术研究中心针对信息获取、精准作业、过程监管、效果评估等无人机植保作业全过程，集成研发空地一体化智能无人机病虫害探测系统，采用机器学习方法，智能识别作物病虫害态势，为植保病虫害诊断提供依据；运用计算智能方法，设计植保作业路径优化技术和基于风场模型的精准变量施药控制系统，提高无人机植保作业效率和施药控制精度，将药剂定位、定量作用于叶面；引入图像识别和大数据处理技术，建立植保施药作业效果评估和作业过程智能监管技术体系，形成相关软件产品和云服务平台，为作业过程提供精细化的过程管理评价手段。本项目在国内外率先提出"病虫害探测－精准施药控制－智能作业评估监管"的一体化技术解决方案，将作业环境及对象感知探测技术、精准施药过程建模与优化控制、作业效果综合评估与过程监控技术，从科研课题成果转化为服务生产的应用系统，助力未来智慧农业蓝图实现。

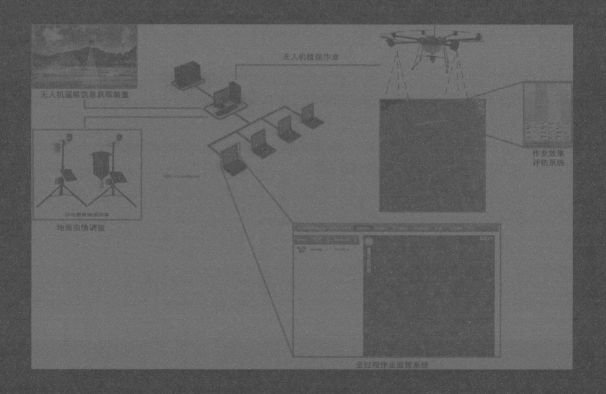

- 技术突破 -

本项目突破了基于机器学习的作物光谱图像特征聚类识别技术、作业关键信息大数据分析与提取技术、无人机施药药液雾滴沉积过程建模仿真等关键技术。

- 重要意义 -

本项目提出了无人机智能化植保作业技术体系并研发完成系列产品，有效推动了智能农业技术水平提升，为我国智慧农业建设提供参考模式。

- 研究机构 -

国家农业智能装备工程技术研究中心
国家农业航空应用技术国际联合研究中心

- 技术与应用详细介绍 -

植保无人机利用无人机平台搭载施药装置对作物进行遥感信息获取和定量、定点精准施药，具有复杂地形适应性强、作业效率高等优势。无人机可集成智能飞控系统、复合光电吊舱、精准变量喷施设备等多种新型任务载荷，从而为农业植保提供全方位支持。2014年，美国麻省理工学院发布的《麻省理工科技评论》，将农业无人机技术列为第一位，与脑图技术、基因编辑技术、神经形态芯片、微型3D打印技术等一起被列为年度十大突破性科技创新技术。

特别是在我国，随着农村从业劳动力数量的快速下降和无人机技术的日趋成熟，无人机植保作业系统在我国得到比其他国家更快速的发展。本项目目标是研发具有作业区域自动识别与定位、作业路径自主规划、全自动无人飞行、全程作业可视可溯的智能型无人机植保作业系统，将极大提高农业作业效率，改善农业从业人员的劳动环境，将成为我国智慧植保、绿色植保、科学植保的核心实践技术，对我国农业现代化、智能化的技术升级转型和革命起到核心推动作用。

一、基于机器学习的无人机遥感作物信息识别与提取技术

相比卫星遥感技术，无人机遥感技术具有运行成本低、灵活方便、局部数据精度高的特点，在作物长势估计、农田设施调查、作物表型信息获取等方面有着无可比拟的优势。在作物分类识别研究领域，本项目将传统的随机森林分类算法和基于卷积神经网络的深度学习方法用于遥感影像的处理，如图2-7所示，发现在存在图像背景干扰的情况下，深度学习方法对玉米、大豆等作物的分类识别能力远高于传统随机森林的方法。本项目中基于机器学习的无人机遥感技术还在作物株高、叶绿素含量、叶面积指数、病害易感性、干旱胁迫敏感性、含氮

量和产量等信息的解析方面有着广泛的应用。在实际应用中，本项目采用光谱辐射仪和成像光谱仪在冬小麦试验田进行空地联合试验，可基于获取的孕穗期、开花期，以及灌浆期地面数据和无人机高光谱遥感数据，估测冬小麦叶面积指数分布，从而从数据层面确定作物长势情况，指导植保作业的药剂用量、频次。松线虫是一种多发性的林业病虫害。无人机低空遥感获得林区影像和发病树木样本，经过训练后，可自动识别松线虫发病的树木分布，并自动统计出病害面积，如图2-8所示。

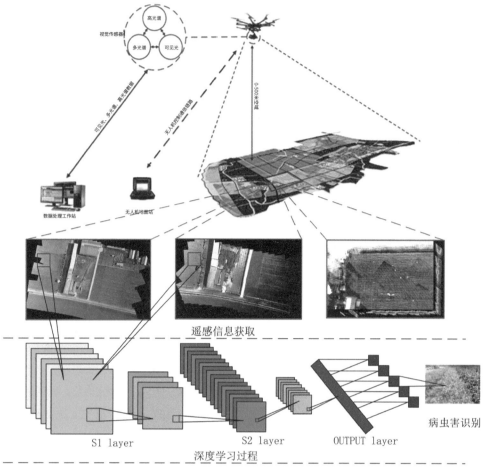

图2-7　基于深度学习的作物无人机遥感影像处理过程

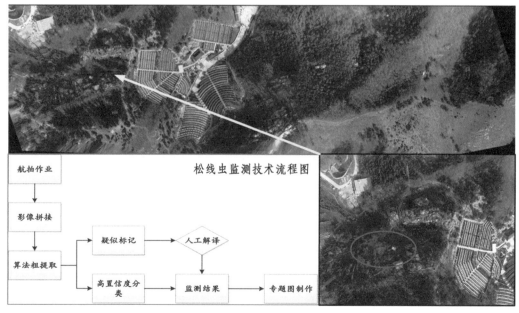

图2-8　松线虫遥感图像识别技术

二、复杂大田区域环境下的作业路径智能规划技术

　　无人机植保作业路径规划方法，目前主要围绕单一区域多架次作业和多个非连接区域作业调度这两个方面开展研究工作，如图2-9所示。在单一区域中，无人机植保作业通常采用规则往复的"牛耕法"，当药剂用完时再返回加药点补充药剂继续作业，这种方式在多架次往返加药条件下，会因为返航点的不同而导致非作业飞行的路径和能耗增加。为了便于将计算智能引入作业路径中，栅格法被用于智能型无人机植保作业系统中，构建作业环境描述模型，一方面可对作业区域进行精细到作业幅宽的数值化描述，另一方面有利于和GIS系统进行坐标转化。在此基础上，我们根据实际的作业区域规模、形状等环境信息和无人机航向，为相应的栅格赋予作业概率，无人机路径优先选择概率高的栅格行进，以往返飞行、电池更换、药剂装填等非植保作业耗费时间最短为目标函数，通过采用引力搜索算法等智能搜索方法，实现对返航点数量与位置的寻优。面对多个非连接区域的作业问题时，先对单个作业区域进行局部作业路径规划，获得按作业工艺参数优化的作业路径，再将作业顺序进行编码，采用遗传算法等空间搜索算法进行多个区域间飞行作业任务优化调度，从而最终优化全过程的作业路径，提高无人机的作业效率。

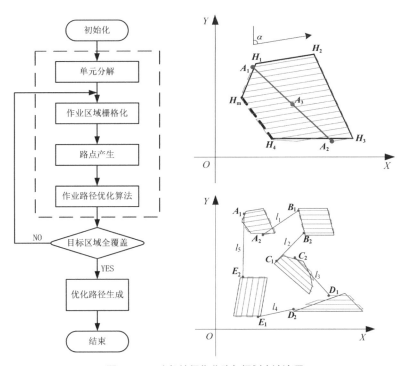

图2-9　无人机植保作业路径规划方法流程

三、施药过程雾滴运动建模及精准喷施控制技术

　　无人机植保效果受环境风场、飞行高度和飞行速度等多种因素的影响，根据当前环境风场和作业参数预测雾滴飘移沉积区域，实时调整作业参数，是无人机植保实现精准化的手段和目标。在雾滴飘移模拟研究方面，美国在20世纪70年代就已开发出基于固定翼有人机尾涡运动模型及高斯分布方法的雾滴飘移预测软件AGDISP。但由于无人机旋翼下洗风场的复杂性，针对无人机的雾滴沉积飘移

046 预测模型仍在开发中。近年来，随着计算机技术的发展，尤其是多核CPU并行计算及GPU并行算法的发展，使得直接基于CFD的数值模拟雾滴运动规律逐渐成为可能，如图2-10所示。智能型无人机植保作业系统基于RANS湍流模型数值求解N-S方程，并通过优化自适应网格和并行算法，平衡数值模拟计算精度与开销，获得了无人机在不同作业条件下的雾滴沉积飘移结果，在此基础上进行实验验证，获得旋翼下方雾滴沉积模型。

无人机植保施剂量的精准可控性主要取决于变量喷洒控制系统的流量精准检测、流量输出控制和喷头雾化控制3个方面。智能型无人机植保作业系统开发高响应速度和高精度的小型流量计，为反馈控制提供基础，从以PWM功率调节的流量控制为主，研究针对单一喷头的独立转速控制，精细化条件雾化粒径，该技术目前已进入商用阶段。

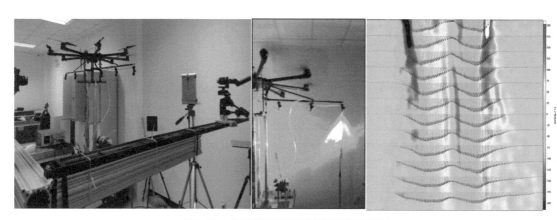

图2-10　CFD模拟及实验测试雾滴运动规律

四、植保效果的综合智能评估体系与评估技术

作物上药液的雾滴分布特性重要评价指标包括均匀性和沉降量等，其中雾滴的沉降量是检验药液防治效果的直接指标，沉降药液的覆盖率和均匀性是优化航空施药设备和施药技术方案的重要指导。传统的雾滴沉积分布评价方法利用聚乙烯软管、聚乙烯板、雾滴采集卡、水敏纸、棉线和荧光纸带等采集农药雾滴的分布，通过相关软件分析雾滴的覆盖率和雾滴的密度，并通过示踪剂估测农药的沉积量，可获得药液覆盖范围、雾滴粒径大小等雾滴沉积分布特性。随着信息技术的发展，地面药效评估将逐渐从单纯的作业后效果评价向作业中决策指导转变。实时化的药效评估结果将纳入无人机植保反馈体系，从而提高作业效率和精准度。智能型无人机植保作业系统中基于可变介电常数电容器原理设计、开发了一款多节点雾滴沉积传感器及检测系统，实现了航空施药雾滴沉积量的快速获取。该系统能够获取雾滴从沉积到蒸发随时间变化的全过程并将数据实时回传，已初步具备了实现智能药效评估的基础。同时为了便于田间低成本快速获取无人机植保作业的有效幅宽，开发基于光谱特征分析的田间快速光谱雾滴沉积标定系统，该系统可在田间快速展开，使用纸带作为介质，适合对田间作业设备的作业能力进行快速标定。

五、基于云数据管理技术的作业过程可塑、可控、可视化技术

无人机植保作业在我国目前还属于监管难点，亟须采用信息化、智能化的手段，对无人机作业全过程进行有效的监管。智能型无人机植保作业系统基于数据挖掘技术，以大数据为依据，采用"机载

终端＋网络云服务器"的应用模式设计无人机智能监管系统。机载数据采集终端包括多种关键作业状态信息传感器和移动数据通信模块，所采集的作业高度、流量和飞行速度等信息，可直接通过公共数据网络上传至数据服务器。监管系统运用智能数据处理方法，可获得区域总作业量、病虫害类型、基本作业效果和药剂使用量估计等宏观信息，同时对农作物的长势、病虫害爆发趋势、药剂使用综合效果、种植面积变化趋势和区域产量等信息进行动态预测，为农业生产者和主管部门应对农业相关产品的市场变化提供信息支撑。目前，国内航空植保作业监管系统已上线运行，累计完成作业面积超过2万平方千米，可对通用航空设备实时作业过程进行远程监控，并可依据位置、要求、作业评价等信息，为用户提供智能作业任务分配服务，提高作业服务决策的智能化水平。

－特邀点评－

受益于大数据、并行计算以及智能硬件等人工智能技术的发展，无人机技术近年开始广泛应用于农业植保领域，并向着智能化、自主化、精准化方向快速发展。智能型无人机植保作业系统通过机载病虫害实时探测装备感知作物病虫害发生的区域和程度，并控制机载精准施药装备进行精准喷施从而达到精准、高效施药的目的。系统的作业过程监控模块和地面施药质量智能化评估模块能够对作业过程进行回溯检查，对作业质量进行计量评估，实现对植保作业的过程实时监控和质量智能化评估。该系统是人工智能技术解决农业生产中实际应用问题的典型范例，具有很好的参考和借鉴价值，也具有很好的市场前景。

——苑严伟　中国农业机械化科学研究院机电技术研究所所长、研究员

人工智能技术以前所未有的发展速度引领着信息时代。智能型无人机植保作业系统是先进的人工智能技术与我国现代农业发展需求相结合产生的典型应用案例，它不但丰富和完善了人工智能技术在农业应用中的技术体系和应用模式，而且解决了当前我国农业植保所面临的部分严峻问题；不但具有技术前瞻性，而且具有实用性和时代需求的迫切性。

——陈立平　国家农业智能装备工程技术研究中心主任、研究员

基于百度PaddlePaddle深度学习框架的 智能虫情监测系统

北京百度网讯科技有限公司

— 应用概述 —

本项目是百度公司和北京林业大学共同基于百度 PaddlePaddle 深度学习框架研发的面向信息素诱捕器的智能虫情监测系统，研究方向是红脂大小蠹的病虫害监测。虫害监控是林业工作中的重要环节，以往需要专业工作人员频繁深入林区进行数据采集分析，耗时、耗力。本项目使用深度学习技术分析诱捕器内蠹虫影像数据，利用百度深度学习框架 PaddlePaddle 设计并训练神经网络，提取分析蠹虫特征，实现人工智能对林业害虫的检测计数，克服人工计数监测的局限性，提高农林业生产的信息化程度。检测系统的应用大幅降低了虫情监测的人力成本，原本研究院需要一周的观察时间，PaddlePaddle 只用30分钟便可完成，具有显著的社会和商业价值。

— 技术突破 —

本项目设计了轻量级的图像分类模型；使用边缘计算技术解决林区数据传输困难的问题。

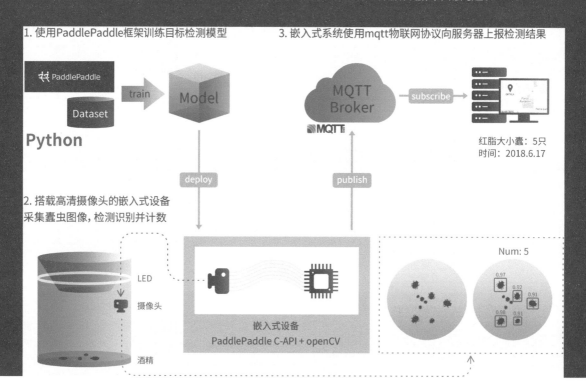

— 重要意义 —

本应用可实时对大面积林区进行有效监测，并能够更高效地发现虫害风险，对整个虫情防治工作有重要作用。

— 研究机构 —

北京百度网讯科技有限公司
北京林业大学

— 技术与应用详细介绍 —

红脂大小蠹是危害超过35种松科植物的蛀干害虫。1998年在我国山西省首次发现该虫后，危害面积迅速扩大。2004年红脂大小蠹扩散到陕西、河北、河南省的多数地区，发生面积超过52.7万平方千米，枯死松树达600多万株。自红脂大小蠹入侵以来，我国林业经济损失巨大。因此，对林区的红脂大小蠹虫情监测是林业工作的重要环节，但是该项工作对监测员有较高的专业要求，并且非常耗费人力和时间，单次检测耗时一周或更久。

为解决虫情监测中耗时长、依赖人工、时效性差等问题，百度和北京林业大学共同基于百度自主研发的深度学习框架PaddlePaddle开发出面向信息素诱捕器的智能虫情监测系统，这套检测系统能够大幅降低红脂大小蠹虫情监测的人力成本，原本研究院需要一周的观察时间，智能虫情监测系统30分钟便可完成，并且能够做到实时监控。

一、项目技术架构

本项目整体分为3个模块：诱捕设备及边缘计算硬件、害虫识别深度学习模型、数据传输及前端展示。

1. 诱捕设备及边缘计算硬件

本项目在传统信息素诱捕器基础上进行了改造，在诱捕设备中集成了高清摄像头以及边缘计算电路板。高清摄像头用来对诱捕器内被捕捉的昆虫进行拍照，并将图片数据传输至边缘计算硬件。边缘计算硬件能够对获取的图片进行处理和分析，得到目标害虫——红脂大小蠹的数量，并将分析结果数据传输至服务器端进行展示和分析。

摄像头和边缘计算设备可以设定定时启动，在保证特定监控频率的情况下，减少硬件损耗以及电量消耗，增加设备耐用性；边缘计算设备的加入使得图片的处理可以在设备本地进行，减少需要网络传输的数据量，从而有效解决林区中数据传输困难的问题。

2. 害虫识别深度学习模型

本项目需要基于图像数据识别出特定的害虫，即红脂大小蠹，并进行计数，属于典型的图像目标检测任务，但项目同时面临着识别目标小、分类简单、硬件计算力较低等特殊问题，对深度学习模型的选择和优化具有较高的要求。

（1）让目标检测模型适配边缘计算设备的低计算能力

面对嵌入式设备有限的计算能力，一方面需要在保证识别精度的同时选择更轻量级的目标检测模型，本项目选取了利用深度可分离卷积模型——MobileNet，代替标准卷积网络模型，在模型结构上更加轻便；另一方面需要对模型的计算量进行有效优化，本项目对模型特征提取器的参数量和运算量进行了有效的优化，最终实现了模型在ARM平台上的运行。

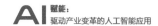
（2）对小目标检测的定位优化

原始目标检测模型基于COCO等通用数据集进行超参数设计，但这些数据集中，缺乏小目标检测的样本数据，因此现有目标检测模型在小目标的检测任务上的表现欠佳。并且，COCO等通用数据集主要面向大类分类任务，所以模型的细粒度分类能力较差。为了更好地在虫情监测系统中完成对害虫目标的检测识别，需要对现有的目标检测模型进行网络结构优化，使其更加适合小目标检测任务

并且具备更好的细分能力。

为此，本项目将所用深度学习模型输出层的特征图尺寸增加一倍，最大输出层的大小为64×64像素，为了确保高分辨率特征图包含足够的高级语义信息，构建了特征金字塔提高模型的定位效果；同时，为了从小蠹科样本中检测出危害最大的红脂大小蠹，在预测模块增加两层卷积操作，在分类分支上增加残差连接，有效提高了模型的细分能力，如图2-11所示。

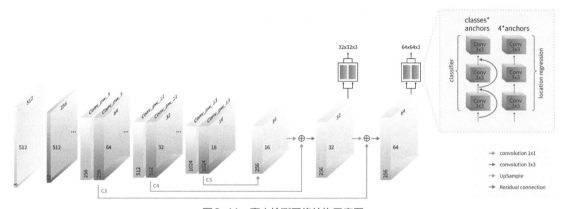

图2-11　蠹虫检测网络结构示意图

3. 数据传输及前端展示

因为林区移动网络信号较差，摄像头拍摄的图像数据无法进行网络传输，所以需要在本地进行图像识别后再对识别结果进行传输，数据采集传输流程如下。

（1）摄像头定时拍摄诱捕器内的蠹虫影像；

（2）嵌入式设备离线检测落入诱捕器的红脂大小蠹；

（3）检测结果由MQTT协议上报至订阅客户端；

（4）订阅客户端接收消息后，将虫口数写入MySQL数据库；

（5）基于百度地图的GIS服务器汇聚各诱捕器虫口数实时显示林区虫情。

检测数据最终与百度地图数据进行结合，建立可视化虫情检测界面，实现以下功能。

（1）使用百度地图API，以气泡坐标展示采集点；

（2）单击气泡可获取影像拍摄时间及红脂大小蠹的数量；

（3）服务器数据库定时更新数据，当蠹虫数量增多时，气泡逐渐变红，如图2-12所示；

（4）林业局可监控林区实时虫情，及时制订虫害防治决策。

二、项目特色

1. 技术特点

（1）**轻量级模型**：本项目为适配诱捕设备中

的嵌入式设备的计算能力进行了深度学习模型优化，大幅降低模型的运算量；

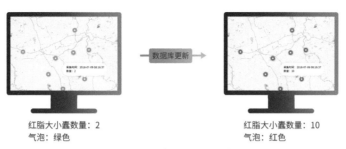

红脂大小蠹数量：2
气泡：绿色

红脂大小蠹数量：10
气泡：红色

图2-12　蠹虫检测工作示意图

（2）**细分能力强：**本项目强化原始目标检测模型的细分能力，实现从小蠹科虫类样本中检测出危害最大的红脂大小蠹；

（3）**边缘计算：**本项目使用边缘计算技术，在本地完成图像数据的目标检测任务，有效地解决林场网络传输困难的问题。

2. 产品特点

（1）**软硬一体：**本项目提供集成了边缘计算设备的诱捕硬件，以及虫情检测分析管理平台，形成了完整的解决方案；

（2）**低成本：**本项目硬件成本在千元级别，并可以重复使用，相比人工进行虫情勘察，成本大幅降低；

（3）**时效性强：**本项目能够对虫害进行实时监控，确保第一时间发现虫害风险，相比人工检测，时效性大幅提升。

－特邀点评－

红脂大小蠹自1998年入侵中国以来，已造成600多万株油松枯死，危害面积不断扩大，是严重威胁我国松林生态安全的重大入侵害虫。红脂大小蠹蛀干隐蔽生活，信息素诱捕器是监测预警此害虫的有效手段。但在传统林业中，需要依靠森保专家定期翻山越岭，巡查分布于林区多个素诱捕器。一旦漏检，可能导致虫灾爆发。

基于百度PaddlePaddle深度学习框架的智能虫情监测系统解决了以往专业人员需要定期深入林区才能收回病虫害数据的问题，同时将监测频率提升到半小时一次，这曾经是人工监测一周的工作量。该系统不仅大大提升了工作效率，数据的收集和分析也比以往更精准。

——孙钰　副教授、北京林业大学智能感知实验室主任

农机导航自动驾驶系统

上海司南卫星导航技术股份有限公司

- 应用概述 -

农机导航自动驾驶是集卫星导航、高精度定位定向、数传、控制于一体的综合性系统,主要由控制器、集成显示器、高精度北斗/GNSS接收机、GNSS天线、角度传感器和液压阀等部分组成。农业生产者根据位置传感器设计好的行走路线,操作控制拖拉机的转向机构,驱动拖拉机进行农业耕作,如翻地、靶地、旋耕、起陇、播种、喷药、收获等各个环节的农业作业。

目前国内推广的市场主要在黑龙江农场和新疆维吾尔自治区,以及山东、内蒙古、湖北、广西、上海等地。自产品面向市场以来,其中包含北斗/GNSS自动导航驾驶设备、高精度OEM板卡、北斗地面参考站、高精度北斗导航定位接收机等多种智能导航定位产品。同时包括海外市场,如俄罗斯,以及非洲等地和"一带一路"沿线国家,预计市场容量10万台。

- 技术突破 -

本项目基于北斗的农机导航作业技术集成,提高了GNSS高精度载波相位差分定位稳定性,并基于GNSS动态基准和惯性传感器的自适应组合导航算法。

－重要意义－

本项目促进了信息获取、通信处理、控制应用等农机信息学的发展，推动了现代信息及控制技术与农机装备的融合发展。

－研究机构－

上海司南导航技术股份有限公司（简称"司南导航"）

-技术与应用详细介绍-

一、项目应用方案

1. 农机导航自动驾驶系统

本系统主要由显示系统和控制系统组成，其中包含高精度集成工业平板电脑和行车控制器ECU等。对于整个导航系统，主要完成对 BDS 信息的接收并通过卡尔曼滤波算法对经纬度信息进行滤波处理，通过BDS接收机和其他传感器接收到的位置以及姿态信息数据，在屏幕上显示出地块边界，根据地块情况、作业要求等规划出合理的作业路径；当机械作业时，通过BDS和多传感器的动态跟踪数据实时显示作业情况，通过导航功能实现作业车辆的自动导航，如图2-13所示。

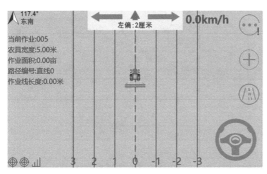

图2-13　农机导航自动驾驶操作界面

本系统在设备方面由差分基准站和自动驾驶设备两部分组成。差分基准站由一台BDS高精度测量型接收机和一台发射电台组成。自动驾驶设备由一台BDS高精度差分型测量型接收机、一台接收电台和车载计算机、电动方向盘等组成。

二、项目技术方案

1. 高精度姿态感知

本项目综合利用现有GNSS全频点、全星座以及全部增强系统数据，研究在复杂农田环境条件下的高置信度固定解和三频多模RTK的快速解算方法，构建基于地基增强网数据和星基增强数据的大

差分基准站通过电台以广播的方式向外部播发BDS观测数据，作业机械自动驾驶仪利用接收到的差分基准站数据进行精确解算自身的位置和速度，并根据解算信息以及指定的作业路径，驱动机械电动方向盘或液压阀实现自动驾驶和作业。在电台工作模式下，系统对并发作业的作业机械自动驾驶仪数量没有限制。

本系统的作业范围为20km，当机械自动驾驶超出基准站20km时，电离层和中性大气层的分布特性将导致无法达到预期的差分测量精度。此时需要增加差分基准站的数量，机械自动驾驶仪则自动判别距离最近的差分基准站，利用其数据开展位置解算和自动驾驶作业。

2. 智能农业云服务平台

智能农业云服务平台是集监控、管理和信息交换于一体，为国家现代化、智能化提供高可用、高性能的海量数据存储和管理服务。云平台采用云计算架构，融合网关技术，建立泛在网络信息接入与集成网关，屏蔽接入系统差异。平台提供数据引擎服务，屏蔽数据结构差异和存储系统差异，供上层应用系统进行各类异构数据的存储、查询服务。云平台实现计算、存储等资源的弹性扩展，使服务平台具有高可靠性，并保证各个专有系统之间的隔离性与安全性，能够为后续的服务扩展和系统规模扩大奠定基础。

气模型；采用带内干扰自动探测、自适应抑制方法及载波相位的补偿和频谱修复方法，实现干扰探测及频谱的修复与重构；基于农机协同作业或限定区域内多机作业工况，采用动基准站GNSS相对定位技术，实现无固定基站式的多机编队定位功能。

本项目基于GNSS/INS组合导航定位技术，研究惯性传感器随机漂移误差补偿方法、构建基于Kalman滤波的多传感器融合模型，开发低成本、高精度的定位测姿装置，实现在复杂环境下的精准导航定位；针对作物冠层和行间土壤所呈现的"带状"分布特征，研究其彩色图像RGB空间的合适变换方法、基于逐行扫描的聚类分割方法、基于相邻像素相关性的区域分类方法、基于小波变换的多尺度作物行边缘检测方法、多作物行中心线的提取方法，研究构建作物行跟踪多源导航信息融合的分层混合结构模型。

本项目通过对双差数据进行周跳探测和修复，进行残差估计与判定完成卫星完好性监测；通过置信度概率计算判定载波相位整周固定的可用性；采用多位ADC对输入GNSS信号进行量化采样，通过频谱估计技术对输入窄带干扰进行估计，然后采用优化的时频域滤波技术对输入的窄带干扰进行滤除。

2. 基于GNSS动基准和惯性传感器的多机组定位技术与装置

本项目研究基于双天线的农机姿态角（航向、俯仰或横滚）的测量方法，采用一机双天线的模式得到天线之间的差分载波相位观测量，构建姿态角观测方程以及差分整周模糊度固定技术，进而实现姿态角测量。

本项目针对多机协同作业的定位需求，研究动基准站模式下的多机组GNSS相对精准定位技术。主要内容包括：载波相位中的整周模糊度精确估计方法；伪距、载波相位双差观测量的测量方法；伪距、载波相位双差观测方程的构建；动基准站与移动站高精度相对定位RTK解算方法等。

在GNSS信号良好的环境下，组合导航输出主要依赖高精度RTK解算，以保证解算的精度及可靠性；在GNSS卫星信号受到遮挡的环境下，优化RTK解算的约束条件或浮动阈值，研发惯性导航解算与次优RTK解算模块的融合滤波器，使

之在保证系统整体精度的条件下仍能提供稳定、连续的定位和定向输出，如图2-14所示。当GNSS卫星导航信号完全遮挡时，使用惯性解算结果，保证系统整体精度可用。

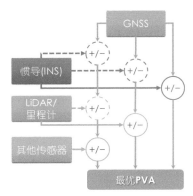

图2-14　组合导航技术

3. 农业机械自动导航控制技术与装置

本项目面向规模化农机作业和作业单位专业合作组织，针对目前国内导航系统作业效率和质量水平低、安全性不高、适应性差等问题，开展基于智能农业机械自动导航控制技术研究，突破机械主机导航路径跟踪控制、非正常作业情景下的导航控制等基于农业机械自动导航的核心关键技术，研制机械自动导航作业控制装置，开发机械自动导航智能终端。针对土地规模化经营发展对机械高效作业的需要，研究适应机械农艺要求的面向大田作业的路径自动规划方法，建立不同约束条件下（不同优化目标、不同作业速度、不同作业类型）的路径优化策略，开发农机作业路径规划组件，提高作业机械自动导航的作业效率。

本项目研究农机转向轮偏角测量对中自校准方法；研制适用于农机精准导航作业的模块化电液转向装置，集成惯性测量单元模块研发智能农机自动驾驶与农具精准导航作业的通用控制器；研究农机作业地形感知算法与路径跟踪智能控制方法，采用插件式系统架构技术，研制智能农机自动导航智能终端，提高复杂作业环境下的智能机械自动导航适应性，解决高速作业、地形起伏等条件下的导航精

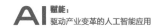

AI 赋能：
驱动产业变革的人工智能应用

056

度差的难题；突破以悬挂式和牵引式智能机具作业轨迹为目标的自动导航控制技术，提高机具实际作业导航控制精度。

4. 网络实时通信——Netty

智能农业云服务平台对外提供两种网络访问协议接口，一种为HTTP接口，另外一种为TCP接口。HTTP主要为用户访问接口，TCP主要为设备访问接口。智能农业云服务平台为大量的设备提供接入支持，需具备高性能、高并发的TCP数据处理能力，为此我们引入Netty框架。

Netty是基于Java NIO的网络应用框架——client-server框架，它是一个高性能、异步事件驱动的NIO框架，它提供了对TCP、UDP和文件传输的支持。作为一个异步NIO框架，Netty的所有IO操作都是异步非阻塞的；通过Future-Listener（异步监听）机制，用户可以方便地主动获取或者通过通知机制获得IO操作结果。作为当前最流行的NIO框架，Netty在互联网领域、大数据分布式计算领域、游戏行业、通信行业等获得了广泛的应用。一些业界著名的开源组件也基于Netty的NIO框架构建。

三、实施效果

1. 科学价值

本项目研究的农机导航作业技术集成了卫星定位技术、无线通信技术、智能控制技术、模式识别与人工智能技术等高新技术，解决了农机作业过程中路径规划、智能控制等科学问题，促进了信息获取、通信处理、控制应用等农机信息学的发展，推动了现代信息及控制技术与农机装备融合发展，提升了我国现代农机装备的自动化、信息化和智能化水平。

2. 经济效益

本项目研究的农机导航作业技术能显著提高农机作业质量，避免漏行和叠行作业，在播种作业中减少漏播、重播；在中耕作业中大幅减少伤苗率；在田间管理作业中提高肥药利用率；在收获作业中降低收获损失。如在棉花播种中，采用自动导航技术，可提高播种行的直线度（1000m直线误差可小于2.5cm），有利于后续棉花打顶和对行收获。新疆维吾尔自治区现有棉花种植面积约2万平方千米，如其中50%采用北斗自动导航技术，每年可增收15亿元。2014年我国大中型拖拉机保有量为567.95万台，按5%采用自动导航系统计算，需要导航系统28.4万台，按目前国内外导航系统平均每套8.0万元计算，产值可达227.2亿元。

3. 社会效益

本项目创新研发的农机北斗自动导航技术，可大幅度提高农机作业效率，实现全天不间断作业，精准种植，提高产量。国外的实践经验表明，一般可增产3%以上。由于避免了漏行和叠行作业，可提高土地利用率0.5%~1%。采用农机自动导航和变量作业一体化控制技术，可实现农药化肥精准施用，提高化肥农药利用率。国外的实践经验表明，一般可减少化肥农药施用量5%以上，有利于保护生态环境。

项目的实施符合我国农机智能化、多功能、高效、节能的技术发展趋势，有利于提高我国农机导航系统集成应用水平，促进农业生产方式的改变，促进农业可持续发展和现代化建设。

－特邀点评－

司南导航为用户提供的农机导航自动驾驶系统，在高精度导航技术上具有从底层硬件到上层系统的自主可控知识产权，突破国外技术垄断，展示出我国农业机械在自动、自主、智能发展道路上的巨大技术进步，也将我国精准农业的发展提升到了一个新的技术水平。该农机导航自动驾驶系统采用多系统联合解算卫星信号兼容差分技术和"卫星导航+惯性导航"组合导航技术，在城区、山区等遮挡严重的区域使用，效果得到了充分的验证，其定位精度、初始化速度、可靠性等方面与国外产品不分伯仲。在农业机械作业效率要求越来越高的今天，对于很多农业劳动力缺乏的地区，该系统具有极大优势和很好的市场潜力。

——裴凌　副教授、博士生导师、上海北斗导航创新研究院常务副院长

　　本项目以农业导航产业为切入点，围绕"三农"的经济需求，结合当前农业的高精度建设成果和技术优势，建设一套智能农业综合服务系统，顺应当下"互联网+农业"的大环境，提高农业作业的效率。基于北斗的农机导航作业技术产品研发应用，将大力提升我国农机北斗自动导航的自主创新能力和产业化能力，打破国外农机自动导航技术产品对我国的垄断，促进我国农业智能装备相关技术水平的提升，提高我国农业装备产业的国际竞争力，保证国家农业生产安全。

——王永泉　博士、上海司南卫星导航技术股份有限公司董事长兼总工

采摘机器人

北京农业智能装备技术研究中心

－ 应用概述 －

采摘机器人可用于番茄、草莓和黄瓜等大宗鲜食果蔬的智能化采收，其具备作物行间自主行走、成熟果实识别定位、果实采摘回收等功能，可实现温室内全自主采摘作业。机器人支持遥控教导和人机协作运行模式，满足农业观光展示以及科普教育的实际需要。

采摘机器人可实现温室内全自主采摘作业，采摘成功率77%，采摘效率7秒/次，其环境适应性、作业效率和成功率等性能居国内前列。

作为一种温室种植管理智能化作业通用平台，机器人采用模块化设计理念，支持扩展温室蔬菜整枝打叶、对靶喷药、花簇授粉等执行部件，为进一步开展温室智能管理机器人系统的研究和应用提供技术支撑。

－ 技术突破 －

采摘机器人集成结构光视觉串形果实识别、远－近景组合果实采摘点定位、多功能温室作业机器人通用平台等关键技术。

－ 重要意义 －

中国是鲜食果蔬的生产和消费大国，然而人工采摘费用约占总生产成本的30%以上，且其需要多次选择性采摘，劳动强度较大。研发适应我国农业生产条件的鲜食果蔬采摘机器人，对相关产业的可持续发展具有重要意义。

－技术与应用详细介绍－

一、产业需求背景

中国是鲜食果蔬的生产和消费大国，其中番茄种植面积达7326平方千米，人均年消费量约21千克。然而，番茄依靠人工采摘费用约105万元/km^2，占总生产成本30%以上，且其需要多次选择性采摘，劳动强度较大。面对当前农业人口流失、生产成本高涨的客观现实，实现番茄的自动化采收，是应对当前蔬菜生产效益负增长的有效途径。

自20世纪90年代至今，果蔬智能采收机器人研究一直是世界智能农机领域的研究热点。目前，美国、荷兰和比利时等国家的草莓、甜椒和番茄等多种果蔬的智能化采收机器人已经实现了商业化应用。因此，研发适应我国农业生产条件的鲜食果菜采摘机器人，对相关产业的可持续发展具有重要意义。

二、国内外发展现状

实现鲜食果蔬的自动化采收，面临以下难点问题：在农业非结构环境下，光照多变、作物交错生长、目标随机分布、形态各异、成熟果实难识别；鲜食果实柔嫩易损、姿态各异、相互重叠粘连，柔性操作难度大；传统农业生产模式和理念，对智能化技术应用的限制。

目前，比利时、荷兰和美国等国家研究的针对草莓、甜椒及苹果的采摘机器人初步实现了商业化应用，其果实目标定位误差小于10mm，识别准确率70%以上，对不同作业对象作业效率为每工作循环3~20秒。

我国开展蔬果收获机器人以来，尽管在采摘对象、作业效率和精度方面紧跟国际先进水平，但是在系统整体构型设计和实际应用方面，仍然以借鉴为主，与我国当前农艺条件缺乏充分结合。并且，

在解决此类复杂农业环境下目标识别方法的研究上还没有形成可行的技术方案。

本项目提出的成熟果实识别和定位方法，通过对成熟视觉传感器的创新应用，融合色彩和深度信息对目标和背景进行识别，相对现有技术在研发成本和作业效果方面具有较大的优势。本项目基于模块化设计理念，机器人作为温室种植管理智能化作业通用平台，支持扩展温室蔬菜整枝打叶、对靶喷药、花簇授粉等执行部件，为进一步开展温室智能管理机器人系统的研究和应用提供保障。

在借鉴国外先进技术方案的基础上，结合我国农业生产设施的现状，本项目研发的采摘机器人在作业对象探测和实际生产应用方面取得了显著突破，可达到同类产品的国际先进水平。

三、技术创新点

1. 基于结构光视觉技术的串形果实识别定位

针对多果簇生重叠、难以分割的问题，本项目

引入结构光主动探测技术以丰富视觉判别依据，通过融合线结构光条纹成像信息和激光对靶测距信

息，对果串重叠果实进行分割，并对果串空间位置信息进行探测，如图2-15所示。本项目提出一种基于视觉伺服技术的激光主动测量方法，通过实时获取果串内果粒的图像坐标，控制执行部件动态调整摄像机的空间姿态，对不同果粒进行对靶测距，并据此测算果串外形参数，克服了同色目标空间重叠分割的难题，为串形果实的自动采摘提供技术支撑。

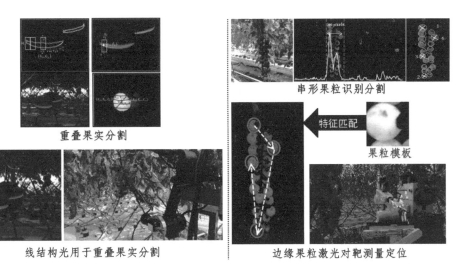

图2-15　重叠果实/串形果粒识别分割

2. 远−近景组合的果实采摘点识别定位

由于果实生长空间姿态多变，远景视觉信息难以对其果柄精确定位，本项目采用远−近景组合的果实采摘点识别定位系统，通过近景摄像机对果柄形态的二次精确定位，对采摘手爪的姿态进行矫正和误差补偿，从而提高果柄定位的夹持精度。本项目基于远景初次定位数据，利用摄像机线性透视模型，求解切割点的空间坐标，并向采摘机械臂控制器反馈位移微调信息，有效地解决了采摘机器人一次远景定位误差较大的问题，如图2-16所示。

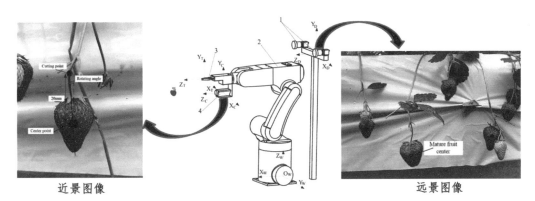

图2-16　远−近景组合的果实采摘点识别定位

3. 多功能温室作业机器人通用平台设计

智能采收系统主要由移动底盘、升降平台、视觉单元、机械臂、采摘手爪、控制系统以及其他辅助单元等构成，可用于高架立体栽培模式下不同高度层次的果实采收，提高了智能采收机器人的实用性，如图2-17所示。机器人采摘手爪在升降平台、机械臂作业空间以及视觉单元有效视场的综合作用下，形成了栽培槽上方高1500mm、宽

300mm、深200mm的实际作业空间。此外，随着机械臂条件单元对机械臂位置的调整，采摘机器人的作业空间可有0~300mm的横向移动，以适应不同种植行距的情况。

图2-17　采摘机器人

在作业过程中，采摘机器人沿轨道行走一定距离后，自动停止运动，视觉单元开始采集图像，实时判断视场内是否有适宜采摘的果实，同时升降平台逐步上升，实现对不同高度范围果实的判别。当视场内出现成熟果实，升降平台停止运动，由视觉单元对果实进行空间定位获取其空间坐标，控制机械臂操纵采摘手爪接近果实，手爪将果实从植株分离后，机械臂操作手爪运动至果实筐将其释放，如此完成一个采摘循环。当采摘系统完成对同一停车位置，不同高度所有果实的识别判断后，控制系统驱动移动底盘继续行走一定的距离，从而进行下一位置的采摘作业。

此外，基于模块化设计理念，机器人作为温室种植管理智能化作业的通用平台，支持扩展温室蔬菜整枝打叶、对靶喷药、花簇授粉等执行部件，为进一步开展温室智能管理机器人系统的研究和应用提供了保障。

四、应用效果

本项目形成的4CM-15型采摘机器人可实现温室内全自主采摘作业，采摘成功率77%，采摘效率7秒/次，其环境适应性、作业效率和成功率等性能居国内前列。

本项目参加了"草莓大会""北京农业嘉年华""北京科技周"以及"全国科普日（北京）"等科技展示活动，获得了社会各界广泛关注。产品形成1年内，向农机企业用户销售1台，为种植企业提供技术服务20次，无故障运行1200小时，性能稳定、可靠，获得了用户好评。本项目获得"北京市新技术新产品"认定1项、国家发明专利3项、实用新型专利3项、软件著作权4项。

五、市场前景分析

我国是鲜食果蔬的种植和消费大国，种植规模和产值居世界前列。近年来随着农业人口流失和城镇化规模不断发展，人工成本投入占到总成本的30%以上，对自动化种植管理设备需求迫切。采摘机器人采用模块化设计理念，支持扩展温室蔬菜整枝打叶、对靶喷药、花簇授粉等执行部件；目标客户主要面向农机公司（技术转让）、大中型现代设施农业园区（技术服务）。本产品紧跟日本、荷兰和美国等国家的农业机器人国际先进技术水平，结合我国设施农业栽培特点和需求，生产成本为相关产品进口价格的30%，性价比优势明显。

－ 特邀点评 －

将机器人技术应用于农业生产，对于提高农业生产效率、提升传统农业现代化技术水平具有重要意义。自动采摘机器人在农业复杂环境下作业面临诸多困难，不仅要对成熟果实进行识别定位，同时需要把柔嫩的不规则果实个体从作物植株分离，需要在机器视觉、机械工程和材料力学等多学科方向进行研究突破。

本项目重点围绕复杂背景下目标的视觉识别、机器人系统集成和自动化采摘方式等进行了创新突破，取得了较好的初步应用效果。我期望将现有的技术成果，拓展至农业生产中的其他环节和对象，并开展多种作业方式的探索研究，以加快该技术的进一步产业化应用。

——陈建　中国农业大学副教授、中国人工智能学会智能农业专业委员会高级会员

我国已经进入人口老龄化和农村城镇化阶段，劳动力短缺和人力成本增加，已逐步影响我国农业产品生产效益增长。农业生产效率与发达国家相比，差距依然很大。因此研发能够代替人工作业的高效率、高质量、低成本的自动化作业机械，是从工程技术角度应对当前形势的重要手段。针对农业生产特点，创新智能农机设计制造，围绕我国农业生产实际，选择劳动强度大、生产成本高、相对容易实现智能化作业的生产环节，深入研究满足我国农业生产实际需要的智能化机具。

目前，我国农业机器人多数仍处于试验样机阶段，在实际生产当中示范应用较少。针对其中的共性难点问题，创新应用人工智能化技术，逐步提高作业通用性和效率、降低使用成本，是未来我国农业机器人技术发展的方向。

——赵春江　中国工程院院士、中国人工智能学会智能农业专业委员会主任、
国家农业信息化工程技术研究中心主任

温室喷药机器人

北京农业智能装备技术研究中心

- 应用概述 -

目前，对温室内的植物喷药主要由人工完成，操作人员背负喷雾器来回穿梭于作物行间进行喷药，效率低、劳动强度大，而且操作者处于悬浮有农药雾滴的空气环境中，农药可能通过呼吸和皮肤毛孔进入人体，不利于人体健康和安全。

为了提高温室蔬菜喷药的安全性和作业效率，Sprayer I型温室喷药机器人具备作物行自动探测、变量喷药以及喷药方向调整等功能，可自主行走于温室内对番茄、黄瓜以及西瓜等蔬果进行对行喷药，节约人力，同时提高农药的使用效率。

相对背负式温室喷药机械，温室喷药机器人在自动化水平和作业效率方面具有突出优势，Sprayer I型温室喷药机器人相比人工喷药节约农药10%，作业效率提高5倍。

- 技术突破 -

温室喷药机器人集成风助式高效雾化扩散装置、蔬菜行间对靶探测、自主导航定点消毒喷雾等关键技术。

- 重要意义 -

喷洒农药防治病虫害是温室蔬菜生产必要环节，我国农药的有效利用效率较低，研发全自动温室打药技术和设备，有利于保障蔬菜安全、高效生产供应。

－研究机构－

北京农业智能装备技术研究中心

－技术与应用详细介绍－

一、产业需求背景

我国蔬菜播种面积约 153 341 平方千米，人均占有量370千克，总产值1.2万亿元。喷洒农药防治病虫害是温室蔬菜生产的必要环节。蔬菜温室多为中小型拱棚结构，空间狭窄，通过性差。温室喷药作业自动化机械占比不足10%，普遍以人工背负式机械为主，耗时、费力，安全性差。我国农药的有效利用率不到30%，农药分布不均匀度高达46%，单位面积农药的用量比世界发达国家高2.5~5倍，部分农产品农药残留量达10倍。过多农药流失，对农业生态环境造成极大破坏。因此，研发全自动温室打药技术和设备，对于保障蔬菜安全、高效生产供应具有重要意义。

二、国内外发展现状

本项目结合我国蔬菜温室生产环境的特殊工况条件，围绕作物自动探测、药液高效雾化扩散、农业生产环境与机器人作业模式融合的关键点，旨在解决温室蔬菜喷药防治病虫害"怎么喷、哪里喷、怎么用"的问题。

随着温室面积的逐年增加，温室自动化施药设备及施药技术在国内外得到广泛研制。日本、德国、美国等国家研制的一些温室自动喷药机器人实现了无人施药，降低了温室作业人员的劳动强度，避免了化学药物对劳动人员的伤害，但是其对我国农业设施结构适应性较差，且操作复杂，占用空间大，造价较高。国内的温室自动化施药设备较少，且处于试验应用阶段，仍需改进推广。

国内外的施药设备主要采用的是喷杆喷雾技术，施药方式以"大雾量、雨淋式"的喷雾为主，药液浪费严重，污染环境，同时，当作物冠层高度较大时，中、下部作物药液沉积率低。与传统施药技术相比，风送施药能够使雾滴细化均匀、飘散距离远、在冠层中穿透力强，从而达到更好的施药效果。

针对上述问题，本项目研发了一种针对我国温室生产条件的喷药机器人，以提高温室蔬菜打药效率和安全性，可达到同类产品国内领先的技术水平。

三、技术创新点

1. 风助式高效雾化扩散行间喷洒装置

本项目通过创新应用作物行间自动探测和高效雾化喷药技术，研制了一种温室果蔬高效风助施药系统，实现了在无人操作情况下，对温室作物自动完成施药作业。本项目建立了一种风力雾化喷头结构参数与雾化效果的数学模型的方法，实现了喷嘴结构的数字化设计，解决了垄内植株枝叶茂密、雾滴在距离较远的冠层内部不能充分渗透的问题。

本项目鉴于温室宽幅面、远射程打药的需求，采用气液外混式喷头结构作为消毒液喷洒执行装置。工作人员经过对喷雾风场的风速测量，发现在喷头中心轴线方向，前端风速快速衰减，0.3米后风速渐趋平稳，在喷头的施药范围内，风速大于3m/s，满足对雾滴的携带能力要求。

本项目利用Fluent软件对各参数结构的喷头内部和喷口附近的气流场进行了仿真模拟，通过对气流场的速度、压力分布特性和气流流动轨迹的分析发现，喷头内的锥体垫块半锥角 α =75° 时，对喷头内部流场的阻力最小；导流叶栅布置方案中，

β =90° 时，喷口附近气体的旋流速度最高，扩散角最大，更利于喷口处药液雾化。根据Fluent仿真结果确定出喷头的最佳参数组合，通过风速测量试验对仿真模拟结果的可靠性进行了验证，如图2-18所示。

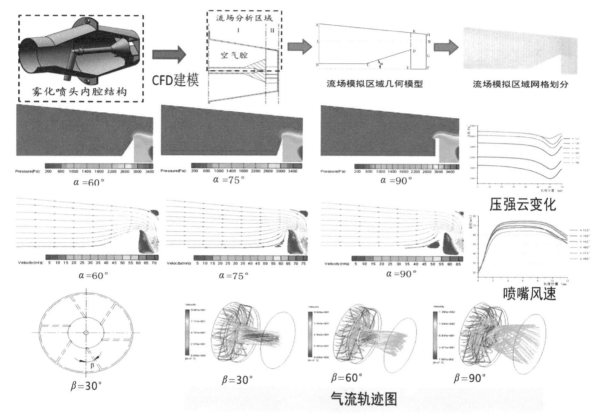

图2-18　气流场仿真模拟

2. 基于多光谱信息融合的对靶喷药目标探测

农作物感染病虫害后，染病部位发生病变，呼吸蒸腾效果与健康部位存在差异，这种差异除了在可见外观色彩呈现以外，在热红外信息中也有所体现。因此，本项目在依靠可见光波段图像对作物行空间分布识别定位基础上，融合作物冠层叶片热红外图像信息实现对早期病变作物的检测，是实现病虫害对靶防治信息获取的有效途径，如图2-19所示。具体内容包括：（1）热红外图像与可见光图像信息获取与配准，实现对病变植株分布区域的识别定位；（2）基于作物冠层图像信息的病虫害等级判

别模型，形成针对病害程度的变量施药策略。

3. 多功能温室蔬菜全自动喷药机器人系统集成应用

本项目形成了针对小型蔬菜大棚和大型日光温室两种不同工况条件的全自动喷药机器人系统，满足不同栽培模式蔬菜的智能化喷药作业需要，如图2-20所示。应用试验表明，药液流量在400mL/min、800mL/min和1200mL/min雾滴粒径DV.9的分布状况和雾滴沉积密度，不同大小的雾滴粒径满足了对各种病虫草害的防治要求；各流量下，最低雾滴沉积密度为65个/cm²，大于病虫害最低防治要求的20个/cm²。

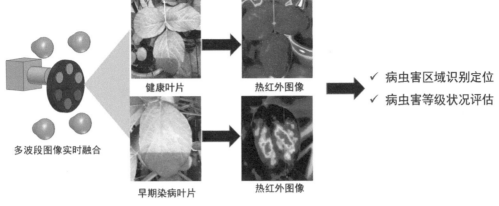

图2-19 多波段图像实时融合

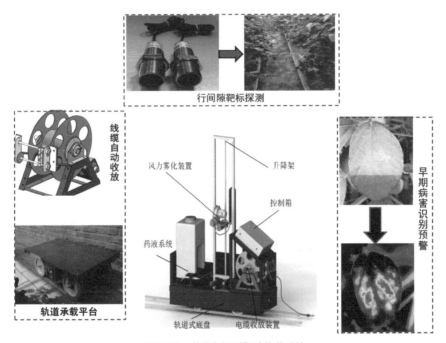

图2-20 蔬菜行间对靶喷施药系统

　　温室果蔬高效风助施药系统在沿轨道前进过程中检测到空行标签后，自主停车对吊蔓果蔬的空行间隙进行升降、摆喷施药，药雾在枝叶稀疏的行间隙充分扩散至两侧作物冠层，每完成一次施药后自主移动至下一空行间隙，直至对所有作物施药完成后，主控器通过监测障碍检测传感器的信号控制施药车自动返回至起始位置。

　　在温室喷药机器人的自动模式下，用户按照既定防疫规范要求，设置农药喷洒时间、剂量和作业范围，形成机器人喷药作业计划。机器人按照设定的时间自动启动，随磁标路径在温室中巡线行走，并根据用户设置的参数自动调节电磁阀开闭频率控制药液喷洒流量、自动调节风机转速控制喷洒距离，从而实现种植环境内的无人化打药作业。在遥控模式下，用户通过PC端或手机终端，实时向机器人发送行走和喷雾的操作指令，实现对机器人行走轨迹和速度的实时操控，同时根据用户自主判断，对不同作业区域的打药剂量和喷雾距离进行动态调节，如图2-21所示。

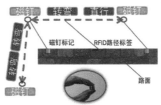

自主移动导航承载平台

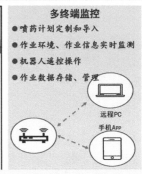

无人化喷药作业信息监控

图2-21　自主导航定点消毒喷雾系统

四、应用效果

本项目形成的Sprayer I型温室喷药机器人具有作物行自动探测、变量喷药和自动行走等功能，可实现温室内的全自动精量喷药，相比人工喷药节约农药10%，作业效率提高5倍。

本项目获得"北京市新技术新产品"认定1项、国家发明专利4项。

五、市场前景分析

我国温室蔬菜面积达到39 000平方千米，产业净产值为5700多亿元。生产机械化率不到20%，人力成本不断上涨，水、肥、药施用粗放，生产资源利用率低，使得近年来温室蔬菜生产效益显著下降，智能化作业技术和装备需求迫切。

本产品借鉴国际同类产品先进技术方案，结合我国设施农业栽培特点和需求，其价格低于相关类型的进口产品价格，性价比优势明显。喷药机器人目标客户主要面向农机公司（技术转让）、大中型现代设施农业园区（技术服务）。预期市场前景良好。

━**特邀点评**━

鉴于我国温室蔬菜种植过程中农药使用的现实问题，应用智能化技术，从病虫害目标识别、药液精量喷施控制以及全自动喷药控制等环节进行创新研究，形成了适用于我国不同农业生产模式的自动化喷药设备，对改善蔬菜供应质量和从业人员安全性具有重要的意义。

该项目需要进一步扩大应用规模，提高设备的可靠性，并不断降低设备运维成本，进一步扩展用户群体。此外，考虑到对蔬菜农残追溯的需要，建议机器人系统增加喷洒农药历史数据存储和处理功能。

——王秀　北京农业智能装备技术研究中心副主任

农药粗放施用是造成目前我国农产品及农业生态环境污染的重要原因。精准高效使用农药，提高农药的使用效率，采用先进的农药喷洒技术及装备是实现农产品安全生产的重要途径。本项目针对温室蔬菜喷药传统人工作业效率低、劳动强度大、安全性差的问题，采用人工智能新技术，创新研究温室全自动喷药方式和系统。重点突破温室内喷药靶标识别、药液雾化扩撒和自主移动作业等关键技术，实现温室蔬菜自动对行喷药作业，提高了喷药作业效率和安全性。

此外本项目紧密结合我国农业生产实际情况，形成了应用于不同生产模式和作业环境的智能化作业方法和系统，对不同蔬菜类别、种植规模和作业环境具备较好的适应性，具有良好的市场前景。

——陈立平　国家农业智能装备工程技术研究中心主任、国家"万人计划"领军人才

CHAPTER

智能城市

03

城墙与质牌（Shield）相结合，内置一个字母"S"，"S"为苏州拼音（Suzhou）首字母，字母设计类似闪电，具有迅捷（Swift）、犀利的含义，再加上里面的城墙；既能体现防御的稳固性，又能体现苏州市公安机关雷厉风行的风貌[可迅速保卫国家与人民的安全（Security）]，而城墙的青砖白瓦也体现了苏州古城的城市韵味，对应的字体设计稳重、厚实。

基于百度AI技术的苏州"城市盾牌"应用案例

北京百度网讯科技有限公司

— 应用概述 —

苏州市公安局与百度公司开展合作，依托百度领先的AI技术能力，通过在苏州市全市范围内综合应用前沿技术，科学布建智能化前端感知设备、共享整合多方资源、搭建统一数据汇聚平台，形成一体化运作机制，全面提升了城市安全防控能力，打造了一个全国领先的公共安全"城市盾牌"体系。
"城市盾牌"围绕视频图像智能化应用，通过构建"1个中心、2种技术、3种资源、5道防线"智能化治安防控体系，打造智能化、全方位、多层次的城市盾牌，为公安机关侦查破案提供了快速有效的信息数据支撑，为社会各级单位、居民群众提供了相应的便民、惠民服务，有效维护了城市安全，为构建和谐社会发挥了重要作用。

— 技术突破 —

"城市盾牌"实现百万级比对报警业务、千万级数据检索，亿级人口抓拍照归档功能，用深度学习算法进行亿级样本训练的人脸识别融合算法，极大地提升了产品算法效果的环境鲁棒性和正确识别率。

－ 重要意义 －

"城市盾牌"实现视频监控资源的共享、全方位的智能信息采集和主动预防能力，以及实现全程、全时为民服务，在加强社会管理方式上实现了创新，为构建和谐社会发挥了重要作用。

－ 研究机构 －

北京百度网讯科技有限公司

－ 技术与应用详细介绍 －

苏州城市发展迅速，经济发展受到全国瞩目，2017年苏州的GDP在全国排名第七。苏州作为在全国范围内经济发展速度与城市活力都处于领先地位的地级市，其社会治安的平稳可控功不可没，苏州"城市盾牌"将进一步提升整个城市的安全指数。

"城市盾牌"项目的建设，解决了前端设备建设缺乏统筹建设、体量大但效能不高、各部门之间存在数据壁垒未能形成合力而不能发挥最大效能的现状。

苏州"城市盾牌"建设方案既符合公安部关于全国公安机关推进图像信息资源整合及应用建设的要求，又能将人像比对、车辆结构化信息比对技术引入公安机关工作的应用领域，为侦查破案、业务办理等环节，提供了全新的人员车辆身份甄别和警务情报输出的技术手段。

"城市盾牌"工程围绕"1个中心、2种技术、3种资源、5道防线"开展系统建设，打造一体化情报综合应用体系平台，如图3-1和图3-2所示。

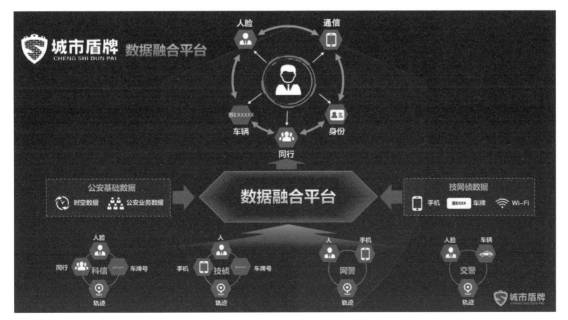

图3-1 "城市盾牌"数据融合平台

图3-2 建设路径

1个中心：建立统一的"视频大数据实战共享服务中心"。

2种技术：应用人像比对识别技术、车辆结构化解析比对技术。

3种资源：公安资源（公安自主投入建设）、政府资源（政府各级部门、企事业单位等资源）、社会资源（通过技防建设整合社会面资源）。

5道防线：打造城市立体化防控圈的五道防线。

苏州"城市盾牌"建设，通过警企携手综合运用人工智能、物联网、大数据、云计算等前沿科学技术，破除警务工作发展瓶颈。"城市盾牌"建设中，人脸识别监控和车辆识别追踪是其核心技术，是识别引擎、大数据和自主学习共同作用的创新应用。在采用符合国际、国内标准的、比较成熟的技术基础上，结合苏州实践经验和场景特点，兼顾相关技术的发展方向，保证平台在较长的时间内处于领先地位。通过多种安全技术手段和防护手段，保证系统自身的安全性，保证服务不会中断。系统的容错能力是项目建设的出发点之一，关键设备或设备核心部件全部设计冗余，系统规划要保证高稳定性、高可靠性，确保系统平稳运行。

"城市盾牌"建设充分考虑目前业务工作对信息系统的需要，强调系统的可扩展性、政策发展的适应性；系统要充分考虑在结构、容量、通信能力、产品升级、处理能力、数据库、软件开发等方面具备良好的可扩展性和灵活性；以参数化方式设置系统管理硬件设备的配置、删减、扩充、端口等，以及系统的管理软件平台，系统管理并配置应用软件；数据存储结构设计在充分考虑其合理、规范的基础上，同时具有可维护性，对数据库的修改、维护可以在很短的时间内完成；苏州"城市盾牌"系统部分功能考虑采用参数定义及生成方式以保证其具备普遍适应性；部分功能采用多种选择模块以适应管理模块的变更。在保证初期业务的前提下，系统具有极强的可扩展性，后期可按需扩展，以保证将来各种新业务的开展。系统能够实现可预见的平滑升级，确保在系统不做大的变更前提下，平滑升级到更高的层次。

"城市盾牌"能有效解决数据采集分散、数据共享存在壁垒等问题，并可有效支持各种业务应用，为实战提供有力支持，为社会化民生应用开发提供可靠平台。在系统设计中，应坚持采用简单、有效、实用的指导方针，合理地平衡技术的先进性与实用性，避免盲目追求最新技术和不切实际的功能。

"城市盾牌"在环市域卡口、公安传统重点阵地、人员聚集公共场所、居民小区这4道防线上，全方位地进行数据汇集及管控。系统依靠人像比对、车辆比对技术，实现重点人员和车辆的管控，为城市安全构建坚实的"盾牌"。

"城市盾牌"中涉及的视频智能化数据源主要来自人像及车辆。人像数据主要来自人员卡口、人证核验、人脸闸机、人脸门禁、结构化摄像机、超级卡口、智能4G采集终端等设备;车辆数据主要来自结构化摄像机、超级卡口、车辆标准卡口、智能4G采集终端等设备。

"城市盾牌"利用百度先进的AI技术能力组合,对人像、车辆进行自动捕获及智能化解析。人像的信息包括:性别、年龄段、种族、是否戴眼镜、是否戴口罩、上衣颜色、下衣纹理等。车辆的信息包括:车标、车身颜色、车牌号码、车辆年检标志及挂件等。同时,"城市盾牌"还利用超级卡口将人员与车辆信息充分进行了融合,将车辆及人员信息进行关联分析,实现人员、车辆的综合管控。

"城市盾牌"智能4G采集终端外形精巧、坚固,功能丰富,操作灵活,支持通过Wi-Fi、3G/4G等多种无线网络将现场拍摄的视音频实时传回处理中心,支持PTT对讲、指挥调度等应用,是执法办案的利器。

"城市盾牌"将互联网视图库、其他专网视图库的数据进行有机融合数据关联分析,应对当前复杂的社会治安态势面临的新挑战,满足情报指挥一体化运作和警务大数据实时显示应用的需要,解决当前苏州分散化、单一化、离线化的展示模式与警务云发展趋势不相适应的问题。

总体来说,"城市盾牌"有机地将人脸实时解析比对、车辆信息比对、视图库1400标准数据流转、一人一档归档聚类技术有机结合,系统提升了应用能力的同时,也对竞品形成了技术壁垒。同时后台计算处理平台框架不断升级,采用分布式服务架构,不仅支持数据存储层Mysql/redis/mongodb等横向扩展,同时算法引擎和应用管理平台也采用了分布式集群架构,可根据需求动态增删worker节点。目前,"城市盾牌"已经支持5000路的前端设备接入、亿级的图像数据特征检索,同时具备"一脸一档"的归档聚类能力,并可以横向拓展;在海量图像数据处理中锤炼算法的效果及处理效率。

"城市盾牌"的应用具有以下三方面意义。

在技术创新方面,"城市盾牌"系统不仅可支持百万级比对报警业务、千万级数据检索相关应用,同时也在市场中领先地实现了亿级人口抓拍照归档功能,实现"一脸一档",深挖了数据价值。

在模式创新方面,苏州"城市盾牌"创新性打破由政府完全投入建设的模式,利用最少的政府资金投入,引入社会化建设资源及资金,在资源共享的前提下,以较低成本不断利用可靠与先进的技术,不断提升价值数据的联网使用能力。

在服务民生方面,"城市盾牌"运营模式在校园、社区、工厂等场景已实现应用,并逐步与公安平台实现数据同步,进一步扩大了安防预警的边界,不仅符合群众对于日常安保的需要,同时也可辅助公安部门高效开展侦破工作。

▌ 特邀点评

"城市盾牌"可以"读懂"视频监控,识别出"坏人",为警方锁定办案证据,为抓获违法犯罪嫌疑人提供帮助,同时能更多地结合与社会面监控资源的联动数据,在便民、利民的服务举措上不断创新。

——李晶 苏州市公安局科信处处长

基于人工智能的新一代"互联网+政务服务"平台

万达信息股份有限公司

- 应用概述 -

万达信息通过整合政务大数据和服务资源，将机器学习、深度学习、自然语言处理、图像识别等人工智能技术与政务服务具体办事场景相结合，研发出新一代"互联网+政务服务"平台。本平台可解决办事流程难懂、办事指南解释不一、服务资源紧张、材料反复提交、用户体验不佳等问题；向公众提供针对性、个性化、全天候、精准的政务服务，以降低办事成本，提升公众的服务体验、满意度、获得感；向政务服务工作人员提供流程自动化处理、服务环节优化、业务智能向导等智能工具，以提高政务服务效能、减轻工作负荷、合理配置行政资源。本平台已在行政服务中心、网上政务大厅、市民服务平台等典型的办事场景中进行应用，并在全国进行产业化推广。

- 技术突破 -

本平台采用适合各种条块联动的非侵入式系统对接整合模式，以及多级联动的跨层级、跨部门、跨系统的数据资源交换、管理及应用体系，并对持续演化的政务服务知识进行自动化构建。

– 重要意义 –

基于人工智能的新一代"互联网+政务服务"平台使政务服务资源分配更为合理，提升了政务服务的办事效率，使政务服务体系更精准，构建了更融洽的相关机构与公众的交互渠道。

– 研究机构 –

万达信息股份有限公司（简称"万达信息"）

– 技术与应用详细介绍 –

本平台以个人和企业两类服务对象为中心，构建包括网站、微信、App、自助服务终端等多渠道融合、线上线下一体化联动的服务体系，并结合智能办事助手，通过机器替代工作人员与用户交互并处理相关事项，突破人工服务在工作时间的限制，在不增加人力资源投入的同时，拓宽了服务的时间窗口。平台使服务更加灵活，办事对象可随时随地获得办事服务，体验也更人性化、更友好。

在办事过程中，平台提供基于人工智能的视频、语音、机器人等多种形式的远程协助，如图3-3所示，确保办事对象能够在网上提交材料，同时通过数据积累构建业务知识库，确保线下窗口人员能正确处理多个业务部门的材料，从而构建不依赖于部门的综合单一窗口。平台增强了办事双方的信息沟通渠道并降低了沟通成本，减少办事流程中的信息不对称，提高了公共服务供给与需求的匹配度。同时，平台变被动服务为主动服务，在化解办事过程中"找谁办""去哪办""怎么办"疑惑的同时，更好地满足了群众个性化、精准化、多样化的服务需求。

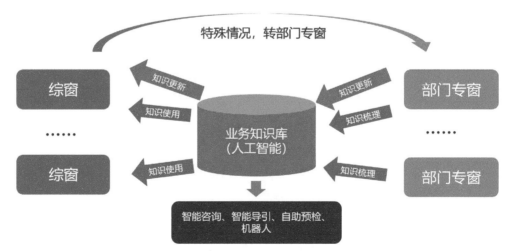

图3-3 多种形式远程协助

"互联网+政务服务"平台具有融合性、创新型、开放性等特点，公众采纳行为和需求无论在形式上还是内容上都给政府提出了新的要求。根据公众采纳行为特征，结合技术接收模型、信息系统持续使用模型、信任模型等基本理论，选取"互联网+"环境、感知信任、感知质量、满意度，以及社会影响等特征作为公众采纳行为的影响因素，构建公众采纳模型。在采纳模型的基础上，分析不同阶段公众采纳的关键影响因素，充分考虑服务对象的群体特征和个性化需求，并结合互联网技术和服务等特点，发现互联网政务服务自身的本质属性和特征，挖掘衍生规律，融合互联网思维创新公共服务模式，提高公众采纳率，为公众提供安全、高效、优质的服务。

平台利用大数据技术对政府内部、外部业务系统的数据和互联网数据进行数据提取、清洗、挖掘和分析，根据不同业务获取不同的信息，满足不同

公众的政务信息服务的需求。在大数据环境下，平台可以利用推荐机制对公众的服务需求进行推测，将公众输入的信息需求进行智能分析，推测出公众可能需要的服务，主动推送信息资源，提升公众对政务服务的满意度，提高政府部门政务服务的水平。这种信息服务模式主要包括几个方面：基于数据和人工智能预测分析的数据服务；政府管理人员或专家结合业务规则提供的数据服务；专家根据业务模型分析后的结果数据服务。

一、技术应用

1. 基于深度学习的政务事项知识自动抽取和构建技术

面向政务服务事项，从文本文档中自动抽取和构建出相应的知识是本项目的一项核心基础性的研发内容。对于任意给定的文本文档，首先要判定它是否含有与政务服务事项相关的信息，如果相关，

则需要进一步确定所涉及的具体服务事项并在文档中定位出与该事项相关的剖面信息。本项目采用以下话题模型来完成文档的建模和过滤，并设计实现相关的深度神经网络模型来完成相应的服务事项识别和剖面信息定位任务，如图3-4所示。

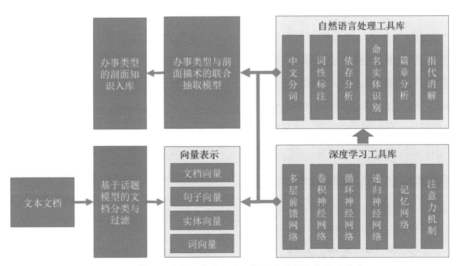

图3-4 基于深度学习的政务事项知识自动抽取和构建技术

（1）基于话题模型（Topic Model）来对文档进行建模，在此基础上进行文档的分类和过滤，得到与政务服务相关的文档集合，再进行深层次的知识自动抽取和知识库的构建。

（2）基于深度神经网络模型设计并实现高精度的自然语言处理工具库，上游的高精度处理工具

可以尽可能地避免误差向下游处理过程的传播。

（3）基于深度学习工具库和自然语言处理工具库，对办事类型和剖面描述信息的定位和识别进行联合深度学习建模，充分利用办事类型和剖面信息之间的相互关联性，提升定位和识别的准确度。

本项目设计并实现办事类型的剖面知识入库流

程，添加人工审核的过程，审核后的知识可以作为新增的训练数据进一步优化相应的联合抽取模型，实现知识库自动构建的闭环优化。

2. 基于图像识别的信息抽取和比对技术

本项目通过人工智能的场景字符识别，提出一种基于联合线性插值上采样的稠密神经网络算法的场景文本识别方法，能智能且高效地识别图片上的中英文文本序列，如图3-5所示。此方法普遍适用于卡片证照文字识别、网络图片文字识别、办公图片文字识别、营业执照识别、车牌号码识别等。

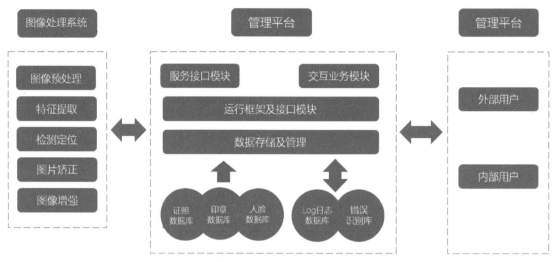

图3-5　基于图像识别的信息抽取和比对技术

同时，本项目设计了一种深度学习场景识别方法，包括输入层、联合线性插值上采样的稠密卷积神经网络层和转录层，其中输入层由序列图像和序列标签组成，联合线性插值上采样的稠密卷积神经网络层由稠密块、卷积层、池化层、上采样层组成，转录层由联合时间分类模块组成。

3. 适合各种条块联动的非侵入式系统对接整合模式

针对业务系统难改造、难对接的状况，本项目构建了非侵入式系统对接整合模式，实现各级以及业务条线之间业务和系统的整合。通过独立的虚拟人机交互方式，智能识别和提取源系统信息，一键填充至目标系统输入项，使传统业务人员需要数分钟完成的系统间信息录入工作时间消耗降低到秒级，并且降低出错率。且无须对业务系统进行改造，降低整合实施难度，提高整合实施效率，确保整合安全性。

4. 多级联动的跨层级/跨部门/跨系统的数据资源交换、管理及应用体系

本项目构建了基于数据总线的分布式数据交换系统。不同于传统的点对点的数据交换，以数据总线为基础的数据交换可以通过设定数据目标地址对数据的流向进行精准控制，并可以对业务数据进行个性化的合规性检测。配合业务流程的持续优化，数据交换也可以通过改变数据流向对数据进行按规则转换，持续配合优化，以适应业务的需要。

5. 持续演化的政务服务知识库自动化构建

本项目形成面向政务服务数据的自动化知识提炼和应用技术，并针对政务服务领域数据动态变化的规律和特点，形成领域知识库的增量化生长与演化机制，实现知识库对政务服务领域业务变化的高适应性。

二、产品创新

1. 掌上政务大厅

平台以移动终端为服务载体,形成网上政务办理的"单一窗口",变"多网服务"为"一网服务",关联"一号"的预约、申报、问答、查询等功能,同时整合各类政务服务资源,避免材料重复提交并提供在线辅助向导、拓展便捷的政务办理渠道,形成政务服务"一网"通办的办事模式。

2. 智能办事助手

平台以聊天机器人的方式与用户进行自然语言交互,在会话过程中,结合用户画像和政务服务领域知识,识别用户意图,在后端业务系统支持下执行相应的动作,并向用户生成正确的反馈。智能办事助理不仅仅提供信息咨询类服务,还能够完成对具体事项的辅助办理。

3. 政务服务知识库

本项目在政务服务过程中产生的海量、多样、复杂数据的基础上,通过程序分析、自然语言处理、数据挖掘、机器学习等技术提取领域知识,形成知识库。知识库具有自动学习和模拟能力,可以对不断增加的业务数据、案例进行学习更新,并且可通过人工干预进行被动纠错和调整。

三、实施效果

本项目通过面向政务服务的办事智能助理研发及应用,以人工智能化技术结合政务服务办事领域知识,解决传统政务服务资源紧张、办事效率不高、办事流程难懂、服务个性化不足等问题,如图3-6所示。其作用和意义体现在以下3点。

图3-6 "互联网+政务服务"平台的应用

1. 政务服务资源分配更为合理

日益复杂的公共管理和服务诉求、日益广泛的政务服务对象、日益多样的管理要素以及日益复杂的信息资源导致需要的人力财力资源越来越多。人工智能技术的引入可以极大缓解这些问题，在信息收集、行政流程、行政咨询应答、知识更新等领域，可以大量替代传统人力投入，在提高服务能力的同时，不增加甚至减少人力资源的投入，更为合理地分配政务服务资源。

2. 提升政务服务的办事效率

传统的政务服务办事指南，不同工作人员对指南的解读和自由裁量空间不同且模糊。与此同时，同一事项不同的工作人员对办事对象提出的具体要求理解也可能存在不同。因此，办事对象所提交的材料难以一次性准确提交，一些较复杂事项材料的退回率居高不下。通过人工智能技术，可以有效识别服务流程中的冗余环节，形成详细、精准、完备的知识库，统一办事流程，从而提高了整个政务服务的办事效率。

3. 使政务服务体系更精准

传统的政务服务与普通公众的关系是相对刚性的，只有当公众有需求的时候，才会通过相对狭窄的渠道与相关机构发生联系，比如咨询、申请等。一方面，相关机构缺乏足够的人力和对应的渠道实现与公众的有效联系；另一方面，当公众与相关机构发生交互时，公众也提供了大量的有效信息给相关机构。传统的政务体系则很难收集和分析这些信息用以改进政务服务。人工智能技术的引入将有效改变政务服务体系：一方面，可以通过人工智能系统建立通用的政务服务助手，实现随时随地对政务服务的咨询和协助解决；另一方面，可以有效地将互动结果进行分析，并存入知识库从而改进政务流程，提供个性化服务。

‒特邀点评‒

"互联网＋政务服务"平台以提升政务服务能级为导向，通过创新服务手段，促进政府服务便利化、普惠化。平台以"一号、一窗、一网"政务服务模式，运用"服务融合、业务整合、管理综合"理念，以身份认证为线索，办事流程简化为导向，以电子办事档案为基础，充分运用"大物移云智"等信息化技术，打破部门、系统界限，构造政务服务的横向协同业务线；形成跨部门的信息流，提高政务一站式服务能力，在单一窗口建设、网上网下一体化、条块业务联动、跨部门/跨网络/跨层级信息共享协同、支付运营等方面进行突破，解决政务服务"最后一公里"便利化问题。

——单志广 国家信息中心信息化和产业发展部主任

该项目建立了基于知识库和远程协助的单一窗口体系，基于芯片级全国产软硬件，安全可靠、自主可控，并具有各种条块联动的非侵入式系统对接整合等特点。该项目的架构体系达到政务服务信息系统国际先进水平。

——陈诚 万达信息股份有限公司研发中心总经理

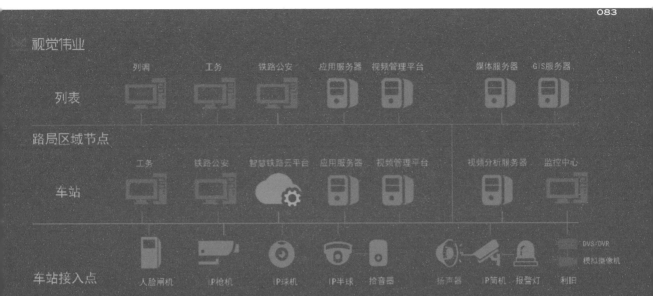

智慧铁路解决方案

湖南视觉伟业智能科技有限公司

－ 应用概述 －

智慧铁路解决方案是基于人工智能技术的铁路安防系统综合管理平台,利用人脸识别、视频智能分析等技术实现铁路信息网络化,进而在整个铁路系统、企业内部以及合作伙伴之间实现数据信息的互联和共享,实现铁路沿线和站场的可视化管理及智慧化管理。

智慧铁路解决方案依托铁路数据,以视频为主线,对视频进行数据分析,挖掘数据价值,分析相关数据的关联性,连续而实时地进行决策。人工智能技术被注入整个系统以及流程,从而进行安防、铁路沿线及站场周界智能视频分析系统、智能预警、人证票核验系统等服务。

－ 技术突破 －

本项目集合了三维点云映射到二维平面算法、大规模人脸分析与提取、行为识别提取显著目标的方法等人工智能关键技术,将人证票核验系统、铁路沿线及站场周界系统规范化、智能化。本项目建立有效的预警措施、区域管理和安全规范,提供铁路安防精细化管理和决策数据,提升铁路安防管理水平。

- 重要意义 -

本项目通过人工智能技术，提升安全效益，降低运营成本，实现轨道交通智能化、数据化。通过上述平台和系统建设，铁路安全系统将逐步实现"先前由人工完成的工作，在未来逐步变成由智能化系统替代完成"的智慧化升级宏伟目标。

- 研究机构 -

湖南视觉伟业智能科技有限公司（简称"视觉伟业"）
中国通号
北京交通大学
北京工商大学

- 技术与应用详细介绍 -

智慧铁路解决方案将人工智能应用到由智能感知、物联接入、数据云集、智慧挖掘形成的铁路安防产品产业链闭环上。本项目聚焦铁路运维基础环节，实现铁路沿线和站场的可视化及闭环管理，其主要目标如下。

1. 加速整合资源，突破数据瓶颈

铁路主要业务涉及部门较多，所有资源都在"各自为战"，没能实现有效地联合、统一。本项目将实现与各个部门进行沟通、协调，使现有的系统尽快对接、整合，进一步整合各个部门的数据资源，突破系统之间和数据之间的瓶颈。

2. 加快基础建设，搭建智慧平台

要实现"智慧"铁路，必须加大设备和系统投入力度，搭建统一的智能平台。本项目将基础设施、大数据、云计算、物联网、智能终端设备等在原有的基础上进行升级改造，利用智能平台统一调度所有资源合理使用，如图3-7和图3-8所示。

3. 提高分析能力，完善各项功能

铁路通过多年的运营以及信息化的普及，积累了大量的数据基础，本项目将利用人工智能技术积累的数据完善各项功能，重点提高分析的能力和效率。

4. 实现智慧决策，服务回报社会

本项目在资源整合完毕、数据收集完备、分析

功能完善后，就要实现智慧决策，这是"智能"铁路的最终目标。本项目利用所有资源支持最终决策，避免人为决策的失误甚至错误，利用先进的决策手段，实现服务社会。

项目具体建设内容如下。

1. 承建智慧铁路云平台系统

智慧铁路云平台系统将对铁路轨道沿线的海量视频数据进行云存储和大计算，提升数据安全性和系统扩展性。

2. 铁路沿线及站场周界智能视频分析系统

系统将集成先进视觉智能行为分析、3D虚拟现实等技术于一体，可通过传统非智能摄像头传输回来影像进行智能分析。轨道交通高速行驶当中，为保障轨道周边安全，铁路轨道周围不允许人、动物闯入，同时轨道上不能出现阻拦车辆运行的物体等。本项目实现智能化分析系统，一屏掌控全局，自由设置安全规则，改变传统监控依靠大量人员看监控画面来进行安全管理的模式，降低轨道交通运营成本。系统对铁路沿线各类异常事件，实现事前预警、事中干预、事后取证，有效保证铁路通行安全。

3. 进站口人证票核验系统

人证票核验系统主要由4部分组成：前端的人脸抓拍摄像机、后端的智能NVR、云端的人脸识别服务器，以及基于B/S架构的软件应用平台。

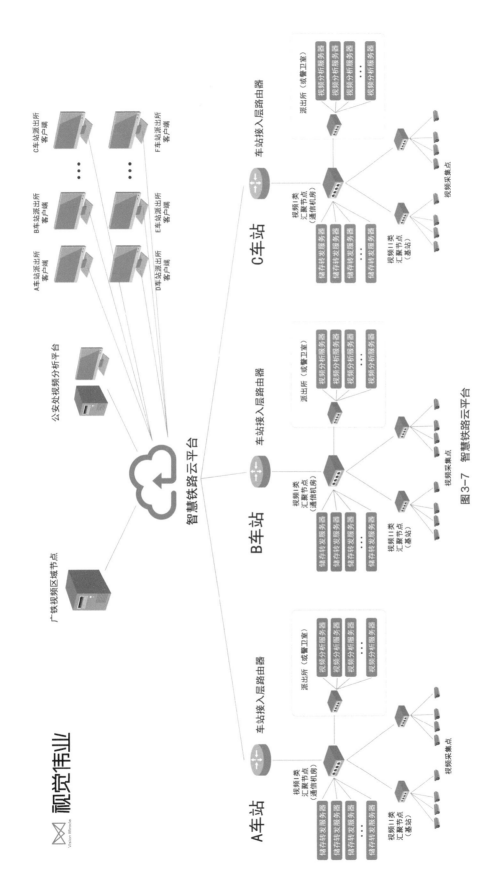

图3-7 智慧铁路云平台

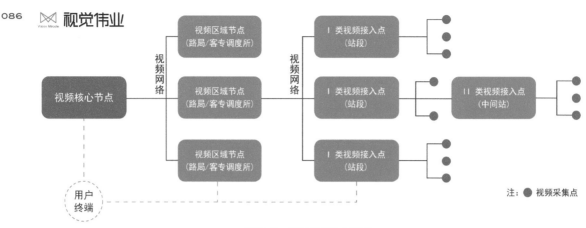

图3-8　视频节点接入系统

核验系统可实现海量人脸抓拍、比对，以及人脸轨迹搜索，并可根据人脸进行数据统计分析；同时可进行抓拍呈现、重点人员布控、黑白名单比对实时告警等，在火车站站点人与证件核验比对时，具备在非配合状态下达到精准抓拍效果，将人、证、票有效地结合，广泛应用于轨道交通站点重点人员布控、告警及黑白名单人员管理。该系统将有效确认旅客身份，实现智能布控预警。

4. 建立国内首家"智能轨道交通联合实验室"

视觉伟业、中国通号联合北京交通大学、北京工商大学联合建立国内首家"智能轨道交通联合实验室"，将大数据、云计算、物联网等更多人工智能前瞻技术应用到铁路建设中，通过建立校企联合实验室，培养智能轨道交通顶尖技术人才，协同推进轨道交通国际科技创新。

"智能轨道交通联合实验室"的建立，为承接国家智能轨道交通重大科研及产业化项目奠定了良好的基础。

通过上述合作内容后，铁路安全等级将由被动变为主动，将目前的人工巡查升级为"事前预警""事中干预""事后取证"。铁路动态安防系统实现"黑名单"主动预警、重点人员连续出现预警、历史轨迹还原查询、铁轨障碍物预警等功能。

具体技术创新点如下。

1. 深度学习引擎

视觉伟业搭建自主深度学习引擎框架、能够自主生产硬件，并对硬件给定最高效资源分配。因此，本平台运行机制更高效、数据计算更协调，硬件利用率更高。

2. 误报率低

人工智能对视频内容的辨识，容易受到光照条件、天气因素、图像质量、目标尺寸、地物遮挡等环境变化的影响，视觉伟业对接工程局视频数据（包含夜间数据、植物形状、细微震动等）后不断优化算法，云平台整体误报率非常低。

3. 自主算法

视觉伟业拥有自主专利算法，可使用卷积神经网络将3D视频转换成2D画像分析，具备运算效率快、识别准确度高的特点。

－特邀点评－

"科技改善民生，科技创造幸福"在近年来铁路的发展中得到充分体现，随着"智慧铁路"建设步伐的不断加快，一场具有革命性的"智能风暴"席卷着铁路交通的每一个环节。从刷票进站到刷脸进站，从线下排队购票到"12306"网上购票选座，依托"智能＋"及大数据所提供的智慧铁路云平台，智慧铁路不仅增强了旅客出行的现代感和舒适感，更在惠民、利民、便民中提升了旅客的幸福指数。

　　智慧铁路解决方案能够紧抓时代发展机遇，以市场需求为导向，借"智能"之力，谋创新之貌，不仅实现了自身服务从"满足型"到"创新型"的升级，还实现了以更安全的服务适应市场"多需化"的发展目标，让人们的旅途越来越焕发出时代的魅力。

——周宗潭　国防科技大学人工智能专业教授、博士生导师

- -

　　视觉伟业坚持自主研发为导向，建立"核心算法＋软件研发＋硬件制造＋大数据＋云计算"的人工智能产业链生态，将核心技术落地于相关的应用场景中。视觉伟业根据项目的实际情况，结合人工智能技术提出针对性的智慧铁路解决方案，铁路沿线及站场周界智能视频分析系统、人证票核验系统相关产品在全国多个铁路轨道交通应用中效果显著，在复杂环境的铁路视频监控上不断提升铁路安全水平、促进铁路大数据融合，视觉伟业利用新兴技术和成熟技术，发展自身的人工智能技术感应、分析、应用能力，包括但不限于人员管控、行为检测等功能，从而降低运营成本，提高用户体验与轨道交通安全性。

——夏东　湖南视觉伟业智能科技有限公司董事长、博士

城市级超大规模分布式开放视觉平台

深圳市商汤科技有限公司

- 应用概述 -

城市级超大规模分布式开放视觉平台可支持十万路级视频源全量解析、千亿级别非结构化特征和结构化信息融合处理与分析，其依托商汤科技有限公司最新的原创深度学习算法，将人脸识别、行人和车辆结构化等技术与城市的智能化建设相结合，为公共安全、应急指挥、智能交通管理、数字城市管理、城市环境保护等多个城市领域应用提供共性AI能力服务支撑，使城市拥有智慧之眼，从而满足为城市智慧化发展赋能的需要。

- 技术突破 -

本平台融合深度学习算法和多项视觉识别技术，单个服务节点既可支持亿级数据秒级检索，也可线性扩容至千亿级全量数据秒级检索，人脸识别误识率较低。

- 重要意义 -

商汤科技面向城市相关视觉智能分析需求，为智慧城市提供共性AI能力服务平台，支撑整个城市的智慧化发展。

─ **研究机构** ─

深圳市商汤科技有限公司（简称"商汤科技"）

─ **技术与应用详细介绍** ─

近年来，智慧城市的理念已经逐步推向高峰。智慧城市的建设离不开城市数据的搜集、分析、整合和处理。其中，视频数据占我们所有类型数据总量的80%，只有用好视频数据，善于高效发掘价值，并且将视频数据与城市管理相关应用深度融合，才能够支撑整个城市的智慧化发展。然而视频数据处理难度大、价值密度低，以十万路摄像头一年数据为例，需要处理的人脸数据规模可达千亿级别，加之行人、车辆、事件等数据的汇集，规模还将再提升一到两个数量级。由此可见，超大规模、综合性、城市级视觉智能分析将会成为智慧城市可持续发展的关键基石。

一、应用场景切实落地

商汤科技依托城市级超大规模分布式开放视觉平台，聚焦智慧城市建设过程中的视觉智能分析需求，提供超大规模分布式并行解析和融合分析能力，将人脸识别、行人和车辆结构化等技术与城市的智能化建设相结合，为公共安全、城市管理、安全生产、环境保护等提供共性AI能力服务，使城市拥有智慧之眼。现在，让我们走进这个助推智慧城市建设的平台。

城市级超大规模分布式开放视觉平台已经应用于十亿级人口特征库及重点人员静态库，多省、市千路视频动静态人像解析与全量轨迹系统，以及多个新型智慧城市、智慧产业园区建设中。在2018年中国国际进口博览会上（简称"进博会"），城市级超大规模分布式开放视觉平台承担了上海国家会展中心及周边区域的视频分析保障任务。面对大规模、深层次的视频分析需求，以SenseFoundry方舟城市级开放视觉平台、SenseUnity超体AI智能融合一体机、SenseFace人脸大数据实战平台为核心的商汤科技智慧城市"视觉中枢"，在"进博会"保障中发挥了重要作用，如图3-9所示。在

图3-9　方舟城市级开放视觉平台护航"进博会"

会议举行期间，城市级超大规模分布式开放视觉平台协助上海市公安局为数十起案件提供了侦破线索、锁定了嫌疑人身份，破案率同比大幅提升。值得一提的是，商汤科技智慧城市系统在协助解决积案、难案，以及紧急案件处理中同样有着极为出色的表现。借助商汤科技的技术，深圳刑侦局成功挖出一个累计作案115宗、时间横跨3年、地域横跨多个区的犯罪团伙，有力地打击了不法分子，维护了国家安全与社会稳定。

二、突破固有技术，直击应用痛点

细观城市级超大规模分布式开放视觉平台，它依托于深度学习、云计算、大数据技术的紧密融合，多维度综合布控于智慧城市的每一个角落，其核心技术能力主要表现在以下几个方面。

1. 能力开放，全面赋能应用系统建设。平台的服务开放，面向上层应用开放全部能力接口；接入开放，支持符合《GB/T 28181公共安全视频监控联网系统信息传输、交换、控制技术要求》《GB/T 1400-2017公安视频图像信息应用系统》等国家标准要求的视图共享平台和前端按需接入；扩展开放，支持在线扩展、升级模型、算法，持续提升视觉解析能力。

2. 模型精准，十万路细粒度轨迹还原。平台的目标识别模型确保了识别结果的准确性，在大规模视图资源解析、目标布控、轨迹还原等场景中，最大程度降低了误报率并保证了轨迹精度。其中人脸识别误识率较低，支持十万级超大规模并行解析、十亿级静态人脸大库检索、千亿级全量人像热数据任意时空精确检索和轨迹还原。

3. 高费效比，千亿数据检索秒级响应。平台将异构分布式计算技术与人工智能技术深度融合，采用CPU+GPU异构高性能计算框架，充分发挥计算能力。全系统可按需、线性扩容，从千万级到千亿级所有视图信息解析得到的特征数据支持秒级实时检索。杜绝了视频分析系统在传统架构模型、技术选型方面的弊端，简化系统架构、方便数据迁移、减少性能损耗。

4. 特征融合，完美实现价值深度发掘。平台一方面克服不同的视图源在光照条件、感兴趣区域的分辨率、拍摄角度、遮挡普遍发生、多目标特征区分度不高等困难因素；另一方面将行人属性和人脸属性进行特征融合，全面刻画对象的视觉特征，实现从"认脸"到"识人"的提升。目前商汤科技将行人再识别（ReID）技术、图谱分析运用于"AI+城市"领域，于万路视图数据源中能够"跨镜"识别目标，按需细粒度还原目标的时空轨迹。缩短了在疑犯追逃、嫌疑人排查、布控抓捕等应用场景中的反应时间，减少了人力耗费。

5. 自我衍进，在线提供增量训练升级。商汤科技同时正积极探索于线上构建增量训练与算法模型升级服务，实现"在用户的网络，使用用户的数据，提升用户的分析能力"的系统自我衍进模式。旨在避免线上产品对目标视图的处理能力固定在出厂水平，无法根据后续业务需求的拓展进行扩展、优化的技术弊端和数据运输过程中带来的风险，从而实现整个系统的安全可控，使算法在实际场景的鲁棒性和适应性持续提升。

城市级超大规模分布式开放视觉平台在实际应用过程中，针对智慧城市建设视频解析的难点、痛点，通过海量视图内容智能解析、视图数据价值深度发掘、视图数据服务模式探索和各类设备资源高效利用四个方面由表及里、层层递进地探索和实践，取得了良好的经济价值与社会价值。

（1）海量视图内容智能解析。视图数据体量巨大，其中包含了公安、交通、综治、城管、安监、消防、住建、环水、文旅、教育、医疗、园区等各行业关心的人、车、物、事件等信息，同时更多的是场景背景类冗余数据。依托先进的人工智能分析技术，城市级超大规模分布式开放视觉平台的海量视图数据处理能力，是高效提取有价值内容、构建以数据为关键要素、为整个城市各行各业提供深度视频服务能力的核心。

（2）**视图数据价值深度发掘。**大数据、人工智能、物联网是现阶段科技创新的三大"抓手"。人工智能则是整体价值得到充分发挥的核心。视频已经成为各行业治理的重要感知手段，视频数据毋庸置疑是为各行业赋能、提升企业竞争优势的重要依托。为此，在目标检测、识别的基础上，城市级超大规模分布式开放视觉平台的建设对各类视图解析得到的对象信息进行进一步融合、挖掘，并充分利用其深度价值，是"用好"视图数据的关键，也是城市实现智能化升级的重要抓手。

（3）**视图数据服务模式探索。**随着人工智能技术与视频监控领域的融合应用，各行业、各级别用户在人车身份鉴别、行为分析、视频结构化等方面有了一些应用模式探索和成功案例。与此同时，我们还应看到，这些成果多属于应用层面的探索，

"点"式的应用建设将无法支撑"纵向到底"的多级按需智慧赋能，同时也无法构建"横向联合"的广域智能解析能力。城市级超大规模分布式开放视觉平台的体系化设计、建设和运行模式，通过在多级多域智能服务的应用、管理模式等方面与城市数字化治理体系的融合，实现服务模式的整体升级。

（4）**各类设备资源高效利用。**随着各类人员卡口、电子围栏、视频监控等系统的建设与联网，大规模视图数据的汇集、解析及并发处理对系统运行的高效性、可扩展性、可靠性都提出了更为严格的要求。传统的"粗放型"设备堆叠式系统建设、扩容模式在造成极大成本浪费的同时，无法满足大数据、人工智能时代的处理分析要求。城市级超大规模分布式开放视觉平台以"集约"为导向，充分利用各类设备资源，综合运用分布式、高并发、高性能的设计理念和相关技术，达到"高效运行、持续进化"的目标。

三、未来的不断进步

城市级视频监控系统建设从最初的前端点位建设到近几年的联网整合，从"平安城市"到"天网工程""雪亮工程"，进而拓宽到公共安全、应急指挥、智能交通管理、数字城市管理、城市环境保护等多个城市领域的应用，对城市级大规模、综合性视觉分析的要求会越来越高。商汤科技的城市级超大规模分布式开放视觉平台灵活组合了商汤科技各类AI产品与能力，提供对象检测识别、时空规则、

事件预警、数据挖掘等通用组件，可服务智慧公共空间管理、智慧办公、智慧展馆、智慧医院等场景，真正实现对未来智慧城市的全方位赋能。

同时，随着技术的不断进步、社会需求的不断提升，以及智慧城市建设的全面加速，商汤科技将持续加大在智慧城市领域的创新与投入，不断提升城市级开放视觉平台AI分析能力，助力从智慧城市向"AI City"的跨越。

视+AR增强现实云平台

视辰信息科技（上海）有限公司

－ 应用概述 －

增强现实（Augmented Reality，简称AR）是一种将虚拟信息叠加融合到现实场景的技术，提供了一种非凡的信息交互体验。

视+AR增强现实云平台是帮助企业建设AR能力平台、为企业客户提供从AR行业应用开发到AR生产平台建设的一站式服务，使企业可以高效地完成AR内容的生产、存储、分发、交换等流程，简单方便地进行AR应用部署和实施。

本项目的目标是既能以开放平台的方式帮企业客户提供AR资源及模板，又能以私有化部署的方式帮助企业构建AR内容生产运营体系。该项目通过算法、SDK、平台、制作工具的优化，让企业更容易地通过本产品开发出具备实用价值的AR应用。

此外，该平台具备分布式部署能力、高可用扩展能力和高安全性，环境适应性极强，能够提供完善和灵活的部署方案。

视辰信息科技（上海）有限公司希望通过视+AR增强现实云平台在全社会范围内推广和普及AR，让越来越多的企业能够具备AR能力，并通过AR进行产业升级，让AR成为企业新的业务增长点，同时为人们的生活和工作带来更多便利。

－ 技术突破 －

本项目让AR解决方案从单机、孤岛式应用转变到云端化、感知表现一体化、AI驱动、高质量渲染和快速集成的平台化运营。

智慧地球

AR云基础设施

物理世界

<table>
<tr><td>

－重要意义－

本项目依托AR能力，面向行业实际业务与应用场景，解决行业问题，提高行业效率，提升场景体验，为行业创造价值。

</td><td>

－研究机构－

视辰信息科技（上海）有限公司（简称"视+AR"）

</td></tr>
</table>

－技术与应用详细介绍－

一、技术特点

视+AR增强现实云平台是以视+AR自主知识产权算法为基础，采用计算机视觉和人工智能技术建立的平台级AR内容生产运营系统，由内嵌SDK（EasyAR引擎）、AR云服务、EasyAR Studio工具、OC运营中心共同组成，如图3-10所示。EasyAR引擎可以被视作移动端App的模块，可以被便捷、快速、稳定地集成到移动端App中，让移动端App极速拥有AR能力；AR云服务系统包含基于标准基础云服务上的基础设施即服务（IaaS）系统、平台即服务（PaaS）系统和AR核心服务系统等，在此基础之上提供灵活API接口，业务系统将业务功能与AR系统有机结合，形成完整的业务服务体系；EasyAR Studio工具即为AR内容编辑系统，提供场景编辑、行为编辑，让整个AR平台系统形成生产闭环，内容制作及运营人员通过Studio创建AR内容，既支持简单视频播放内容，也支持复杂如整套游戏系统级别内容，灵活满足各种业务场景需求；OC运营中心是集项目管理、应用管理、目标管理、资源管理、启动方案、数据统计等服务为一体的AR多项目管理和运营服务，让企业通过持续运营提升客户黏性、增加客户留存度、增强服务和营销体验，从而提高客户转化率。

EasyAR 引擎

现实图像、实物、场景识别跟踪

OC运营中心

AR多项目管理和运营中心

云服务

高并大规模发云端识别和内容管理

EasyAR Studio

可视化编辑和行为编辑

图3-10　视+AR增强现实云平台的构成

视+AR增强现实云平台涉及的计算机视觉和人工智能技术有以下几个。

1. 三维计算机视觉。本项目中的增强现实技术（AR）需要利用计算机视觉构建大规模环境，离不开深度学习等最新人工智能技术，同时增强现实的应用为最新学术成果的实用和落地提供了广阔应用的前景。

2. 视觉理解和环境感知。为实现优秀的AR体验，本项目需要智能手机、智能眼镜等设备，具有对环境感知和理解的能力，会涉及场景分类、物体识别和跟踪、人体检测和姿态估计等核心能力。

3. 大规模视觉数据库构建。本项目从大量数据中，依托计算机视觉等，建立环境的空间三维数据库，存储于云端服务器；依靠物体检测等人工智能算法，排除移动物体等对环境的干扰。

4. 视觉定位与跟踪技术。本项目利用计算机视觉和人工智能技术，打开手机就能知道用户的精确位置，精度远高于 GPS，而且可以在 GPS 失效的室内、地铁等场所使用。复杂场景下的定位和追踪技术，将会成为智能手机、智能眼镜等智能终端

的必备功能之一。

5. 用户行为分析与交互。让计算机能像人一样检测、跟踪、识别其他用户，从而触发更智能的信息和交互，是多人 AR 交互的核心功能之一。同时识别用户的语音、手势，也是为多人 AR 场景下人机交互提供更自然的交互方式。

基于上述计算机视觉、自然语言处理等人工智能前沿领域和学科的相关成果，视 +AR 增强现实云平台中的核心技术包括现实感知引擎、AR 内容播放引擎、AR 内容编辑工具和 AR 云服务，如图 3-11 所示。

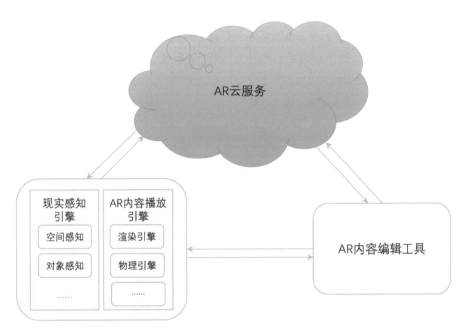

图 3-11　视 +AR 增强现实云平台架构图

目前，AR 领域发展很快，很多产品已经应用在日常生活的各个领域，但是现在 AR 系统没有统一的 AR 应用流程，难以高效地完成 AR 内容的生产、存储、分发、交换，也不能很方便地进行 AR 应用部署和实施，阻碍了 AR 大规模应用。视 +AR 对 AR 应用提出了统一的规范和流程，利于进行 AR 内容的大规模发布，也使 AR 应用部署和实施变得有迹可循、简单易行，能有效促进 AR 技术的推广及应用。视 +AR 创新性地从现实感知能力

和增强内容工具两方面对 AR 能力建设进行归纳，并且对 AR 建设能力的现实感知引擎、AR 内容播放引擎和 AR 内容编辑工具的各项子系统进行了规范和细化，覆盖 AR 应用需要的所有技术元素。

1. 现实感知能力是 AR 系统的基础能力，AR 内容的融合建立在现实感知基础之上。AR 应用通过现实感知能力就像人类一样去感知世界，感知现实中有什么、在哪里。视 +AR 增强现实云平台的现实感知引擎的功能就是实现现实感知能力，包括

096 平面目标识别和跟踪、3D刚体目标识别和跟踪、空间识别和跟踪（SLAM）、二维码识别、多目标识别、混合识别以及云识别预处理及通信能力。

2. 增强内容工具能力是AR系统的另外一项基础能力，用户能直接体会和感受到的，除了虚拟内容所在的位置是不是期望的位置外，更多的是虚拟内容渲染的效果是否酷炫和逼真、是否能满足其获取信息最理想的期望。通过视+AR增强现实云平台的AR内容播放引擎，企业的AR应用系统就获得了对虚拟内容渲染、融合、交互、创作的能力，包含的功能有3D渲染、脚本编辑、实现物理效果、内容管理、多媒体（视频播放、声音播放、视频录制）和设备管理等。

3. AR内容编辑工具系统是AR平台系统支持业务场景运营的核心工具，让整个AR平台系统形成完整闭环，内容制作及运营人员可以创建简单或者复杂的AR内容，满足业务场景需求，包括可视化编辑工具、云端功能集成、行为编辑、内容诊断及调试、内容优化工具、内容数据交换和数据加密等技术。

另外，为了应对大规模的实际应用需求，在基础能力和平台工具之上还需要提供AR云服务。AR云服务平台有效地组织和存储了感知内容和AR内容，为AR内容的发布、终端的感知识别和内容消费提供支持。AR云服务是构建在基础云计算构架之上，依托大规模云端感知能力和灵活内容管理能力，围绕各行各业应用场景，为终端设备提供基于计算机视觉和人工智能的云端计算服务。AR云服务系统涉及AR云识别及海量图像检索、AR内容云管理、大数据和网络安全等，由物理设备层、IaaS服务层、PaaS服务层、AR核心服务层、标准API接口层和AR业务系统层组成。图3-12所示为AR核心服务层框图。

图3-12　AR云服务中的AR核心服务层框图

二、应用介绍

视+AR在核心技术领域都做了布局。综合考虑当前硬件、软件、网络等情况，视+AR在对象感知、空间感知、AR播放器、AR内容编辑工具和资源管理服务等技术领域做了大量的工作，拥有成熟的产品。

视+AR和各个行业展开深入的行业AR应用合作，从业务系统的功能和场景角度来看，视+增强现实云平台有下列系统：AR红包系统、AR营销系统、AR商品展示系统、AR培训系统、AR搭配试戴系统、AR智能客服系统、AR导航系统、AR说明书系统、AR远程协助系统、AR数据可视化系统和AR素材库系统等。图3-13所示为视+AR增强现实云平台的AR应用图谱。

图3-13　AR应用图谱

产品特点如下。

1. 跨平台支持，功能应有尽有

支持iOS、Android等多种平台，让App轻松拥有AR功能。拥有3D物体跟踪识别、同步定位与地图构建（SLAM）、多图识别、虚拟物体和真实物体进行碰撞遮挡等强大功能。

2. 超强兼容性，适配主流机型

支持当前所有主流手机。

3. 亿级云端图库，快速精准识别

云识别服务具有云识别本地化、超大容量、识别快速精准、高效API接口、后端操作可视化等特点。

截至2018年12月，视+AR在全世界范围内拥有7万开发者（国外用户占三成），在国内市场渗透率达到60%。视+AR增强现实云平台的用户遍及各行各业，包括以下机构与平台。（1）银行金融机构：工商银行、招商银行、中国银行、交通银行、光大银行、民生银行等；（2）互联网/新零售平台：汽车之家、唯品会、国美、小米、海底捞、肯德基、搜狗输入法；（3）AR平台合作：支付宝AR、QQ-AR、天猫AR、京东AR、百度AR。视+AR是主要的AR平台的首选ISV合作伙伴；（4）其他合作伙伴：科勒、奥迪、梅赛德斯奔驰、大众、百事可乐、迪士尼、小茗同学、蓝色光标、中兴、联想、吉列、SWATCH、百威、群邑、联合利华等。

增强现实作为下一个超级计算平台和流量入口，在国际上也属技术热点，苹果、谷歌等国际巨头纷纷投入了数十亿美元，大力发展AR产业。在核心算法、运营模式、软件平台等层面，视+AR都带动了国内AR领域技术发展。

－特邀点评－

视＋AR增强现实云平台为通用型技术平台。视＋AR依托其AR核心能力和完善的系统平台，面向行业实际业务与应用场景，先围绕企业级市场，形成行业局部生态，同时通过混合云的模式，结合开放平台，引入个人开发者或资源提供者，在行业生态之上再形成AR产业生态，视＋AR这一创新之举为AR大规模应用做出了重大贡献。

——迟小羽　歌尔集团技术总监、北京航空航天大学青岛研究院副院长

AR技术提供了虚拟环境与现实环境融合的手段，是虚拟现实重要的研究和产业化方向，为众多行业的应用和服务带来了新的模式与技术途径。视＋AR在国内率先采用云平台的方式，为企业构建AR给出了整体解决方案，并提供了从AR行业应用开发到AR生产平台建设的一站式服务，将会助力企业新业务的发展。

——梁晓辉　北京航空航天大学教授、博士生导师、虚拟现实技术与系统国家重点实验室副主任

端到端智慧平安社区解决方案

湖南视觉伟业智能科技有限公司

— 应用概述 —

端到端智慧平安社区解决方案是视觉伟业"智慧社区"业务典型代表。基于人防、车防、技防、服务四合一的安防与服务理念，通过车牌云摄像机、人脸抓拍摄像头、人脸识别门禁一体机、人脸支付终端、智能遥控车位锁等硬件设施，以及手机App、小程序等，通过智能开放云平台的技术支撑，实现车牌识别、人脸识别、人车黑名单布控、人车行为检测、车位分时共享、车位认证、人脸支付等多种安防和服务功能。

— 技术突破 —

本项目运用大数据、人脸识别等技术手段，整合利用资源，将人员进出的区域、类型、规律和行为进行识别、分析、定位。建立有效的预警措施、区域管理和安全规范，提供社区人员精细化管理和决策数据，提升社区管理水平。

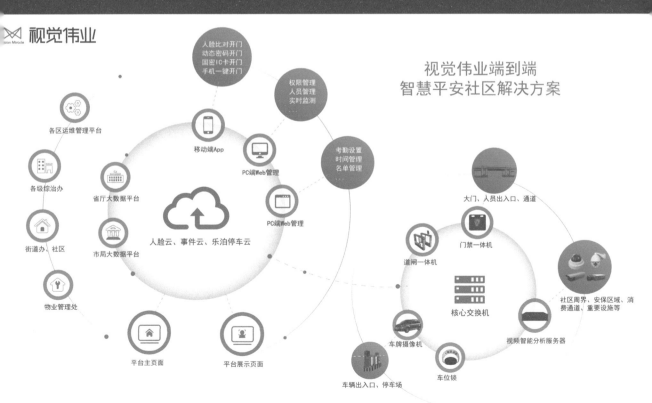

视觉伟业端到端
智慧平安社区解决方案

—重要意义—

通过深度学习的智能开放云平台，社区管理全面实现数据化、可视化、集中化、智能化，管理者通过高度集成的屏幕，即可实现人群动态可视联动、管控人员动态跟踪、异常状态实时报警、到访人员分级授权等各类管控，极大提升了小区人口管理及安防预警工作效率，同时通过车位分时共享、周边商业人脸支付等服务内容，让小区管理方与业主共同获益。

—研究机构—

湖南视觉伟业智能科技有限公司（简称"视觉伟业"）
国防科技大学
西安科技大学
莫斯科罗蒙诺索夫国立大学

—技术与应用详细介绍—

　　视觉伟业端到端智慧平安社区解决方案的核心内容包含人脸识别门禁一体机和智慧社区管理平台。

　　人脸识别门禁一体机，如图3-14所示，除了常规的"刷脸"开门、手机开门、密码开门、刷卡开门、远程开门、视频语音开门、图像存储等功能外，还融合了人脸识别等人工智能先进的技术，通过接入其他摄像机，对门内外环境进行录像，防止尾随人员进入。

图3-14　人脸识别门禁一体机

　　智慧社区管理平台，如图3-15所示，对社区的管理主要体现在以下几个方面。

　　1."一人一档"的人口管理：包含人员照片、基本信息、标签信息，及与此人关联的房屋、车辆、人脸抓拍、开门记录、告警事件等，有效协助社区民警对于小区人员各类信息的全面掌控及动态跟踪。

　　2."一屋一档"的房屋管理：展示某一户的综合信息，包含该户所住的所有人员列表、每人与户主的关系、该户的车辆信息等。

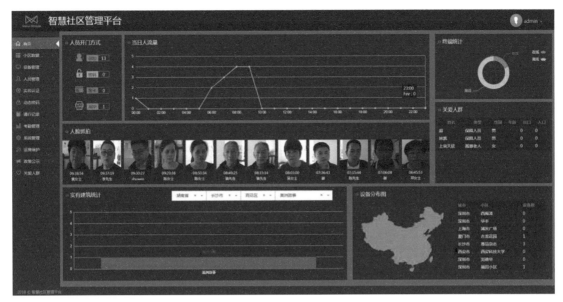

图3-15　智慧社区管理平台

3. "一车一档"的车辆管理: 建立车主信息图谱,时间跨度、抓拍次数、无抓拍天数等,提供预警预判信息情况与人口、房屋等信息深度关联,社区停车资源信息发布,停车诱导逐级发布,潮汐停车诱导管理。

4. 特殊人群的管理: 社区的数据后台接入公安执法机关的人口信息数据平台,所采集到的社区数据,同步实现数据的详细分类,并针对不同人群结合不同的警务需求做应用级的深度定制,系统绘制特殊人群活动轨迹,自动分析人员活动规律,一旦发现异常及时预警。

5. 社区立体化管理: 利用高空视频机、视频门禁、小区原有的视频监控联动互补,实现立体化视频防控体系管理,真正做到让小区的视频全覆盖,无盲区、无死角。

目前,视觉伟业端到端智慧社区解决方案已进入中国25个省份、全球125个城市,服务过亿人口。视觉伟业端到端智慧平安社区解决方案得到了来自公安、金融等多机构客户的充分认可,已在湖南长沙与招商银行长沙分行全面展开智慧平安社区建设工作。在深圳福田、罗湖两个区,视觉伟业端到端智慧社区解决方案已在多个社区实行试点。未来计划中,视觉伟业将全力配合广东省公安厅、深圳市公安局对深圳1427个城中村、20余万栋小区以及珠海、汕头两市部分社区进行视频门禁改造,助力智慧平安社区建设。

－特邀点评－

视觉伟业研发的端到端智慧平安社区解决方案相关软、硬件产品基于人工智能人脸和车牌识别算法、物联网、视频分析以及大数据技术,针对社区人员进出管控、车辆进出管控以及特殊事件处理提出的针对性解决方案,最大限度地整合社区资源,使得社区管理的智能化程度大大提高。解决方案相关产品大面积推广上线以来,已成功服务于上千个社区,使社区的管理水平得到有效提升。

——周宗潭　国防科技大学人工智能专业教授、博士生导师

　　视觉伟业坚持以研发为导向，建立"核心算法＋软件研发＋硬件制造＋大数据＋云计算"的人工智能产业链生态，将核心技术落地于相关的应用场景中。视觉伟业端到端智慧平安社区的建设是根据项目的实际情况，结合人工智能技术提出针对性的解决方案。智慧平安社区的人脸识别门禁相关产品在长沙、深圳等多地的应用中效果显著。在情况复杂的社区视频门禁改造项目中，解决用户痛点、提升核心技术、丰富产品功能是视觉伟业将人工智能技术落地到实际场景中的方向。

——夏东　湖南视觉伟业智能科技有限公司董事长、博士

养老云人脸识别系统

万达信息股份有限公司

－ 应用概述 －

养老云人脸识别系统前台通过终端完成人脸识别的
应用，包括人脸信息的采集、识别和验证等，并将
数据同步到后台；后台服务器完善人脸数据库，并
通过相应的软件做数据管理，应用于相关养老应用
的开发。

本项目在后台管理中引入了分级管理的概念，对不
同项目的应用进行相对独立的集成应用和管理。本
系统主要提供人脸识别和数据源管理的基础功能，
在应用到具体项目上时，还可配合签到、签退、认
证、支付等功能实现基于人脸识别的应用等。

－ 技术突破 －

本项目集成先进、成熟的人脸识别技术，并对前、
后端做了封装，能快速地集成到开发项目中，并做
延伸开发。

－ 重要意义 －

养老云人脸识别系统可应用于各种养老服务应用场
景（签到、支付等），简化流程，提高服务供给的
效率。它提供了除传统的纸质签名、NFC卡、身份
证或考勤医保卡等新的身份识别方式，真正以人为
本，为老人提供便利。

－ 研究机构 －

万达信息股份有限公司（简称"万达信息"）

－技术与应用详细介绍－

一、系统架构

整个人脸识别系统，前、后端数据既可主动同步，也可被动同步。

1. 前端被动同步

服务端接收到数据变动的请求，将变动的内容记录并赋予状态码存储，服务端以推送的形式将变动数据和状态码等推送到前端设备，前端设备完成数据更新。

2. 前端主动同步

前端设备有状态变化或定时询问服务端，对照数据库状态码，完成数据的更新。

同时，在后台管理中引入了分级管理的概念，对不同项目的应用进行相对独立的集成应用和管理。

二、技术应用

本系统包括基于摄像头的活体检测控件和人脸识别比对服务系统等，其中基于摄像头的活体检测包括iOS客户端活体检测SDK、Android客户端活体检测SDK和PC端活体检测SDK等控件供其他业务系统进行调用；人脸识别比对服务系统包括基准照片管理、比对记录查询与统计、接入账号管理等功能，并提供人脸识别比对的WebService接口。

本项目在人脸注册环节，摄像头抓取人脸图片，给出人脸回归边框，并对人脸进行分析，获得眼、口、鼻轮廓等五官关键点，以及分析出多种人脸属性，如性别、年龄、表情、头发、姿态及人脸质量分等，根据质量分提取最优帧用于人脸识别关键信息的生成，具体地生成512维的特征向量，该特征向量存储在本地设备中用于识别，并将人脸图片、检测结果和特征向量数据提交后台数据库。

在人脸识别环节，本项目既要进行活体检测，也要进行关键数据比对，如余弦特征相似度的计算。本项目提供离线与在线方式的人脸活体检测能力，在人脸识别过程中判断操作用户是否为真人，通过多帧间面部细微变化，以及图片中人像的破绽，如摩尔纹、成像畸形等，有效抵御照片、视频、屏幕、模具等作弊攻击，保障业务安全。关键数据比对提供1：1身份验证和1：N人脸检索功能。1：1身份验证通过提取的人脸的特征，计算两张人脸的相似度，从而判断是否为同一个人，并给出相似度评分，支持在线和离线识别。1：N人脸检索，与指定人脸库中的N个人脸进行比对，找出最相似的一张脸或多张人脸，根据待识别人脸与现有人脸库中的人脸匹配程度，返回用户信息和匹配度，使用云服务器GPU并行加速，实现大规模人脸库实时返回检索结果。

同时，本项目的整套人脸检测和识别系统具有在线学习能力，可不断优化特征的提取网络以及对特征进行融合，实现在复杂实际场景中系统越用越准确。

三、应用情况

产品面向机构养老、社区养老、居家养老各业务场景提供通用的人脸识别技术，并配合签到、签退、认证、支付等功能为各系统和产品提供服务。产品在养老领域具有较高的通用性，提供商用系统。

通过在本项目中引入养老云人脸识别系统（图3-16），可以弥补传统身份认证所无法保证的人员的真实状况，更好地实现各类人员的身份认证，保证业务的准确和资金的安全。在提升项目产品竞争力的同时，也让用户体验到使用人脸识别技术的先 进性和实用性，如图3-16所示。

图3-16 养老云人脸识别系统

目前，人脸识别已经得到广泛应用，其可靠性也得到验证，本产品是结合人脸识别技术和养老领域特点，可以应用于以下方面。

1. 养老人员业务办理：社保等政府服务机构，养老人员养老金领取和生存认证等认证工作。

2. 社区管理中通过非配合、非接触式人脸识别，可以帮助物业管理部门在访客管理、物业通知（水电费通知、车库信息等）等方面为业主提供更加友好、自然的生活体验。

3. 养老机构智能门禁通过构建具有智能化管理功能的身份识别系统，结合先进的人脸识别算法，能精确、快速地识别人脸并打开门禁。

4. 智能膳食系统在老人打饭时进行人脸识别，

记录老人每天选购的菜品，根据医院体检结果给出膳食调整意见。

5. 上门服务的智能考勤：通过服务前"刷脸"签到，服务后"刷脸"签退，人脸识别技术可以更多地用于养老人员的服务监管，保证业务的准确和资金的安全。

综上所述，本项目集成了先进、成熟的人脸识别技术，并对前、后端的内容做了封装，能够快速地集成到开发项目中，并在基础功能上做了延伸开发。比如，可以延伸开发考勤和支付等功能，且有相关的后台管理功能，具有成熟的技术和较高的市场潜力。

－特邀点评－

人脸识别在养老行业可广泛应用，很好地解决了日常生活中老人养老服务应用的操作问题。它作为身份识别的手段，在养老行业应用具有极其广阔的前景。

传统的一卡通或身份证等通常受到老人行为习惯、身体机能等原因的制约，使用效果不理想，导致养老项目没有取得理想中的应用广度和深度。而人脸识别技术适合远距离、用户无感知状态下的快速身份识

106 别，实现在各种养老服务应用场景下，快速确认人员身份。万达信息的养老云人脸识别系统，配合视频摄像头和终端服务器，无疑是此类应用最佳的选择，采用快速人脸检测技术可以从监控视频图像中实时查找人脸，并与人脸数据库实时比对，从而实现快速识别身份。

——殷志刚　原上海市老龄科学研究中心、上海市民政科学研究中心主任，

上海市老年学学会理事、中国老龄产业协会专家咨询委员会理事

万达信息人脸识别系统依托最新的互联网智能技术，在"互联网＋养老"健康发展产业中具有广阔的应用前景。该系统有利于创新养老模式、规范服务流程、扩大服务供给、提高服务效率、保障质量安全，精准对接人民群众多样化、多层次的健康需求。万达信息的养老云人脸识别系统，充分发挥应用示范作用，形成可复制的有益经验，获得社会组织和老人的一致好评。

——陈诚　万达信息股份有限公司研发中心总经理

生物记
记录身边的生物，公民科学从
这里开始！

科学研究支持公民科学，公民科学反哺科学研究。

记录我们身边的生物，探索地球的生物多样性。

公民科学从这里开始！

生物记公民科学平台

北京百度网讯科技有限公司

－ 应用概述 －

生物记公民科学平台（中国科学院动物研究所建立的公民科学平台，简称生物记）依托百度 EasyDL 定制
化训练和服务平台，结合多年积累的一线数据，使用图像识别算法，启动野生动物识别模型训练工作，优
先训练完成了鸟类识别模型，并逐步迭代优化，有效地解决了在生物分类学研究、生物科学普及中快速鉴
定识别物种的难题，支持科学考察与科学普及活动，现已正式上线。这项合作作为生物记的重要创新应用，
将为中国科学院 A 类先导专项"地球大数据科学工程"积累更丰富的生物物种数据，也将为野外博物教育
提供强有力的科学支持。

－ 技术突破 －

百度 EasyDL 基于 PaddlePaddle 搭建，集合多集群分布式架构、AI Workflow、Auto Model Search 自
动搜索模型超参数和 AutoDL 等关键技术，全流程使用简单、可视化。

－重要意义－

本平台有效地解决了生物分类学研究、生物科学普及中快速鉴定、识别物种的难题，支持野外科学考察与科学普及活动，是科学研究支持公民科学的重要实践。

－研究机构－

百度 AI 技术生态部
中国科学院动物研究所

－技术与应用详细介绍－

近年来随着传统分类学研究日趋缺乏，分类学专家越来越少，加上经济的快速发展和就业压力等综合因素的影响，愿意从事生物分类学的年轻人急剧减少，导致该领域的人才出现巨大的需求缺口。

科学研究及社会大众的需求对生物分类学产生了不小的压力。在研究方面，物种分类是生物多样性研究的基础性工作，按照传统研究模式，存放在各个标本馆中的动植物标本需要大量人力、物力、财力进行分类整理；同时随着野外调查及野外自动监测设备获取的物种图片数据急剧增加，采用传统分类模式进行研究已是力所不逮。在公民科学方面，随着野外博物教育逐渐兴起，大量公众参与认知生物物种的活动，急切需要能够快速识别物种的能力。因此，在生物分类领域中需要一种更加"睿智"的解决方案的呼声越来越高，开发快速识别物种并提供相关知识的平台和工具，利用人工智能辅助生物分类学研究已经成为迫切需求。百度EasyDL 定制化训练和服务平台的出现及其优异的图像识别分类性能为生物分类研究和生物科普带来了契机。

中国科学院动物研究所作为动物学研究的权威机构，长期积极探索新技术、新方法在动物学研究中的应用，开发了"生物记"网络平台及 App，建立科学研究与公民科学之间的桥梁，践行"科学研究支持公民科学，公民科学反哺科学研究"的理念。生物记利用多年研究积累的物种数据，依托百度EasyDL 平台，训练完成野生动物识别模

型，优先实现鸟类识别模型，并快速迭代优化，以解决快速识别物种的迫切需求，支持科学考察与科学普及活动。目前训练后的鸟类识别模型能够识别 1000 多种常见的中国鸟类，top5 准确率达到95.40%；非雀形目鸟类模型能够识别常见非雀形目鸟类 391 种，top5 准确率达到95.79%；鸡形目模型能够识别 48 种常见鸡形目鸟类，top5 准确率达到97.72%；蝴蝶物种模型能够识别 12 个科级类别的蝴蝶，top5 准确率达到98%以上。

那么，百度 EasyDL 是通过什么技术原理实现模型定制化，并取得不错的识别准确率的呢？事实上，百度 EasyDL 集成了业界领先的深度学习算法框架 PaddlePaddle，采用深度卷积神经网络等模型作为识别算法来确保识别的准确率。同时，为了使普通用户能够通过自己的业务场景数据定制模型，百度 EasyDL 在算法框架的基础上，搭建了 AI Workflow 工程框架，在训练策略上做了大量优化并集成了百度 AutoDL 技术。

AI Workflow 工程框架实现了从训练数据的自动 ETL、分布式训练任务触发、资源调度、自动超参数优化到最终的自动服务部署上线的一站式工作流。AI Workflow 是一个典型的 MLaaS 的机器学习工作流引擎服务。针对类别数特别多的细分类问题，EasyDL 还采用了百度 AutoDL 技术，通过AI 自动搜索的模型结构，来获得识别准确率更高的深度神经网络。

生物记公民科学平台网站与App目前已经上

线服务，包括生物记录、观测地图、多媒体、自动识别、个人主页等多个模块。用户可以通过生物记随时随地记录身边观测到的物种数据，包括观测时间、观测地点、观测笔记等，如图3-17所示。

图3-17　新建观测记录

用户可以为每条观测记录提供相关的证据，批量上传物种图片，如图3-18所示。

图3-18　批量新建影像记录

通过百度EasyDL训练的鸟类识别模型，用户可以快速获取物种名称与百科知识，如图3-19所示。

生物记平台还建立了生物分类专家团队，在平台服务基础上，也会有专家团队协助用户识别非常见物种，能够更好地为用户服务，进一步保证获取的

图3-19　物种自动识别

数据的科学性与准确性，为科学研究提供可靠的数据，建立科学数据获取的可持续机制。生物记所获取的数据将作为中国科学院A类先导专项"地球大数据科学工程"的组成部分，支持生物多样性研究。

下一步，生物记会继续使用百度EasyDL进一步训练其他重要生物类群识别模型，如昆虫、两栖爬行动物等识别模型，提供更加完整的识别服务能力，以及利用百度语音识别能力，实现生物观察自动录入功能，解决边观察边记录的难题，更便捷地为大众服务。

─特邀点评─

生物记是一个依托人工智能的公民科学平台，搭起科学研究与公民科学之间的桥梁，是AI在生物学研究领域的具体实现。先进的AI技术提高人类对自然界物种的认知，将大大推进公民科学的发展，同时通过公民科学获取的数据又能够为生物多样性研究提供支持，形成科学研究与公民科学之间的良性循环，为保护生物多样性提供可持续的、强有力的支撑。

——林聪田　中国科学院动物研究所博士

用科技让复杂的世界更简单是我们的愿景，EasyDL平台的核心就是基于百度领先的AI技术与强大的计算能力，为用户提供零算法基础定制高精度AI模型的服务平台，极大地降低AI开发和应用的门槛，让AI技术落地更简单。生物记将EasyDL与自身专业的领域知识相结合，创造性地实现了野生动物自动识别，大大地降低了人力成本，提高了行业数据收集和处理的效率，同时为社会公众带来了更好的用户体验和服务，是科技与产业碰撞创新的成功尝试。

——喻友平　百度AI技术生态部总经理

智能声纹专家鉴定系统

深圳势必可赢科技有限公司

－ 应用概述 －

智能声纹专家鉴定系统中加入了人工智能技术，创造性地加入音素自动搜索、音素自动标注、自动降噪等特色功能，还具备区域播放和编辑、区域增益、支持130多种音视频文件导入和LPC图谱测量等常用功能。系统中音素自动搜索功能，开创可快速自动搜索、匹配检材中的特定音素，相较于传统人耳听辨鉴定方式，效率可提高20倍以上。智能声纹专家鉴定系统大幅提高了声纹鉴定工作的效率，将专家从烦琐的工作中解放出来，同时大幅降低了对人员的能力要求，扩大声纹鉴定的应用领域和范围。

－ 技术突破 －

本系统集合了自动音素标注、音素近似比对、音素全量比对、区域播放与编辑、谱减法与深度学习降噪等关键技术。

- 重要意义 -

本系统能够大幅提高鉴定工作效率、降低对人员的能力要求，对声纹鉴定的推广具有划时代的意义。

- 研究机构 -

深圳势必可赢科技有限公司
广东省公安厅刑事技术中心

- 技术与应用详细介绍 -

一、声纹鉴定技术与应用

声纹，也称"语图"，是由专用的电声转换仪器（语图仪）将声纹特征绘制成波谱图形。人的发声器官实际上存在着大小、形态及功能上的差异，发声控制器官包括声带、软腭、舌头、牙齿、唇等；发声共鸣器官包括咽腔、口腔、鼻腔。这些器官的微小差异都会导致发声气流的改变，造成音质、音色的差别。此外，人的发声习惯有快有慢，用力有大有小，也会造成音强、音长的差别。音高、音强、音长、音色在语言学中被称为语音"四要素"（简称"音素"），这些音素又可分解成90余种特征。这些特征表现了不同声音的波长、频率、强度、节奏。语图仪可以把声波的变化转换成电信号的强度、波长、频率、节奏变化，仪器又把这些电信号的变化绘制成波谱图形，形成声纹图谱。

声纹鉴定就是把未知者的语声（检材）和已知者的语声（样本），通过语图仪分别制成声纹图谱，再依据声纹图谱上的特征进行分析、比较和判断，最终确定二者是否为同一人的语声。它是文检技术中近些年发展起来的语音识别的先进科学手段。

人的发声具有特定性和稳定性的特点。从理论上讲，它同指纹一样具有人身识别（认定个人）的作用。虽然由于技术和经验的问题，暂时不能完全达到指纹那样的精确程度，但它已经被越来越多的国家认可为法庭科学的一项新技术。1981年在美国密歇根州成立了"国际声纹鉴定学会"，旨在进一步完善声纹鉴定技术，加强推动、培训和宣传，

促使声纹鉴定成为世界公认的一种人身识别的科学方法。

目前，许多国家已经把声纹鉴定作为辨认犯罪嫌疑人的重要手段，为侦查工作提供新的线索和证据。实战场景如下。

1. 在获得了犯罪嫌疑人的语声录音资料时，如在电话中进行的恐吓、勒索，或在其他性质的犯罪中录到了犯罪嫌疑人说话的声音，就可以通过收集嫌疑人的语音样本进行声纹鉴定，为认定或否定犯罪嫌疑人的罪行提供鉴定结论。

2. 在案件的侦讯或审理中（包括民事案件），通过声纹鉴定可以审查录音证据材料的真伪。

3. 通过声纹分析，判断说话人的性别、年龄、方言（生活地区）特征，为侦查工作提供方向和范围。

声纹鉴定技术是以语音学为基础发展起来的，经过了听觉鉴别、声谱图比对、数字技术3个阶段。在声谱仪发明之前，声纹鉴定只是靠人对声音辨识和言语辨听，较大程度上依赖人的听觉辨别能力。1941年，美国贝尔实验室发明了一种可直接观察语音的设备——声谱仪，直至20世纪90年代计算机革命之前，声纹鉴定一直沿用声谱图比对方法。1990年左右，声纹鉴定在检验设备和方法上都发生了革命性的改变，用声纹鉴定系统替代了声谱仪。

我国在声纹鉴定方面的研究起步较晚。近20年来，此领域的研究得到国家的重视和支持，在国

防和公安领域的应用大大推动了研究的进步和成果的应用。由具备鉴定资质的人员出具的声纹鉴定结论均有法律效应,在法庭上会被当作证据采纳。正是基于这一前提,声纹鉴定和指纹、DNA、足迹鉴定一样,均被列入公共安全系统物证鉴定的范畴。随着现代社会越来越多的语音证据出现在案件中,物证鉴定领域的客户对这一产品和技术的需求非常大。声纹人工鉴定的流程,如图3-20所示。

图3-20　声纹人工鉴定的流程

二、声纹鉴定与人工智能

以往的声纹鉴定大多是一种辅助类工作,提供语谱图的分析和音频文件编辑等相关功能,从语谱图中找"证据"的工作还是依靠鉴定人员,对鉴定人员的能力要求比较高。人工智能、深度学习、高性能计算和大数据技术的迅速发展,推动了人工智能在声纹鉴定中的落地。智能声纹专家鉴定系统中加入了人工智能技术,创造性地加入音素自动标注、音素自动比对(如图3-21所示)、自动降噪等特色功能,还具备区域播放和编辑、区域增益、支持130多种音视频文件导入和LPC图谱测量等常用功能。系统中音素自动比对功能,可快速自动搜索、比对、匹配样本与检材中的相同音素,相较于传统人耳听辨鉴定方式,效率可提高20倍以上。

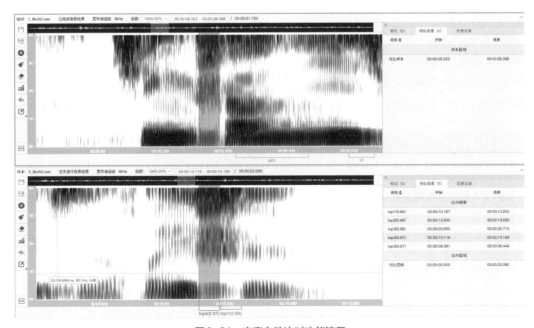

图3-21　音素自动比对功能演示

三、智能声纹专家鉴定系统让声纹鉴定技术大规模推广成为可能

智能声纹专家鉴定系统有音素自动标注、自动降噪、音素自动比对和创建鉴定报告等功能，覆盖了声纹鉴定的整个流程。其中在音素标注、降噪和音素比对的工作过程中，引入了人工智能，系统自动识别完成，人工进行复核即可，减少了人工标注和比对的工作量，大大降低了学习声纹鉴定技术的门槛。本系统让学员在实际应用中快速入门，然后再深入学习基础理论，由浅入深，加快声纹鉴定技术的推广。智能声纹专家鉴定系统还提供了联网版本，可以在大规模教学时供学员使用，目前已经在中国人民公安大学得到实践验证，如图3-22所示。

图3-22　中国人民公安大学智能声纹实验室

四、智能声纹专家鉴定系统的未来

智能声纹专家鉴定系统最终的产品规划是实现鉴定流程全自动、专家复核鉴定报告的方案。当样本与检材提交到鉴定系统后，系统会自动对两份音频进行处理和分析，最后给出鉴定报告。鉴定报告中会汇总并判断两份音频是否为同一人的证据，鉴定专家对给出的证据进行核实即可，将专家从烦琐且低价值的工作中解放出来。

－特邀点评－

目前国内利用声纹鉴定技术服务公安系统还未全面展开，最大的难点在于人员问题。国内鉴定专家人数较少，培养一个鉴定专家的周期较长，对鉴定人员的能力要求也比较高。智能声纹专家鉴定系统在声纹鉴定的全流程上融入了人工智能技术，化手动为自动，降低了对鉴定人员能力的要求，为鉴定专家减负，让专家投入结果复核和人员培养等更有价值的工作当中。该产品是声纹鉴定技术发展之路上的一个重要里程碑。

——王英利　广东省公安厅刑事技术中心高级工程师

　　智能声纹专家鉴定系统利用AI技术为声纹鉴定技术赋能，提供音素自动标注、自动降噪、音素自动比对等智能功能，优化了声纹鉴定的全流程，为声纹鉴定工作提效增速，降低了鉴定人员进行鉴定工作的能力门槛，从而扩大了声纹鉴定的应用领域和范围。

——潘雷明　深圳势必可赢科技有限公司CTO

海底捞全渠道智能客服
利用智能科技提高客户满意度、提高管理效率

海底捞全渠道智能客服应用

北京沃丰时代数据科技有限公司

－ 应用概述 －

Udesk全渠道智能客服应用（简称Udesk）整合了所有客户服务渠道，包括电话、在线客服、微信、微博、小程序、App、邮件等。本应用通过深度学习人工智能算法，智能化升级服务过程中的各环节；语音对话机器人、文本对话机器人实现自动解决80％的用户常见问题；对人工客服工作实现智能监控、统计、质检与辅助，提升人工工作效率。

海底捞借助Udesk智能客服平台，实现了电话、微信机器人接待订餐，并辅助人工客服进行接待。

－ 技术突破 －

本项目提升了语音识别与自然语言处理技术应用在客服场景的准确性，使机器人对话顺畅，问题解决率较高。

－重要意义－

本项目从客服全场景出发，给出智能解决方案，切实提升客服部门效率、用户问题解决率和满意度。

－研究机构－

北京沃丰时代数据科技有限公司

－技术与应用详细介绍－

一、语音订餐机器人

每天海底捞门店都有一名员工专门接听顾客的订餐电话，但在高峰时段，电话经常打不进去，顾客体验差。而不停地接听电话又是重复性很高的工作，于是，海底捞的高管思考在人工智能火爆的今天，能不能用语音机器人代替人工接电话帮助顾客完成订餐，机器人可以同时接多人的电话，而且可以与订餐系统对接，回复顾客的速度更快。

基于以上需求海底捞找到了Udesk，双方共同打造订餐机器人，基于客服接听订餐录音的历史数据的学习训练，在较短时间内就搭建了订餐机器人，经过少量门店测试后对机器人进一步训练，机器人的订餐成功率超过了95%，机器人正式接入所有门店，大大降低了门店员工的工作量，如图3-23所示。

搭建一个优秀的语音机器人涉及多方面的技术，ASR语音识别需要实时将用户的语音转化为文字，识别的速度和准确性是难点。Udesk通过基于GPU的深度学习模型将识别速度提升到了50ms；将通用预处理的语音识别模型在订餐电话的历史录音中重新训练又大大提升了识别的准确性，尤其是对方言订餐的准确性有了极大的提升。TTS文字转语音技术将机器人回复的文本转化成语音播放给用户，自然的发音是关键，通过对优秀客服人员的完整声音采样和固定录音的结合，实现了拟真度极高的TTS，回复亲切自然，对话交互自然、流畅。对话引擎是实现对话交互上下文的核心，Udesk构建了一套完整的机器人对话流程可视化配置、实体快速训练测试工具，有力地支持了项目快速交付。

二、问题预测

当用户打开网站和App咨询机器人时，输入问题获取回复好像是理所当然的，那么能不能进一步减少用户操作从而提高效率呢？Udesk使用深度学习利用用户行为数据、用户特征数据、当前时间其他对话数据提高了推荐问题的准确率，准确率超过了80%。当用户打开机器人时，发现自己要问的问题正好在推荐中，无须输入，直接点选即可获取答案，非常便捷。

三、智能关联推荐

当用户询问了一个问题时，机器人利用用户提问日志，发现问题之间的关联性以及出现的频次数据，准确地推荐用户可能还要问的问题，方便用户避免二次输入，即可得到完整的回答内容。

四、机器人训练质检

机器人回复客户问题并不是机器人天生就知道答案，而是有人教给机器人答案，那么如何教、怎么才能教得好，Udesk机器人构建了一套完整的从冷启动到早期、中期、晚期的机器人训练方案，针对知识库的新建、淘汰、相似问法的添加、去重，针对个案的特殊处理以及薄弱环节的重点优化提供相应的解决工具，让机器人训练有一条清晰的道路可走。同时构建了科学的机器人质检评估体系，可以实现对机器人回答的准确评估，真正反映机器人回答的准确性，以进一步优化机器人对话体验。

图3-23　Udesk智能机器人

五、智能知识发现

客服在与客户对话过程中解答客户的问题，自然而然地形成了很多优秀的答案，一般的客服人员整理知识库的意识不强，这些优秀的答案经常被埋没在历史记录当中。能否将这些知识挖掘出来呢？

Udesk通过领先的NLP知识抽取技术，全面地分析对话的上下文，评估挖掘出的优秀问题和答案，客服人员只需轻轻一点，即可将这些转化为知识库供自己日常工作和机器人使用。

六、知识抽取

任何一个公司都有大量的历史文件，其中包含大量的知识信息，重新整理极为烦琐。Udesk使用AI技术，支持智能地在文件中发现知识信息，然后供机器人训练人员选择，简单点选之后，即可添加到机器人知识库当中。

七、对话情绪监控

客服部门是一个流动性相对比较大的部门，很多新员工在面对一些负面情绪较大的客户时，没有足够的经验冷静地应对、积极地安抚客户，因此容易导致较高的投诉率。这一直是客服部门的一个痛点，事后的教育和培训成长较为缓慢，如何才能快速高效地让客服新人掌握应对的技巧，避免投诉的发生呢？

Udesk针对这一场景使用NLP（自然语言处理）中的情绪识别技术，实时地监控客户和客服的情绪指标，对于负面情绪较大的客户提示客服主管及时地介入指导，开展现场教学，客服人员针对这一场景的应对学习速度明显提升，同时有效降低了服务投诉率。

八、人工客服辅助

客服在与客户对话的过程中，客户会重复询问大量的问题，客服重复输入的工作量大，浪费时间，回复速度较慢。Udesk智能客服提供了强大的人工客服辅助功能，自动根据客户的问题给出相应的答案，客服只需要选择即可快速回复客户。

九、舆情分析

每天客服都在处理大量的客户咨询，那么当前客户咨询的重点是什么，有什么高频问题，该如何发现这些信息来优化业务呢？Udesk智能客服的基本自然语言处理技术提供了舆情分析功能，可以快速从客户对话中发现高频词以及相关业务词汇，快速了解用户。

十、智能质检

质检是任何一个客服部门管理都要进行的工作，传统的人工抽检工作量大，质检率不足10%，质检覆盖面低，大量数据被浪费，而且可能面临不可控的风险。

Udesk智能质检实现了质检的全自动化，达到100%覆盖，稳定、准确、客观，大大提高了客服质检部门的工作效率。

自动化质检要求模型配置灵活，对业务需求支持能力强，运算速度快，Udesk智能质检采用了多算子模型，可以将语义识别算子与传统的关键词、正则算子混合配置模型，大大提高了自动化质检的模型表现力。

￼特邀点评￼

智能客服概念早已有之，但是概念炒作容易，真正给客户提供能落地、可实用的智能解决方案的产品很难得。Udesk向着这个方向努力了多年，真正实现了智能客服的落地应用，得到了客户的认可。

——程俊来　沃丰时代COO

客户服务是一个几千万人从事的行业，大部分客服每天都在做高度重复的工作，职业价值得不到提升。智能技术减少了重复咨询，让客服人员在复杂的疑难问题上投入更多时间，给客户更高的满意度，也提升了客服人员的职业价值。

——于浩然　沃丰时代CEO

CHAPTER

智能医疗

04

122

K-Dr.肾病辅助诊疗系统

汇天下（银川）大数据有限公司

－ 应用概述 －

K-Dr.肾病辅助诊疗系统利用大数据技术和人工智能技术，将国内外顶级医生的经验引入基层，一方面帮助基层医生提高自身的医疗知识和临床理论水平；另一方面在就诊时帮助基层医生解决难题，减少漏诊、误诊，使治疗更加规范化。本项目定位于一款服务基层医生的肾病辅助诊疗系统，通过整合业内顶级医生的诊疗经验及来自大医院的医疗大数据的规律，构建肾病知识库，为基层医生提供智能辅助问诊、高位疾病自动监控预警，以及治疗和转诊建议。与国内其他面向基层医疗的辅助诊断产品相比，K-Dr.肾病辅助诊疗系统的先进性在于将有限的专家资源进行转化，并快速复制到基层应用，其目的不在于替代基层医生做出决策，而是帮助医生进行规范化问诊，避免误诊、漏诊。通过这种方式，医疗人工智能工具可以与基层医生共同成长，同时也规避了辅助诊断工具在伦理上的风险。

－ 技术突破 －

本系统采用大数据、专家系统和人工智能相融合的方法，构建知识表示模型和数据挖掘模型，与专家知识进行交叉验证，保证模型的准确性。

- 重要意义 -

本系统紧跟国家基层医疗改革政策，将国内外顶级医生的经验引入基层，提高基层医生的专业水平，规范诊疗路径，造福于广大患者。

- 研究机构 -

汇天下（银川）大数据有限公司

- 技术与应用详细介绍 -

一、系统的技术特点

本系统在技术上采用了大数据、专家系统和人工智能相融合的方法，并满足基层医生和基层医疗机构的需求，专注于肾病这一专科领域。为了实现医生经验与大数据规律的结合，我们构建了两大标准数据模型。

1. K-Dr.-KRM知识表示模型。此模型可以将肾病专家经验转化为计算机能够理解的结构，并且可以自动生成带有逻辑判断的结构化问诊流程，作为K-Dr.辅助问诊工具的骨架。

2. K-Dr.-DAM数据挖掘模型。此模型通过结合具有自主知识产权的医学自然语言处理算法、大数据挖掘算法，从海量的医学数据中寻找疾病规律，为上述骨架增添肌肉和皮肤。

3. 交叉验证。将肾病专家经验的逻辑判断信息与数据规律的权重信息进行交叉验证，保证最终模型的准确性。

二、系统的产品特点

K-Dr.系统作为一款面向基层的辅助诊疗产品，为基层医生提供智能化的辅助诊断和规范就诊路径能力，包含了一套完善的肾病知识整理机制，可以整合业内顶级医生的诊疗经验及医疗大数据的规律。本产品具有以下几部分的智能化设计。

1. 具有自主知识产权的医学自然语言处理技术。团队前期已经有医学自然语言处理方面深厚的技术积累，包括自主研发的分词工具、医学专业词库（含各类医学实体50余万条）、RNN深度学习模型等，可以实现医学文本到结构化变量的快速转化。

2. 具有领域大数据算法模型。通过前期与医学专家的深度合作，团队目前已经积累了肾病领域的多个算法模型，包括急性肾衰竭预测模型、肾透析干体重预估模型等。

3. 积累大量肾病数据。产品通过课题合作的方式，积累了来自国内大型三甲医院的肾病数据。

4. 融入医学专家资源。产品智能化融合了来自北京大学人民医院、北京医院等资深肾病专家的指导和专业知识整理。

产品在商业模式上与基层电子病历厂商、政府和医院深度合作，作为地区性中心医院、大型三甲医院、互联网医院在基层的入口，同时与药企、连锁药店、保险公司等合作。产品均聚焦于肾病领域，构建了从数据源、知识库到算法模型应用的完整闭环。

三、产品的实施效果

产品在医学专家端与多位肾病医学专家合作，将他们的肾病诊疗知识自动整理成规范的诊疗路径和医学知识库，辅助和规范基层医生进行诊疗，目前与本产品合作的专家包括北京大学人民医院主任医师、北京医院肾内科主任医师、解放军肾脏病研究所、肾内科主任兼内科学教研室主任、中国非公立医疗机构协会肾脏病透析专业委员会秘书长等；

在基层诊疗端，产品与达康集团合作，在达康集团旗下的多个基层血透中心进行实施试点，辅助达康集团的基层医疗工作人员进行肾病诊疗标准化管理，并为其提供患者需求和数据服务。

四、产品的市场化应用情况

截至2018年，全国医疗卫生机构数达近百万，并且仍在高速增长，为了支持基层医疗卫生机构推进综合改革，中央财政不断加大投入力度，基层医疗具有广阔的市场规模和前景。本产品面向基层医疗市场，选择切入慢病管理与大健康领域，在初期选择肾病这个垂直领域，与医疗业务场景深度结合，在商业模式上通过增加基层医疗服务收入来实现数据服务的变现。

五、产品的用户评价

目前正在使用本产品的肾病医学专家包括北京大学人民医院主任医师、北京医院肾内科主任医师等，他们使用后对产品评价很好，认为此产品市场定位准确、功能完善、用户体验良好，在辅助录入规范化就诊路径、医学知识图谱查询与推荐、辅助基层医生诊疗等方面都取得了良好的效果，如图4-1和图4-2所示。

图4-1　K-Dr.系统界面：面向基层医生的可插拔式慢性肾病辅助问诊端

图4-2　K-Dr.系统界面：面向医学专家的标准诊断路径和知识图谱查询和录入端

六、产品的下一步实施计划

产品通过录入多位医学专家在肾病临床诊疗方面的知识和经验，结合医学教材中已有的标准临床路径，形成一套较为完善的肾病规范诊疗路径知识库，然后通过知识图谱和人工智能技术，将其自动转换为辅助基层医生规范诊疗的临床辅助决策系统，该系统在基层端进行试用和推广。

在试用和推广过程中，该系统加入收集用户反馈和自主学习改进的功能，反馈包括用户在使用过程中对功能、性能、人机交互等用户体验方面和对知识库的完善需求，以及对诊疗路径实际效果的反馈等方面。产品在收集用户反馈数据后，在模型和产品功能上进行迭代更新。

－特邀点评－

近年来，各种各样的人工智能产品层出不穷，有的甚至号称已经"打败"了医生。但我们经过仔细了解不难发现，这些产品的"智能"化程度仍然很低，距离实际应用还有一定差距。与人工智能技术的火热相比，临床医生的态度要谨慎得多，一方面是对于技术的不透明、不可解释性存在担忧；另一方面也更多的是出于对临床业务的了解。他们真正明白临床诊疗过程是一个复杂的系统工程，想依靠人工智能技术模拟临床思维是一件十分困难的事情。K-Dr.产品能够将临床专家的经验与人工智能技术结合，是该产品迈出的创新一步，也是推动人工智能技术走向实际应用的重要一步。通过人工智能技术实现初步的患者画像，挑选出具有较高风险的患者，再通过标准化问诊路径等工具进一步确认，实现了患者的精准判断。希望K-Dr.产品能够不断完善，真正以人工智能技术实现专家经验的下沉，最终服务广大基层肾病患者。

——左力　北京大学人民医院主任医师

K-Dr.肾病辅助诊疗系统通过大数据与人工智能技术应用，以知识图谱等技术为核心，进而推动并实现专家经验下沉基层，让每个基层医生在业务过程中都能获得专家指导。业务的闭环不仅能够带动基层医生的积极性，更能快速提升基层医生的医疗水平，实现数据惠民。

——徐明　中国地理信息城市空间信息工委会副主任、委员

深思考人工智能医疗大脑 iDeepWise.AI

深思考人工智能机器人科技（北京）有限公司

－ 应用概述 －

深思考人工智能医疗大脑 iDeepWise.AI 是以宫颈癌液基细胞学辅助筛查为切入点，涵盖多种疾病的病理细胞学人工智能辅助诊断技术平台。本项目通过深度学习、迁移学习等人工智能技术实现对 TCT 宫颈细胞学涂片的辅助阅片，当系统读取到数字化病理图片后，会自动对可疑病变细胞进行检测、分割、定位、标识，向病理医生展示可疑细胞的具体位置、细胞形态、可疑病变程度，由病理医生复核操作并生成阅片报告，整张涂片的分析过程不超过 1 分钟，在降低病理医生工作量的同时大幅提高宫颈癌筛查效率和准确率。

－ 技术突破 －

本项目在医疗影像识别方向取得原理性突破，基于医疗影像处理、计算机视觉、人工智能等关键技术，开创染色深浅自适应算法、团簇细胞自适应分割算法、腺细胞分类算法、MS-CNN 深度学习细胞分类算法，取得国家发明专利 32 项，大幅提高 TCT 宫颈细胞学涂片的识别准确率，宫颈细胞的细胞分类精度达 99.3%，超越美国国立卫生研究院，在 Herlev 数据集取得全球最优结果。

－重要意义－

本项目解决了医疗资源的匮乏和不平衡的问题，打造大规模人群健康咨询与重大疾病筛查入口；提高宫颈癌筛查效率、降低病理医师筛查工作量及工作强度，达到降低误诊、漏诊情况发生的目的。

－研究机构－

深思考人工智能机器人科技（北京）有限公司（iDeepWise.AI，简称"深思考人工智能"）

－技术与应用详细介绍－

一、项目简介

深思考人工智能医疗大脑iDeepWise.AI是以宫颈癌液基细胞学辅助筛查AI算法模组为切入点，循序渐进，将病理细胞学筛查解决方案垂直整合与深度优化，形成"云、芯、端"三位一体的技术平台；是基于医疗影像处理、计算机视觉、人工智能芯片，具有完全的自主知识产权、行业突破性技术的全栈式人工智能"大脑"，逐步形成涵盖宫颈癌、免疫组化、前列腺癌等多种疾病的病理细胞学人工智能辅助诊断技术平台，如图4-3所示。

图4-3 人工智能癌症筛查平台

本项目在医疗影像识别方向取得原理性突破，在Herlev数据集取得全球最优结果，宫颈细胞的细胞分类精度达99.3%，超越美国国立卫生研究院，在国内率先落地宫颈细胞学AI宫颈癌筛查服务，覆盖70%第三方检验机构。独创的MS-CNN深度学习算法可大幅提升系统的准确度，腺细胞分级更是取得领域内的创新突破，可在60秒内完成病变细胞检测、分割、定位、标识并出具阅片报告，如图4-4和图4-5所示。

细胞病理学采用的是无创伤性取材或微创性取材，取材途径简便、快速，如刮、涂、印、刷、抹、摩擦、离心集中和细针吸取等，对病人损伤极小，应用研究范围广泛，全身各系统、器官几乎都能应用细胞病理学检查方法，具有较高的诊断敏感性和特异性，且易于推广应用。对难以获取组织病理诊断的病例，细胞病理学检查可部分满足形态学诊断目的，亦可代替部分冷冻切片检查，非常适用于疾病早筛。但我国病理细胞学阅片人员匮乏，病理医生与人口比为1：70 000，且病理医生培养周期长，阅片数量压力大，阅片经验有限，阅片人员由于疲劳和技能水平及主观判读等因素，存在一定的漏诊及误诊。深思考人工智能将AI与医疗相结合，基于病理细胞学领域知识，通过深度学习、迁移学习、医学图像处理等技术，提取宫颈细胞的

关键特征、自动分割团簇重叠细胞、快速识别涂片上病变细胞的分级类别与位置，让人工智能有效地辅助医生筛查，明显提高阅片效率、病变细胞的敏感性与特异性，实现人工智能对病理细胞学的辅助诊断。

图4-4　阅片结果阴阳分流

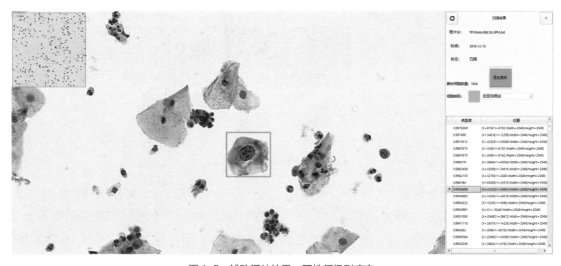

图4-5　辅助阅片结果：阳性低级别病变

二、数据基础

本项目重点布局医疗与大健康领域，积累大量医疗行业数据，拥有目前国内最大的人工智能医疗数据库，其中包含人工智能医疗问诊知识库1亿条知识、宫颈癌医疗影像样本120万份、乳腺癌医疗影像样本50万份。

充分的数据资源为研发提供了重要保证。深思考人工智能团队经过前期大量的积累以及细胞病理学专家标注团队的大量工作，目前影像样本达到120万份；数据中心平均日增长近千片，测试样本鳞状上皮细胞和腺上皮细胞约2.5万，全部数据都具有"金标准",并且所有训练使用数据都经由资深的细胞学专家进行质控。

三、技术创新

本项目自成立以来聚焦"多模态深度语义理解"技术研发,产品可同时理解文本及视觉图像背后的深度语义。在目前全球公开的权威宫颈细胞图像Herlev数据集中,过去在该数据集上最好的结果为《DeepPap: Zhang L, Lu L, Nogues I, et al., IEEE Journal of Biomedical & Health Informatics, 2018.》。深思考人工智能团队采用改进的深度神经网络,在相同的数据集和相同的评判标准下取得的成果全面超出上述结果,其中在关键指标细胞类别分类精度达99.3%,达到该数据集上世界最优的结果。

1. 开创染色深浅自适应算法

针对巴氏染色的细胞图像,不同医院与机构之间存在很大的染色差异,这直接降低了病理医生的阅片效率。本项目将深度学习算法应用在数字病理图像的染色标准化上,实现了非常规染色细胞图像在染色深浅上的自动调节,经大量TCT玻片测试,其敏感性提升了6.27%,特异性提升了2.52%,同时启发了其他细胞病理的染色标准化,如图4-6所示。

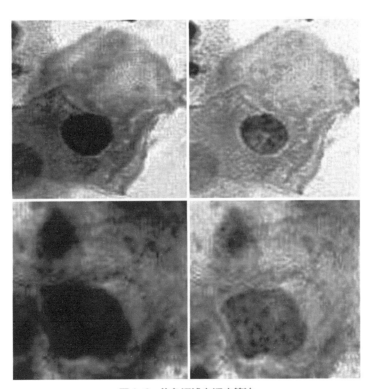

图4-6 染色深浅自适应算法

2. 开创团簇细胞自适应分割算法

本项目通过集成的深度学习分割算法,弥补方法之间的缺失,从而保证病变细胞的召回率。同时针对重叠区域,通过自研的细胞实例分割算法解决细胞实例归属问题,从而实现了团簇重叠细胞自动分割、支持多种制片方式、细胞核计数和病变细胞定位等应用,启发了医疗影像其他重叠遮挡问题的研究和应用,如图4-7所示。

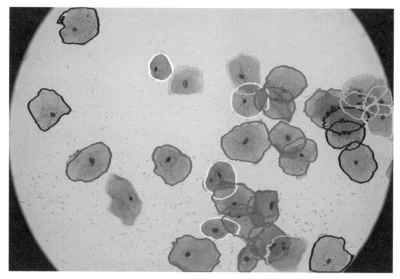

图4-7 团簇细胞自适应分割算法

3. 开创腺细胞分类算法

针对腺细胞异常的"团伙作案"方式，本项目开创腺细胞分类算法，充分考虑排列信息等要素，区别于单细胞异常，准确识别腺细胞异常，解决腺细胞异常敏感性低的问题，启发其他此类病理图像的研究和应用，如图4-8所示。

正常
腺细胞

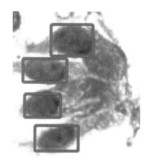

栅栏型   散落腺细胞   棋盘型（蜂巢型）

异常
腺细胞

图4-8 腺细胞分类算法

4. 开创MS-CNN深度学习细胞分类算法

传统的数据库模板对比对每类病变细胞的典型度要求极为苛刻，存在泛化性差、准确率低等问题。本项目充分融合涂片全局信息和细胞领域知识，通过开创MS-CNN深度学习细胞分类算法，自研多尺度、多维度的卷积神经网络新模式，其细胞检测和分级识别算法使分类结果达到敏感性99.4%、特异性98.9%，排阴率达到81%。

– 特邀点评 –

宫颈癌是女性最高发的恶性肿瘤之一，每位适龄女性都应该定期进行宫颈癌筛查，但与此同时，病理医师新生力量呈现"断崖式"短缺，国内医疗资源分布极度不平衡，远远无法满足中国女性的医疗需求。深思考人工智能医疗大脑iDeepWise.AI通过人机协同辅助病理医生阅片，将大幅提高宫颈癌筛查效率、降低病理医生筛查工作量及工作强度，减少误诊、漏诊的发生。

——王泳　博士，深思考人工智能机器人科技（北京）有限公司机器学习首席科学家

深思考人工智能医疗大脑iDeepWise.AI以宫颈癌液基细胞学辅助筛查AI算法模组为切入点，通过其领先的"多模态深度语义理解"技术，让筛查结果从基于医生的主观判断到基于人工智能软件处理大数据后的客观判读，准确、快速且不受人为因素影响，解决医疗资源的匮乏和不平衡的问题，打造大规模人群健康咨询与重大疾病筛查入口。

——杨志明　博士，深思考人工智能机器人科技（北京）有限公司CEO＆AI算法科学家

连心智能放疗云

北京连心医疗科技有限公司

－ 应用概述 －

连心智能放疗云是由 RAIC 肿瘤信息系统、Teamedicine 肿瘤协作平台和 LinkMatrix 科研平台三大产品构成的整体解决方案。

连心智能放疗云基于人工智能和云计算，面向医院放疗科室、第三方影像与放疗中心提供基于人工智能技术的危及器官自动勾画、靶区勾画、自适应放疗计划、放疗质控等技术工具和云服务，同时基于互联网和云服务平台，为广大放疗医生和物理师用户提供专业远程协作和放疗运营网络服务。

－ 技术突破 －

连心智能放疗云集合了解析剂量算法、蒙特卡罗算法和逆向计划优化等多种算法。

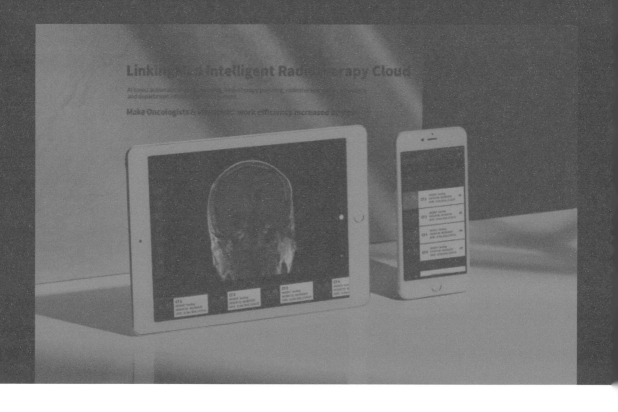

－重要意义－

连心智能放疗云帮助肿瘤放疗科医生提高工作效率，将传统需要1~2小时完成的工作，缩短到数分钟完成，同时勾画精度已接近医生的勾画水平。

－研究机构－

北京连心医疗科技有限公司
国内三甲综合医院及肿瘤专科医院放疗科室（如北京大学第三医院、中国人民解放军总医院、四川省肿瘤医院等）

－技术与应用详细介绍－

一、现状

放疗是肿瘤治疗的三大手段之一。目前，我国乃至全球的癌症诊治都面临重大压力，尤其是我国肿瘤患者总数和死亡率都高于全球平均水平，每年花费在肿瘤诊断和治疗上的费用大概是3200亿元。我国放疗患者的占肿瘤患者总数的22%，数据只有欧美主流国家的1/3，但是放疗属于无创疗法，能够保留组织器官的机能和完整性，尤其对早期肿瘤的治愈率能高达90%。

在实施放射治疗的过程中，医生需要按照CT/MR拍摄诊断，手动勾画危及器官和肿瘤靶区，再由物理师制定放射治疗计划方案，然后再在照射机器上让患者接受放射治疗。手动勾画危及器官的过程繁杂、冗长，需要耗费放疗医生大量的时间，而且技术含量相对较低，放疗医生完成一位患者的危及器官勾画通常需要3~5小时。此外，患者从确诊、勾画危及器官和勾画靶区、制订计划、评估、优化到实施治疗通常需要一两周的时间，此时，确诊时的病灶很有可能已经发生病变，难以准确定位，这也是物理师通常在设定照射区域时要在医生勾画的位置往外扩大一些的原因。再加上医疗水平的差别、解剖结构的理解差异等，不同医生的危及

器官与靶区勾画习惯也迥然有别。医生依照自己的知识体系进行勾画，难以有一套量化的勾画标准以及评定标准，在标准性和一致性上效果都不能让人满意。这些环节无一不让病人的治愈率打折扣：一方面，医生在重复性、低水平工作上耗费了大量的时间；另一方面，由于靶区勾画存在人为误差，物理师无法制定准确的放疗方案。病人承受着病痛的折磨，却仍可能无法得到理想的治疗效果。

近年兴起的深度学习，在诸如ImageNet、Microsoft COCO等数据集上表现出惊人的能力，这也让深度学习技术应用到医疗图像处理上成为可能。

北京连心医疗科技有限公司（以下简称"连心医疗"），专注于肿瘤的放射治疗领域，将机器学习、深度学习技术与放射治疗相结合，实现危及器官和靶区的自动分割，自动计算放射量等，让放疗医生和物理师从机械性的工作中解脱出来，提升工作效率和效能，从而提高肿瘤患者的生存质量。同时，连心医疗致力于实现整个放疗流程扁平化，使病人可以得到标准化的勾画、专业的放疗方案以及及时的放射治疗，切实提升每个病人的治疗效果。

二、挑战

器官分割旨在识别医疗图像中的各个器官，把不同器官在图像中自动地分割出来，从而减少医生

的勾画干预。医疗图像分割从20世纪80年代开始一直都是图像处理、机器学习的活跃领域。在传统

134

图像处理上，通过阈值处理、区域生长、高阶算子等各种算法，对肺部、骨头等器官已经产生令人印象深刻的效果，但是对大部分软组织器官，由于它们具有边界不明显、HU值变化小等特点，即便是医生来勾画也常需要丰富的经验，并借助解剖结构才能大致勾画出器官组织。所以，这也一直是传统图像处理技术的瓶颈和难点。而且，医疗图像通常相对较大，使用传统图像处理方法对每张图串行处理，一套医疗图像的预测时间是让人难以接受的。

同时，鉴于医疗图像的敏感性以及特殊性，相关医疗图像数据的获取也一直是一大问题。更不用说不同医院数据的差异性以及机器接口、医院系统的特异性，这些珍贵的医疗数据就像沉在海底的珍珠，发出点点闪光却极难获取。

三、技术方案

基于深度神经网络的强大特征提取能力，以及U-Net等图像分割网络的出现，连心医疗的算法研究团队在传统U-Net的基础上加上3D卷积、残差模块、膨胀卷积等操作，在处理梯度消失、提升感受野等方面均得到较好的提升。具体的网络结构如图4-9所示。

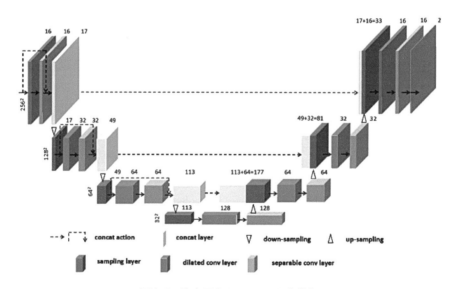

图4-9 连心医疗3D U-Net网络结构

四、运算速度

目前，连心医疗使用nVIDIA显卡在训练和预测两个层面上进行加速。在训练上，由于图像数据的大小和3D卷积的原因，即便是在batch size为1的情况下所使用的显存也需要7GB以上，所以一般团队的训练采用模型并行的方法，把模型的不同部分放到多块卡上来解决显存不足的问题。表4-1为心脏分割的本地CPU（i5-8600k）测试、单GTX1080Ti显卡测试、双GTX1080Ti显卡测试以及四GTX1080Ti显卡测试的时间对比。在预测方面，由于数据量小，虽然无反向传播以及前后传统图像处理的时间耗费，但仍然可以看出十几倍的速度提升。

表4-1　不同设备的训练和预测时间对比

设备信息	训练（s/epoch）	预测（s）
CPU（i5-8600k）	13145	15.98
单GTX1080Ti	157	0.846
双GTX1080Ti	81	0.814
四GTX1080Ti	45	0.808

五、数据优势

连心医疗和国内外30余家放疗科室深度合作，如哈佛大学医学院、北京大学第三医院、北京301医院等，已经积累了26 000例高质量的勾画数据，通过数据增强等手段，可以基本满足训练需求，图4-10为心脏训练的结果，左边为医生勾画的标注数据，右边为网络的预测结果。

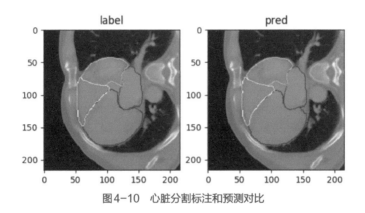

图4-10　心脏分割标注和预测对比

六、效果

依靠nVIDIA强大的显卡加速，可以看出，在训练上一个epoch的时间减少了3个数量级，而且随着显卡数量的增加，性能基本上是线性增长的，这极大地降低了网络模型的迭代速度并可以让算法工程师快速地验证算法，如图4-11所示。同时，精度上可以达到85%以上的准确度，也就是说，针对大部分图像，医生只需做很小的修改甚至不修改就可以实现器官的自动分割。目前，连心人工智能算法已经能够实现全身几十种器官的自动分割。

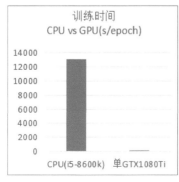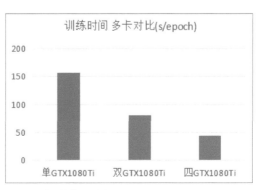

图4-11　训练时间柱状图对比

从图4-12中可以看出，通过使用深度学习，即便使用CPU进行预测也可以把分割的时间缩短到25分钟以内，使用GPU甚至可以缩短到10分钟左右，这与医生手动勾画危及器官的工作效率相比，可见一斑。需要注意的是，这是单线程下的运行结果，如果使用分布式GPU系统，可以简单地把全部器官预测时间缩短到1分钟以内。

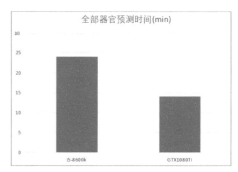

图4-12　全部器官预测时间

－ 特邀点评 －

人工智能的应用一定要有场景，阿里巴巴的人工智能应用就非常有场景，能够直接作用于消费链条中。连心医疗的产品非常有意义，期望连心医疗把人工智能技术深入更多医院的场景中，进一步推动国内放疗事业的发展！

——郎锦义　四川省肿瘤医院院长，中华医学会放射肿瘤治疗学分会前主任委员

我们国家的宫颈癌患者很多，如果能够将AI技术应用到临床，那么对于患者是一个很大的福音。我们科室和连心团队合作一年多了，交流的次数也很多，我个人觉得图像处理是一个很大的难题，加入核磁序列可能会帮助提高勾画的速度和精度。我建议他们先从简单的部位开始，如骨头，再慢慢过渡到较难处理的运动器官，如膀胱和精管。同时，我也号召业内的各位主任、专家，大家联合起来，多提供高质量的数据，会加快应用到临床的速度。

——王俊杰　中华医学会放射肿瘤治疗学分会候任主任委员，
北京大学第三医院、北京大学国际医院放疗科主任，博士研究生导师

人工智能在肿瘤放射治疗领域有很多发挥空间，AI可以告诉医生智能勾画结果中的不确定性，医生针对不确定性大的部位进行检查，节省大量时间；AI在放疗计划中可以根据勾画的器官和靶区直接预测三维剂量分布；AI可以将医生不同的治疗考量加入深度学习的模型中，以帮助医生输出更个性化的治疗方案；AI可以在剂量计算方面解决计算的速度和精确度的矛盾。

——Steve Jiang　连心医疗科学顾问，美国得克萨斯大学西南医学中心Barbara Crittenden讲座教授，
放射肿瘤系副主任，医学物理与工程部主任

盲人视觉辅助眼镜

杭州视氪科技有限公司

－ 应用概述 －

视氪科技的新一代盲人视觉辅助眼镜解决了精确定位、导航、场景感知以及场景文字等目标检测和识别等辅助问题，使系统具有较高的可用性和丰富的功能，实现了高效准确的声音编码人机交互和传感器自动校准等智能技术，使系统提供友好的体验，且有可靠的性能。此外，系统的实时响应、便携和可穿戴性能以及复杂环境下的鲁棒性，也是其具有的特性。它紧密结合了多媒体处理技术：①利用场景文字等直接语义信息进行辅助；②利用彩色、深度等各种模态的图像和视频中的间接语义信息实现定位导航与识别等功能；③利用声音编码实现高效的人机交互，弥补了上一代产品的缺陷，为视障人士提供更智能、全面的视觉辅助眼镜。

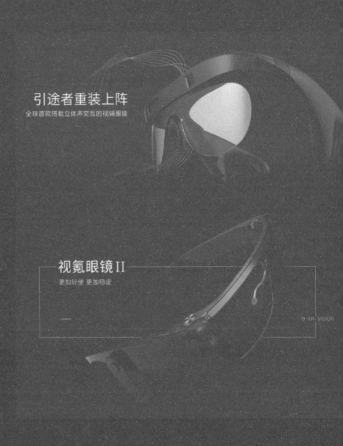

引途者重装上阵
全球首款搭载立体声交互的视辅眼镜

视氪眼镜 II
更加轻便 更加稳定

KR·VISION

－ 技术突破 －

首次提出视觉－惯性－语义 SLAM、用于视障辅助的融合 GNSS 地理信息和多重描述的视觉定位算法以及视障辅助人机交互方案的定量评价指标等。

－ 重要意义 －

全世界视障人士数量约2.53亿，视氪盲人视觉辅助眼镜利用高效的人机交互等功能为他们提供更智能、全面的辅助。

–研究机构–

杭州视氪科技有限公司
浙江大学光学仪器国家重点实验室

–技术与应用详细介绍–

一、基于双目视觉的检测

1. 地面、障碍物检测

本项目基于RealSense R200的红外双目图像，进行大尺度双目匹配，获取稠密深度图，较同类方法将最近检出距离从650mm缩小为165mm，并利用彩色图像引导滤波，进一步将最近检出距离缩小为150mm，如图4-13所示。利用均值漂移算法，分割和输出最近若干个障碍物的距离、方向和尺寸，最后传递给立体声音接口，辅助视障人士的通行。

图4-13　地面检测结果

本项目基于RGB图像引导滤波，获取稠密度为100%的深度图，并采取随机采样一致性算法，初步检出地面，利用法向量估计剔除地面小凸起，最后在初步检出的结果上利用RGB信息种子区域生长，实现长距离检出地面。将传统方法仅3m的地面检测范围远远扩大，甚至超过10m，同样通过立体声传递至视障用户，极大地辅助了视障用户，可帮助他们提前预判通路，规划路径。

2. 交通灯、人行横道检测

本项目旨在检测人行横道和交通灯，获得人行横道的位置和取向，并且给出运动方向提示以指示用户朝人行横道移动，主要采用基于条带提取和聚类的新型人行横道检测算法。首先，本项目通过基于神经网络的自适应阈值处理提取图像中亮的连接域作为候选区域。其次，对包括人行横道在内的所有候选区域，根据其大小、形状等几何特征进行分析。再次，合格的候选区域被保留，并且应用聚类过程来筛选属于人行横道的那些条纹。最后，人行横道的位置和方向被识别出来，依据其在图像中的位置和角度，提示视障人士向斑马线的前进信息。该方法与双极系数法相比，对于各种光照条件下的斑马线都能够实现高精度识别。

行人交通灯是视障人士过马路的重要元素。考虑到并非所有的交通灯都配有辅助系统，识别交通灯对视障人士很重要。交通灯在这里是指交通信号灯装置的灯的部分。交通灯检测算法由候选区域提取和识别、时间与空间分析组成。候选区域提取由颜色分割、联通域分析组成，识别过程由使用HOG特征训练的SVM实现。为了提高检测准确度，最后进行红绿灯检测结果的时间与空间分析。检测结果如图4-14所示。

图4-14　斑马线和交通灯的检测结果

3. 纸币识别

纸币识别是保障视障人士生活的必要环节。常用的纸币识别方法有神经网络和SURF特征点检测，前者需要大量的训练样本，后者无法做到实时识别且模糊图像的误识别率较高。根据视障人士使用纸币的实际情况，我们需要考虑的挑战有复杂的背景环境、纸币在视场中的大小、纸币的正反颠倒、光照的变化、小角度的倾斜、手指的遮挡、纸币的新旧等因素。当前的纸币识别方法是根据RGB-D相机进行深度筛选，去除深度值不可靠的像素；框出分类器检测到的可能是纸币的疑似区域；对疑似区域进行SURF特征点检测、匹配判断是否存在纸币以及纸币面值。进行SURF特征点匹配时，为了选出高质量的匹配点对，运用到的方法有近邻算法、比率验证、交叉验证、RANSAC，寻找最佳单应性矩阵。该方法可以针对复杂环境实时提取纸币区域并给出纸币面值，具有很好的鲁棒性和实时性。

4. 人脸识别

在视障人士的日常生活中，不可避免地需要与熟人或陌生人打交道。在这个过程中，快速准确地确认其周围人的身份将为他们提供很大的便利。在没有其他辅助性工具的情况下，视障人士只能通过听声音来判断，包括对方的行为习惯、可能发出的声音、说话的音色等。然而，这些方式在无形中限制了视障人士与外界交流的积极性。如果能提前告知周围人的身份信息（如是认识的某一个熟人，或是从未见过的陌生人），这将给他们更大的选择空间。

人脸识别技术被应用在视障人士视觉辅助眼镜中，包括以下几个步骤：人脸检测、人脸图像的规范化矫正、机器学习训练、识别结果的表示。将人脸识别应用于视障人士辅助，已有的研究仅局限于人脸识别算法在便携设备上的简单应用，很少考虑到实际场景下对非限制条件的适应性。我们使用了彩色图和深度图相融合的方法来实现人脸检出，并依据人脸关键点的位置进行图像矫正，用神经网络训练人脸分类器。最后利用3D声音播放识别结果，这可以让使用者感知到人脸的方位和距离信息。图4-15是彩色图像中的人脸检测结果和对应的深度。

图4-15　人脸识别结果

二、基于毫米波雷达的快速物体检测

雷达是利用电磁波探测目标的电子设备，其工作原理可简述为：发射电磁波对目标进行照射并接受其回波，由此获得目标至电磁波发射点的距离、速度、运动方向等信息。雷达可以在远或近距离，以及在光学和红外传感器不能穿透的条件下完成任务，它可以在黑暗、薄雾、浓雾、下雨和雪时工作。本项目采用的是瑞士RFbeam公司生产的K-LC5型毫米波雷达天线。该天线工作在24GHz频段，天线体积只有一枚硬币大小，需要的功率仅250mW，能够在恒频连续波和调频连续波等多种模式下工作。

毫米波雷达信号的处理流程：调制信号由单片机DAC输出给雷达天线模块（红色框线所示），此时雷达向外发射调制后的频率为24GHz左右的连续电磁波。经过雷达天线模块内部的混频后将含有目标距离和速度信息的拍频信号输出，然后经过模拟滤波、放大，通过ADC采集成数字信号。在经过一系列针对数字信号的滤波、加窗、快速傅里叶变换、恒虚警率判决、配对计算，最后可以得到多个目标的距离和速度信息。毫米波雷达可以探测快速运动的和距离较远的物体的速度与距离，可以帮助视障人士躲避快速运动的障碍物，也可以和深度相机的距离信息相互补充，形成大范围、高精度的信息。

三、基于立体声的人机交互系统

视觉信息占人日常获取信息的80%以上，然后是听觉、触觉信息。对于视障人士来说，如何利用听觉或者触觉接收检测到的信息是一个重要的课题。声音交互的方式主要有语义和非语义两种。语义方式一般采用语音合成的方法将检测到的信息描述给视障人士，适合传递与人类日常生活相关的高级信息，如纸币识别的结果和人脸检测的结果。非语义方式是利用声音的振幅、频率、方向等信息进行交互，适合传递障碍物等实时变化的、数据量较大的信息，下面详细介绍用来传递深度信息的基于立体声的交互系统。

类似双目效应，人耳也有双耳效应。人产生听觉空间感的原因主要有双耳强度差、双耳时间差以及头、耳郭、耳垂等人体组织对声音的反射与吸收。这些因素可以用头传递函数来表示，利用头传递函数对单通道声音数据进行滤波即可获得各个方向的立体声音。将不同方向的头传递函数和不同音源进行配对，形成三维空间的虚拟声音阵列，再将障碍物和通路映射到虚拟声音阵列上即可让视障人士听出前方的场景信息。具体的映射规则有障碍物映射和通路映射两种。

通路映射规则如下。利用前文所述的大范围地面检测可以得到最适合视障人士通行的方向，在此方向发出三维立体声音引导用户转到可通行的方向。

障碍物映射规则如下。将深度图划分为2行5列共10个格子，计算每个格子的平均深度。每列格子对应三维空间中的一种乐器，深度值映射到声音的响度和播放频率，距离越近声音响度越大，播放频率也会越快。图4-16为声音交互实例，分别为原始彩色图、深度图和分块之后的深度图。左侧和右侧的深度较近，所以主要可以听到两侧钢琴、木琴、小提琴、小号复合的声音，但是没有中间锣的声音。

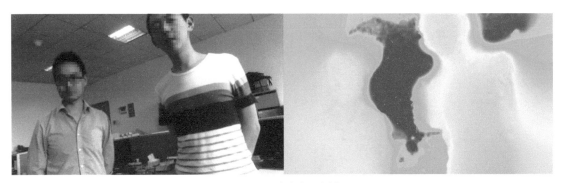

图4-16　声音交互实例

－特邀点评－

富有科研创新价值

该研究成果综合应用双目视觉技术、物体识别技术以及人机交互技术，实现了对路面和障碍物的检测，人脸、纸币和交通信号的识别以及立体声音的交互。在深度传感器和图像处理方面都针对视障人士辅助这一特殊应用进行了改进和突破，它的设计和开发不仅具有科研价值，还有一定的社会意义。

——赵维谦　"精密光电测试仪器与技术"北京市重点实验室副主任、
教育部长江学者特聘教授、美国光学学会会员

有较强的前瞻性和实用性

视障人士智能辅助眼镜为视障人士辅助领域提供了新颖的解决方案。该项目基于双目视觉、毫米波雷达、骨传导耳机等硬件平台，通过增强深度算法、图像识别实现了场景分割和识别，研发的声音编码方法能够把距离和简单的方位信息转换成特殊的声音信号，实现了快速有效的人机交互。该技术具有很强的应用潜力。团队已经发表了多篇论文、申请了多项专利，取得了颇具特色的研究成果，获得了来自视障人士、相关媒体和慈善组织的广泛关注。

该项目致力于帮助视障人士实现正常生活，具有很高的社会公益价值，作品有较强的前瞻性和实用性。

——仇旻　现代光学仪器国家重点实验室主任、国家千人计划专家、美国光学学会会士

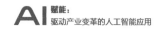

142   **具有很高的社会公益价值**

视障人士智能辅助眼镜基于不断发展的计算机视觉技术，致力解决视障人士在实际生活中遇到的出行问题。该项目综合应用双面立体视觉技术、物体和场景识别技术以及立体人机交互技术，实现了对可通行路面和障碍物的检测，人脸、纸币和交通信号的识别以及立体声音的交互。这项研究为视障人士视觉辅助技术提供了新的研究资料。与传统方法相比，该方法实现了更加可靠和快速的图像检测、更加有效的信息反馈，申报情况属实。

该项目致力使用新技术帮助视障人士正常地生活，非常有意义，我推荐这项研究成果。

——金国藩　中国工程院院士

悠行外骨骼机器人

杭州程天科技发展有限公司

- 应用概述 -

下肢运动功能的丧失是最严重的运动功能损伤之一，不仅会增加患者身体的痛苦，而且会增加患者的沮丧情绪，降低患者的生活质量。下肢外骨骼机器人作为一种可穿戴的仿生装备，通过模拟患者肢体的运动功能，实现了康复治疗的自主化和智能化，弥补了传统康复治疗方式的不足，因而受到了广泛关注。杭州程天科技发展有限公司基于传统神经康复训练、减重步行训练的理论，自主设计的下肢外骨骼步行康复器具有以下特点：①早期应用有效预防长期卧床带来的关节僵硬、肌肉萎缩、骨质疏松等并发症，促进下肢行走功能的重建；②中后期应用可提高患者肌肉力量及运动协调性，矫正错误的步态。

- 技术突破 -

集成了国际顶尖的人工智能核心，云端系统集成大数据处理技术、仿生学机器人技术、多传感器信息融合技术等，实现了精确的患者意图判断，使外骨骼更加智能，患者对外骨骼可以"随心所欲"地控制。

- 重要意义 -

通过外骨骼机器人进行康复训练，患者可以在很大程度上避免因下肢失能导致的久坐、久卧引发的各种并发症，如褥疮、便秘；排尿不畅导致的尿路感染；下肢肌群的肌肉萎缩、下肢静脉血栓等。同时提高转移、行走及如厕等日常生活能力，减轻了家庭和社会的负担，提高康复效率，其应用前景非常广泛。

- 研究机构 -

杭州程天科技发展有限公司
纳通医疗集团
黑龙江省中医药大学附属第二医院
黑龙江农垦总局总医院
哈尔滨工程大学
加拿大卡尔顿大学

- 技术与应用详细介绍 -

近年来，中国多家研究机构开展了外骨骼关键技术研究，并先后出现了几种典型的原型系统。但是，中国的外骨骼产品化工作推进缓慢，只有个别的下肢外骨骼系统接近产品化。由杭州程天科技发展有限公司研发生产的核心产品悠行（UGO）外骨骼机器人主要用于截瘫、偏瘫、下肢失能等患者群体，区别于国内其他同类产品最主要的一点是它采用了更先进的意图触发，通过检测用户使用过程中的身体运动意图趋势来触发迈步。患者感受会更好，能重新找到行走的感觉。配合智能肘拐，患者可以进行起立、行走、坐下等类型的康复训练，最终提高整体生活质量。

一、促进患者中枢神经系统的重塑，加快患者的康复进程

文献研究表明，一般认为，哺乳动物（包括人在内）都是通过脊髓步行中枢模式发生器（CPG）控制步行运动，而CPG网络的边界是灵活的，脊髓损伤后脊髓步行CPG可实现网络重组。对脊髓不完全损失的病人来说，步行训练能够选择性增加运动神经通路和运动池的协调，激活少量的神经元，利用残存的神经输出来控制站立和步行。完全性脊髓损伤患者在早期使用下肢康复机器人，可以预防泌尿系统感染、褥疮、肌肉萎缩等问题。我公司通过前期十几例患者的试验研究，大部分截瘫患者（C7以下）经过两到三周的步行训练，心肺功能、耐力明显提高，自主导尿次数增多。外骨骼在不完全性脊髓损伤患者步行功能训练中的应用越来越广泛，可尽早为患者下肢提供重复的、助力或抗阻的步行训练，降低下肢肌肉张力，加快康复进程。

脑卒中后下肢运动功能的恢复是偏瘫患者康复的一个重要环节，由于上运动神经元损伤，原始的、被抑制的低位中枢运动反射释放，引起运动模式异常，表现为偏瘫侧肢体肌张力增强，肌群间协调紊乱，出现联合反应、共同运动和紧张性反射等脊髓水平的运动形式，其恢复过程是一种肌张力和运动模式不断演变的过程。动物和人类研究表明，感觉输入可以影响目标区域的皮质兴奋性，通过增加训练过程中对患侧足底、下肢各关节肌腱、肌梭等本体感受器的刺激，有利于新的神经回路和正常运动程序的建立，从而改善运动功能，提升平衡协调能力。在常规康复训练的基础上使用外骨骼机器人，可以提高脑卒中偏瘫病人治疗的积极性和依从性，这款产品可以在训练情况下相对减轻患者的身体重量，从而安全有效地维持患者的平衡能力，康复机器人训练基于中枢神经系统（CNS）的可塑

性以及神经调控步伐的身体机制，通过引导患者的腿部，模拟正常步伐模式，从而调节其站立相和摆动相的肌群功能状态。

二、多传感器信息融合技术识别患者的控制意图

悠行外骨骼机器人区别于其他外骨骼机器人对于迈步触发的方式，其采用了更先进的意图触发。其他外骨骼机器人大部分采用触发后持续迈步，或者通过按键触发每步的迈出，而悠行外骨骼机器人是由设备中多达50多个传感器，检测患者使用过程中的身体运动意图趋势触发迈步。这种设计有3个好处：第一，是否迈步的主动权掌握在患者手中，大大提高了使用过程中的安全性；第二，使患者集中注意力，配合患者想要迈步的意图进行康复训练，对于患者的神经重塑是非常有帮助的；第三，患者感受会更好，人的双腿运动是随心而动的，意图检测能最大限度地贴近这一点，让患者重新找到行走的感觉。同时，医生配合患者戴在手腕上的手环，实时监测患者在使用过程中的血氧、心率等指标，指标反馈到医生手柄和云平台上，帮助医生了解患者在康复训练中的身体状况，如图4-17所示。

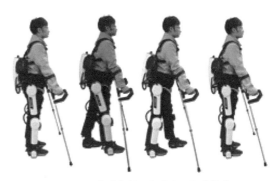

图4-17 行走起始→行走中→行走结束

三、进行起立、坐下、上下楼梯、重心转移、步行等康复训练

在患者一开始无法掌握好重心转移的情况下，先采用重心转移的训练让患者熟悉、适应机器，之后采取触发或按键模式，进行步行训练，如图4-1所示。外骨骼机器人最主要的功能就是在早期建议患者采取正常的步行模式，提高患者的步行能力。提高步行能力是脑卒中患者康复训练的主要目标之一，有效的步行训练是结合负重、迈步及平衡三要素进行训练的。大多数脑卒中患者经传统的康复治疗后，平衡功能和运动功能均可得到一定程度的改善，但传统的康复治疗在训练过程中较少将步行中的负重、迈步、平衡三要素相结合，难以很好地修正患者的异常步态和姿势，也无法保证训练的稳定性和持续性。外骨骼机器人的介入可有效地解决这些问题，如图4-18所示。

图4-18 上楼梯迈腿→蹬踏上一级台阶→后腿前迈→完成

四、外骨骼机器人云端系统的数据分析

外骨骼机器人平台由云端、手柄、外骨骼穿戴设备等一系列组件组成。云平台提供专业的康复评估系统，数据的汇总与分析功能，以数据可视化形式展现外骨骼分布和使用情况，具有智能监控运维能力。集设备物联、移动技术于一体的智能系统，对外提供数据和运营服务。

悠行外骨骼机器人不仅是一台康复训练设备，还是一套对于康复训练和患者系统的管理和解决方案。医生手柄上可以显示当前患者的训练数据、身体状态等，数据实时同步到云平台上，每个患者拥有独立的账户，建立自己的康复档案，康复治疗师使用时只需要登录账户，就可以调取患者的训练数据，方便其了解康复进程，制订合理的康复训练计划，从而更好地管理患者，同时，还可以方便家人随时了解患者当前的康复情况。

一特邀点评一

康复机器人具有许多人工无法能及的优点，不仅可以减轻治疗师的工作强度，而且可以提高康复疗效，促进下肢步行功能康复的进程。目前，外骨骼康复机器人的研究仍有很大的发展空间，如虚拟现实、肌电技术、脑机接口和机器人技术的集合，可为患者提供全方位、智能化的治疗，这将是康复机器人进一步发展的趋势。

——高伟　哈尔滨工业大学教授

外骨骼机器人的价值不仅在于帮助有行动功能障碍的人进行运动和康复，社会的发展对人的体能和感官的要求也会越来越高，终有一天，外骨骼会成为每个人都需要的个人穿戴设备，随着技术的不断发展，提升计算能力，搭载更多的内容和技术，帮助用户走得更远、跳得更高、看得更清，资讯获取更便捷，成为继个人电脑和手机之后的又一个个人计算平台。外骨骼的一小步，是人类的一大步。

——王天　杭州程天科技发展有限公司CEO

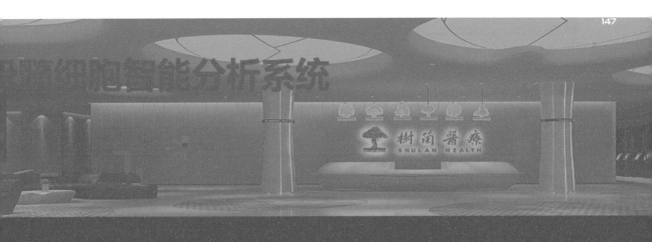

骨髓细胞智能识别系统

杭州华卓信息科技有限公司

– 应用概述 –

骨髓细胞智能识别系统是依托华卓混合云平台，针对病人的骨髓细胞病理显微切片，利用先进的人工智能技术，对骨髓细胞形态和结构进行自动识别和定量分析的智能软件。它解决了传统方法中需要医生人工阅片存在的问题，并结合新版电子病历系统为患者提供个性化的病理诊断，在临床和科研中具有很高的应用价值。

– 技术突破 –

基于混合云平台技术，结合最新的目标识别算法，提出了一种骨髓细胞智能识别技术。

– 重要意义 –

利用人工智能技术对骨髓细胞进行智能检测与分析，辅助医生阅片，一定程度上革新了传统的人工阅片环节。

– 研究机构 –

杭州树兰医院
杭州华卓信息科技有限公司

－技术与应用详细介绍－

骨髓是人体的主要造血组织，对骨髓细胞形态和数量的分析有助于造血系统疾病及其他某些疾病的诊断和鉴别。传统的诊断方式是由人眼完成的，而这种方法存在很多的弊端。基于显微图像的骨髓细胞自动识别系统能够对细胞形态和结构作定量分析，可提高医疗工作者的工作效率和准确率，克服传统方法存在的问题，具有很高的应用价值。

过去的计算机辅助识别方法首先需要利用图像处理技术分割出细胞区域，然后基于细胞的边缘、形态以及纹理建立与细胞类别对应的数据表征，从而构建线性分类器区分不同类别的细胞。然而在骨髓细胞切片中，细胞分布密度很大，经常会粘连在一起，传统的图像处理技术很难完美地分离出细胞边缘，这就影响了后续关于形态、纹理的相关统计。而且对骨髓细胞来说，同种细胞的不同生长期，甚至不同种类的骨髓细胞的区别非常小，利用传统的线性分类器很难描述它们的区别。这些问题都在很大程度上影响了骨髓细胞智能识别系统的推广。

近年计算机技术在图像分类以及目标识别领域的成功发展，给医学计算机智能辅助技术也带来了新的可能。如糖尿病视网膜病变人工智能筛查系统，以及肺结节智能筛查系统准确率均已超过主任医师的水准，完全可以替代医生。这些工作都成了我们构建骨髓细胞智能识别系统的前提。

基于在肺结节案例上的成功实践的启发，我们决定采用最新的目标检测模型构建骨髓细胞智能检测模型，继而搭建我们自己的骨髓细胞智能识别系统。在未开始搭建模型的时候，我们在医生的帮助下收集了大约1万份带有标签的骨髓细胞切片，作为训练数据集。首先我们基于目标检测模型SSD思想搭建了骨髓细胞检测模型，然后基于收集的训练数据进行训练，得到的初步骨髓细胞检测模型准确率不足90%。分析其原因发现骨髓细胞之间粘连程度较高，导致无法区分。为了解决这个问题，

我们希望通过两阶段的目标检测模型提高准确率。因此，我们基于Faster-RCNN思想又搭建了第二个骨髓细胞检测模型，该模型使我们获得了预期的效果，准确率直接提升到了90%以上。我们相信随着系统的慢慢应用，通过医生对系统输出的结果进行修正和收集，然后进一步训练及优化，模型的检测准确率会得到进一步的提升。

对骨髓细胞的研究不单单局限于区分，还包括分析各骨髓细胞的形态、纹理、密度等数据，因为这些数据与血液疾病息息相关，这些指标可以直接反应疾病种类，因此如何准确提取这些指标非常重要。我们基于U-Net网络结构提出骨髓细胞分割模型，基于上述骨髓细胞的检测结果，可以提取细胞的轮廓，继而统计细胞的强度、形态、纹理等特征，以供医生诊断研究，如图4-19所示。

该系统在帮助医生识别骨髓细胞的同时，可以帮助医生对于骨髓细胞的形态、强度以及纹理进行自动化统计，并且提供交互界面，允许医生对已识别的结果进行确认、修改、添加等操作，为后续进一步优化模型提供更加丰富的数据集。

该系统有诸多优点，首先医生可以通过大屏幕显示器观察切片，不必再受显微镜视野狭小的局限，减轻医生的工作强度，提高工作效率；而在图像拍摄方面，用最新的数字成像摄像机替代模拟摄像头，图像清晰度和色彩还原效果均有很大提高；在图像识别方面，采用多模型融合的方法确保准确率；在特征统计阶段，利用图片分割技术自动获取骨髓细胞的强度、纹理、形态等量化指标；在报告生成方面，医生只需敲一个键，病例信息、骨髓细胞图像即可呈现，输出图文一体化报告，如图4-20所示。

细胞识别算法在检测时间、操作流程等方面优于传统的人工识别。我们已经将基于大数据深度学习的智能识别算法结合在了我们的智能云台中，使其发挥真正的作用。

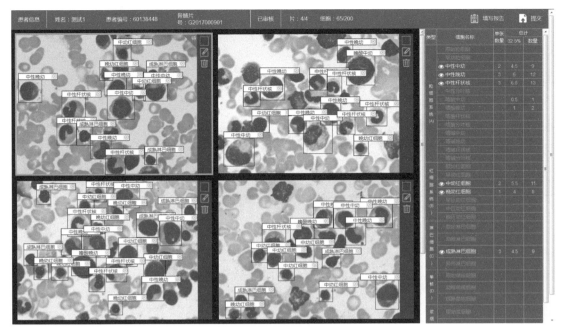

图4-19　骨髓细胞检测与统计

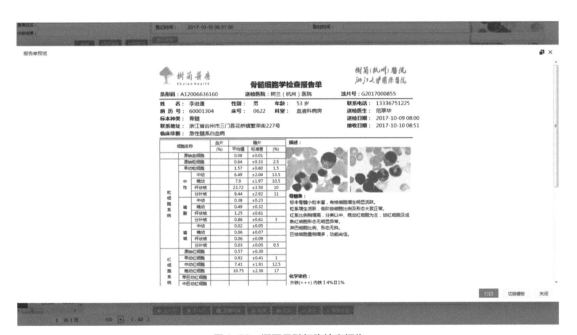

图4-20　撰写骨髓细胞检查报告

－特邀点评－

骨髓细胞智能识别系统在识别方面，采用了将最新的目标检测模型进行多模型融合的方法，确保了高识别率；在细胞形态测量方面，替代烦琐的显微尺和点阵模块测量；在细胞计数方面，自动统计各类别细胞个数，替代手工录入和人工计算，大大降低了工作强度和出错概率，提高了工作效率；当细胞数量到上限值时，系统自动锁定上限值，细胞数目不再增加，降低了用户的出错概率。

软件根据中华医学会的标准，在大量医学临床专家的指导下完成，直接面对医院临床分析而设计。

——吴福理　浙江工业大学副教授

骨髓细胞智能识别系统是一款能够自动识别和定量分析细胞形态和结构的智能软件，它解决了病理医生用肉眼分辨骨髓细胞容易产生疲劳感，从而造成误诊的问题。目前，该系统已经在杭州树兰医院上线使用，有非常高的应用价值。

——居斌　杭州华卓信息科技有限公司副总裁

临床科研大数据平台

Clinical Research Big Data Platform

临床科研大数据平台

杭州华卓信息科技有限公司

－ 应用概述 －

近年来，随着转化医学的兴起以及医生职称晋升评价体系向临床回归，医院和医生个人开展临床研究的需求被逐步激发。和基础研究不同，临床研究以疾病的诊断、治疗、预后、病因和预防为主要内容，以患者为主要研究对象，需要大量的临床数据作为研究基础。

临床科研大数据平台是一个用于满足医生对临床海量数据进行检索、查询、统计和应用的需求，为医生提供电子病历检索、大数据分析、相似病人病历推荐、相关文献推荐、入组筛选、数据导出和多中心科研的多功能的综合科研辅助平台。

－ 技术突破 －

集合了多集群分布式架构、机器学习、DSSM深度语义模型、TF–IDF模型、深度学习Doc2vec、相似度算法等关键技术。

- 技术与应用详细介绍 -

随着科技的发展和云计算、大数据技术、移动互联网在医药行业的应用，医疗健康领域正在发生一场跨界革命，医学服务模式也随之改变，多种信息系统广泛使用，医疗和健康数据急剧扩容并呈几何级数增长，为临床科研积累了大量珍贵的临床科研数据，但在数据应用方面也产生了一些问题。一方面，由于这些数据分散在不同厂商不同种类的医疗信息系统中，数据标准不一致，数据的共享和深层次利用变得非常困难。另一方面，随着临床医学研究向多中心、多学科、多病种、多项目的方向发展，传统科研方法在临床数据应用以及科研数据的采集、共享和分析挖掘等方面，已无法满足当前的科研需求，针对上述科研中的痛点和趋势，建立一个数据存储规范和统一的临床科研大数据平台，将大数据分析的思想、方法和技术应用于临床研究中，实现各种医疗数据库的数据共享与交换，让大数据处理更便捷、快速、贴近用户，有效地促进数据的流通及使用价值的增值，为患者、医务人员、科研人员及管理人员提供服务和协助，提高临床科研的质量与效率迫在眉睫。

一、产品技术特点

1. 该系统采用了一个分布式多用户能力的全文搜索引擎Elasticsearch，支持对电子病历的疾病诊断名、症状表现、辅助检查、治疗方案等内容实时进行普通检索和高级检索，并具有稳定、可靠、快速等优点，如图4-21所示。

图4-21　搜索病历

2. 该系统采用了Word2vec技术对文字实现向量化，利用DSSM深度语义模型训练电子病历和科研文献的向量表征并根据电子病历系统的出院诊断字段，向用户推荐Pubmed数据库中近5年TOP期刊上相关的科研文献，如图4-22所示。

3. 该系统采用TF-IDF模型、深度学习Doc2vec将病历编码为向量，然后计算向量之间的相似性，按照相似性度的排序实现相似病人推荐。

文献推荐		more ›
• Review article: hepatitis B core-related antigen (HBcrAg): an emerging marker for chronic hepatitis B virus infection.	Mak LY	2018
• Diagnostic accuracy of serological diagnosis of hepatitis C and B using dried blood spot samples (DBS): two systematic reviews and m...	Lange B	2017
• Association of IL-28B, TBX21 gene polymorphisms and predictors of virological response for chronic hepatitis C.	Zhu DY	2018
• [Lymphocyte subpopulations, levels of interferon, and expression of their receptors in patients with chronic hepatitis B and C: Correlati...		2017
• Immediate postoperative tracheal extubation in a liver transplant recipient with encephalopathy and the Mayo end-stage liver disease s...	Li J	2017
• Seroconverting nonresponder of high-dose intramuscular HBV vaccine with intradermal HBV vaccine: A case report.	Das M	2017

病例推荐				more ›	指南推荐	more ›
• 肝硬化失代偿期	感染科病房	女	76岁		• 2009+中华医学会外科学分会+肝硬化门静脉高压症消化道出血治疗共识.pdf	
• 慢性肝衰竭	感染科病房	男	61岁		• 2010年欧洲肝病学会肝硬化腹水、自发性细菌性腹膜炎、肝肾综合征指南解...	
• 肝癌	感染科病房	女	59岁		• 2010欧洲肝病学会肝硬化腹水、自发性细菌性腹膜炎、肝肾综合征指南.pdf	
• 肝胆管细胞癌	感染科病房	男	52岁		• 2010非酒精性脂肪肝病诊疗指南.pdf	
• 酒精性肝硬化伴食管静脉曲张	感染科病房	男	54岁		• 2011+CSLC+CSCO+CMA肝癌射频消融治疗的专家共识.pdf	
• 慢性肝功能衰竭	感染科病房	男	55岁		• 2011+肝硬化中西医结合诊疗共识.pdf	

图4-22　Word2vec技术

4. 该系统基于自然语言处理技术对电子病历非结构化文本进行解析，并利用大数据挖掘技术对电子病历进行统计分析；挖掘疾病与症状、治疗方案与疾病转归情况之间的关系，如图4-23所示。

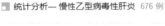

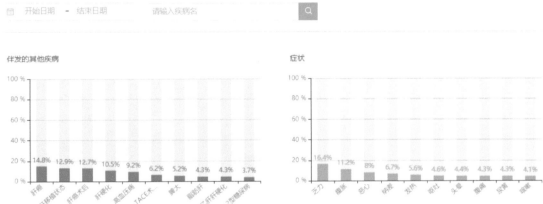

图4-23　电子病历非结构化文案解析

5. 该系统支持多个研究课题的管理，设置用户对数据查看和修改的权限；支持多中心临床科研数据标准化、结构化采集，采集方式包括电子病历数据抓取和在线填报，并支持科研数据批量导出，实现科研闭环管理，如图4-24所示。

6. 该系统定义多种表单控件，用户可通过拖动控件，自定义CRF表单，同时系统定义批量标准的CRF子模板，可供用户直接使用和编辑，保证所有CRF具有相同的编码系统、统一的格式，实现数据元再利用。

7. 统一性和标准性：科研数据平台对临床数据进行统一规范化管理，按照规范化流程管理与输出，形成标准化临床科研数据。

8. 高效性和准确性：通过简单拖动自定义表单控件和标准的CRF模板可完成复杂的CRF表单的编辑，并通过电子病历抓取和在线填报的收集数

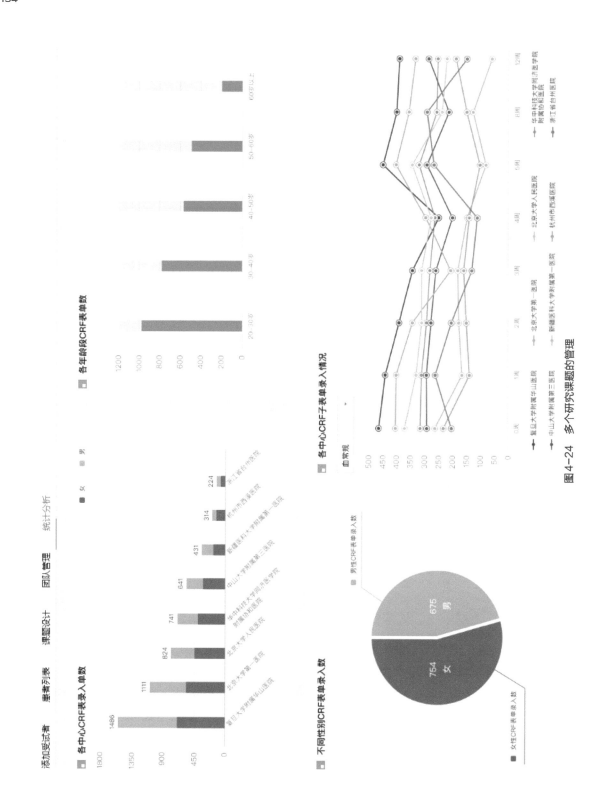

图4-24 多个研究课题的管理

据方式，减少传统填报方式所需时间，提升数据采集的及时性、准确性和完整性。

9. 数据化和智能化：收集和整合多个中心的数据形成医疗大数据，并利用大数据技术对大样本临床资源进行挖掘；建立以患者主索引为线索的数据组织架构，实现患者临床数据全息视图；利用深度学习实现相似患者和相关文献的推荐，辅助临床决策和科研。

10. 实时性和可控性：根据入组的病人及情况

的填报，实时反映科研整体进程，并与设计的计划进行比对，保障科研项目的进度在可控、可视、可管理的范围。

11. 实用性及经济性：平台基于"以辅助临床科研为目的"，保证系统的实用性；同时，在满足应用需求的前提下，采用主流技术和主流配置，不盲目追求"高、精、尖"，保证系统建设具有较高的性价比。

二、应用情况

1. 该系统提高了医院的科研水平，解决了临床医生科研数据收集和统计分析烦琐、困难的问题。在临床科研需求日益增长的环境中，该系统具有很好的应用前景。

2. 该系统已经在省级医院使用，产品性能稳定，客户反应良好。

─ 特邀点评 ─

该系统促进了医院科研方式的改变，提高了临床科研的数据质量和科研效率，降低了科研难度，促进了医疗科研成果的发表，提升了医院的科研水平。

——谭宇　公安县人民医院主任医师

该系统全面覆盖临床科研实施中的各个环节，形成真正意义上的闭环科研管理，改变了以往项目和科研实施过程分开管理而引起的弊端，实现了项目的全局观察与控制，提高了科研项目质量，并为后期项目追溯、项目经验借鉴奠定了基础。同时，科研数据平台对临床数据进行统一规范化管理，按照规范化流程管理与输出，形成了标准化临床科研数据。

——王硕　杭州树兰医院住院医师

临床科研大数据平台着力实现多个科研项目统一闭环管理、多中心数据结构化和标准化收集、临床科研流程、临床海量数据检索与挖掘及智能化临床决策辅助支持等功能，助力提升医院临床效率和科研能力。

——居斌　博士，杭州华卓信息科技有限公司副总裁

面向专病的临床科研智能协作支撑平台

万达信息股份有限公司

－ 应用概述 －

面向专病的临床科研智能协作支撑平台以提升我国重大专病的整体临床科研能力为目标，以现阶段临床医学研究科技创新体系建设为需求导向，整合集成多样化临床研究资源，利用大数据与人工智能前沿技术，搭建以临床科研项目为驱动的面向重大疾病临床科研的大数据协作支撑平台。实现多源临床数据资源汇聚、数据质量修复融合、基于数据安全管理的开放式共享利用、一站式模型训练支撑环境、智能化科研项目管理等功能，最终达到支撑以平台为基础、研究主体协作网络为依托、融合人工智能相关技术、聚焦重大疾病、专注各疾病领域和临床专科的科研中心的目的。

本案例成果可面向区域医疗管理、医院、医学科研机构提供产品级、服务级应用实践，以重大疾病为突破，全面带动我国医学创新能力快速提升，为增强我国疾病防治能力提供强有力的支撑。

－ 技术突破 －

构建了搜索引擎、自然语言处理、患者画像、知识图谱等人工智能基础分析能力，深度支撑智能化临床科研全过程。

－重要意义－

构建"智能、规范、闭环"的临床科研模式，带动临床科研创新能力快速提升，为增强我国疾病防治能力提供重要支撑。

－研究机构－

万达信息股份有限公司（简称"万达信息"）

－技术与应用详细介绍－

本案例建立了支持临床多中心研究协作组模式的研究平台，积累了符合国际标准的人群队列数据库，形成了专病数据共享平台，最终建成一个专病科研管理数据中心；构建了搜索引擎、自然语义处理、患者画像、行业知识图谱等人工智能基础分析能力，用于智能化临床科研，形成一套支撑临床科研的智能化关键技术；同时探索了深度学习用于临床预测模型的开发服务框架，研究并集成具有人工智能属性的临床科研工具和科研数据分析模型，研发出一套用于专病临床科研的临床工具模型；最终建成了一个基于大数据的智能化科研项目管理平台，集数据检验与模型训练一体化的科研项目管理支撑环境，支撑规范、闭环、全周期的临床科研模式。面向重大疾病临床科研的大数据智能协作支撑平台是一款面向实际需求、智能化设计的产品。对大数据分布式环境中数据采集、数据汇聚、数据清洗、数据管理、数据开发利用、环境搭建等关键过程均实现了智能化应用覆盖。

一、核心功能

1. 临床科研数据智能服务引擎

临床科研数据智能服务引擎覆盖了科研全过程，包含临床科研设计、研究机构参与、患者参与、科研项目实施、科研成果产出等阶段。其提供直观、便捷的服务接口，实现迅速并准确查找接入数据、得到标准规范指导、获取阶段性临床科研成果以及一系列评估与监督核查服务。

2. 面向专病临床科研提供丰富的高质量数据治理引擎

数据治理引擎对接院内HIS、LIS、PACS、手术、急诊、财务等系统，院外问卷数据、试验数据等数据源，在完成多源数据汇聚的同时，对数据进行智能化处理，完成逻辑数据模型、标注数据集归类、异构数据转换、数据链接与匹配等工作，以标准专科或专病数据模型为基准，对医院的原始数据进行结构化、标准处理和将转化后的标准数据存储于专科或专病数据仓库中予以分析，形成高质量的统一专病大数据资产。

3. 基于数据管控的医疗大数据共享利用引擎

医疗大数据共享利用引擎建立了数据资产访问、连接和协作共享机制，形成数据流转的层次化结构；建立了数据资产的所有权、使用权以及价值评估体系，保障数据安全管理及流转的可行性；建立了数据加密脱敏、追踪监管机制等，保障数据全生命周期的安全可控，在原始数据拥有方可管、可控、可溯源的前提下，允许第三方开展分析利用，打破各科室、各病种、各科研项目独立建设的传统模式，充分加强了区域卫生平台内的临床科研协作，发挥了临床数据的科研价值。

4. 覆盖临床试验全程的智能化分析工具集合

全程覆盖的智能化分析工具集合具体覆盖科研设计阶段（随机对照、队列研究、病例对照、横

158

断面研究等）、数据准备阶段（问卷模板、数据源、可视设计、任务管理等）、数据处理阶段（值分析、空值填补、类型转换、数据规范等）、数据建模阶段（NLP、患者画像、知识图谱、医学影像处理等）、数据检验阶段（比较均值分析、逻辑回归、相关分析、卡方检验等）、数据训练阶段（机器学习与深度学习算法库等）。

5. 标准专科或专病数据模型集合

本案例已建成了涵盖22个专业科室和600余种疾病的专科数据库（心血管、肿瘤、呼吸、神经、肾脏、消化、内分泌、血液、外科、罕见病等），拥有涵盖各专业科室的12 000余种重要疾病的专科、专病标准数据模型仓库。

6. 典型临床试验研究规范集合

本案例集成了多种临床试验规范流程，并进行了基于大数据的智能化工作流程改进，包含针对病因或危险因素的研究、防治性研究、愈后研究以及诊断方法准确性研究等层面，形成了一套临床试验标准规范集合，如图4-25所示。

图4-25　案例核心功能

二、技术优势

1. 海量临床多源关联数据的维护与管理技术

该技术根据不同维度临床数据在数据关联中的重要程度，对数据维度进行智能化动态增减，结合数据库技术实现关联信息的高效管理。

2. 可配置的数据质量修复融合技术

该技术实现了在不影响数据真实性的前提下的数据智能填充、补正，解决目前很多系统数据源头质量低、数据缺失、填写不规范的问题。

3. 基于数据管控的医疗大数据共享利用技术

该技术实现了在原始数据拥有方可管、可控、可溯源的前提下，允许第三方开展分析利用，不需要获取原始数据，有效促进相关临床科研项目的推进。

4. 分布式环境下实现一站式去程序化模型训练环境的协同开发技术

该技术针对大数据应用门槛高、效率低等问题，在大数据分布式环境中集成试验数据校验、分析模型训练、模型结果验证等环节的去程序化开发环境，有效降低了科研人员的技术门槛。

三、应用实施

本案例已经以复旦大学附属妇产科医院、长宁区卫计委以及上海市曙光医院为突破，分别开展区域医疗协作、专科医院标杆项目试点，在区域医疗科研协作、专科临床研究两个垂直维度深度聚焦，树立产品品牌价值，并依托试点单位在行业内的临床领导能力，形成行业影响辐射力，具体如图4-26所示。另外，依托万达信息股份有限公司医

疗大数据应用技术国家工程实验室在医疗健康行业的市场号召力，本案例成果将以华东地区的医疗信息化市场为主导，逐步向全国推广。

图4-26　案例应用实施情况

1. 人工智能赋能区域卫生平台开展临床科研——上海市长宁区卫计委临床科研平台

本案例在长宁区卫计委信息化平台的基础上部署了面向区域的临床科研协作支撑平台，展开基于区域科研数据集的分析利用，打破各科室、各病种、各科研项目独立建设的传统模式，充分加强了区域卫生平台内的临床科研协作，发挥了临床数据的科研价值。目前，已完成了包括高血压动态追踪管理、区域主要疾病影响因素分析模型、区域慢性非传染性疾病的发病指标分析、慢病早期预警模型及社区健康状况跟踪管理等。

在临床科研协作支撑平台上产生的研究成果已经有效地应用于社区慢病患者的管理，将高水平的临床科研成果迅速向基层医院转化，提高区域医疗卫生业务质量和效率，以满足居民日益增长的医疗服务需要。

2. 人工智能护航医院专科临床科研——复旦大学附属妇产科医院专病研究平台

本案例构建了基于高龄孕产妇人群队列的临床数据管理中心与专病研究平台，支持医院专科的临床科研。基于平台汇聚的红房子及相关妇产科医院的高龄孕产妇人群、妊娠并发症人群数据信息，医院专科创建了具有上海地区人群代表性的疾病队

列，选取了120个高龄妊娠与妊娠并发症特征指标，建立高龄妊娠与妊娠并发症预警模型和识别技术，并建立了高风险筛查指标体系与技术体系。此研究成果在临床中的实践，优化了高龄妊娠与妊娠并发症临床诊治的传统路径，建立了全新的基于人工智能的高龄孕产妇优生优育服务模式。同时，为临床科研平台服务医院专科科研创新提供了优秀的应用示范。

3. 人工智能支撑中医重点专病临床科研——上海市曙光医院临床科研平台

本案例基于曙光医院已有的院内信息化平台，部署搭建了一体化中医肝科专病临床科研管理系统，包括面向专科队列研究的智能样本筛选工具、全程临床随访应用工具、患者画像智能引擎及面向自然语义的搜索引擎工具等，全面支撑中医专病临床科研。同时，平台以肝病专病为突破，以中医专病管理及数据分析为目标，建立以专科病人为中心的全程数据标准规范，按专病规范抽取临床诊断、疾病特征、检验检查、影像结果等，提供了全程智能化的自动专病数据采集工具、一体化建模工具、中医药知识图谱及搜索引擎工具等重大疾病研究支撑环境，完成了中医医疗科研与服务模式创新，推进临床与科研交融并举，提高了中医药临床创新能

力并更好地满足临床需求。

─特邀点评─

在我国现阶段的专病科研领域，医院对临床研究数据规范化、标准化处理的信息技术经验正在快速积累，但高质量、大数量、良好结构化的优质数据资产，对数据智能化创新技术的掌握仍然是现阶段临床科研面临的痛点问题。临床医生也缺乏时间和精力对新技术进行跟踪与掌握，导致现阶段的专病临床科研水平停滞不前。而本案例所构建的"面向专病的临床科研智能协作支撑平台"实现了一个基于人工智能技术的智能化高质量数据处理体系和开放共享的临床协同科研环境，在提供高质量科研数据资源的同时也构建了一个规范、闭环、全周期的临床科研支撑环境，大大减少了临床医生开展医学科研的工作量，降低了技术门槛，其功能和技术性能都十分优质，其应用对带动我国医学科研整体能力的提升具有重要价值。

——李笑天　复旦大学附属妇产科医院教授、主任医师、博士生导师

人工智能赋能临床科研就是利用不断发展的AI技术和逐步增长的计算能力深度支撑临床科研全过程，挖掘大量临床医学异构数据中不可替代的价值，构建一个开放共享的临床协同科研环境，实践一个规范、闭环、全周期的临床科研新模式，从而减少临床医生开展医学科研的工作量，降低技术门槛，并带动我国专病临床医学科研能力全面提升。

——高月求　上海市曙光医院科教处处长，上海中医药学会肝病分会委员

面向重大慢病的智能临床辅助决策产品研发与产业化

万达信息股份有限公司

－ 应用概述 －

面向重大慢病的智能临床辅助决策产品以提升人工智能技术服务慢病的智能临床决策能力为目标，以现阶段慢病管理业务应用智能化建设需求为导向，将机器学习、自然语言处理、图像识别、知识图谱、人机交互等智能技术引入慢病临床诊疗、预后管理等慢病防控决策的核心业务过程中，构建了"1+1+N"慢病管理智能辅助决策产品：包括1个慢病健康大数据资源融合处理平台、1个慢病管理智能服务平台、N个面向典型慢病的临床决策和管理决策的应用服务。

本案例成果将面向卫生管理机构、各级医疗服务机构、医疗科研机构、药企、保险机构等开展产品的产业化推广，共同提升我国慢病领域相关医疗服务机构、医疗服务监管部门的服务质量和工作效能，促进提升我国慢病健康产业的整体智能化水平。

－ 技术突破 －

率先构建慢病管理产业开放式AI技术服务生态，突破根据已有信息进行及时管控、流程再造的技术瓶颈。

- 重要意义 -

将AI技术深度应用于慢病管理产业，通过成果推广实施初步搭建我国智能化慢病管理健康产业技术服务生态。

- 研究机构 -

万达信息股份有限公司（简称"万达信息"）

- 技术与应用详细介绍 -

本案例通过汇聚慢病健康管理业务系统积累的海量、高质量、动态增长的医疗数据，将机器学习、语言识别处理、图像识别、知识图谱、人机交互技术与医疗领域知识及慢病健康专业知识相结合，兼顾了区域卫生、医疗机构的业务特点，将人工智能技术深度应用于我国慢病健康管理产业，并结合卫生信息标准加强AI顶层设计；构建了一批面向慢病管理全过程的智能专病辅助诊疗决策产品，形成统一、稳定、高效的医疗智能服务平台，初步搭建我国智能化慢病管理健康产业技术服务生态，利用一批慢病管理智能应用服务的推广应用，减少基层医生和医疗服务机构资源的重复性工作，构建可复制的专家经验，以提升、改善医疗服务资源的利用率等问题。与市场上现有的人工智能技术产品大多聚焦一种疾病、一类人群的典型问题有所不同，本案例所研发的产品和设计的运营生态将汇聚慢病医疗领域的优秀资源，共建开放互赢的产学研医技术生态体系。

一、核心功能

1. 慢病大数据资源融合处理

本案例通过基于大数据技术的采集和智能业务数据处理，汇聚面向慢病人工智能模型训练的真实大数据资源，对接区域医疗系统、公共卫生管理部门和医疗机构，采集慢病临床诊疗、预后管理、居民体征监测等业务数据，支持慢病人工智能应用的落地实施。

2. 慢病管理智能服务

本案例将人工智能技术引入慢病健康领域，构建通用的医疗智能引擎，包括慢病知识图谱、患者特征画像、医疗数据时序化引擎、医疗推理引擎、临床电子病历后结构化引擎以及个性化诊疗推荐引擎，同时面向慢病诊疗业务各环节的需求，覆盖智能辅助诊疗服务、疾病风险预测服务、病情发展预测服务、慢病管理服务精准推荐等。

3. 人工智能应用系统

本案例基于心血管、内分泌代谢、免疫等典型慢病，建设面向慢病管理临床决策应用的临床辅助诊断、专病影像辅助读片、智能导诊与初步诊断应用服务及面向管理决策的专病临床诊疗服务监管、慢病智能早期筛查应用服务。

二、技术优势

1. 构建了基于海量真实业务数据训练的AI数据组织模型

本案例在数据处理层面形成高性能多框架融合计算支撑、业务数据智能化处理存储模型的创新，以"知识图谱""患者画像疾病"为智能服务引擎，重构和梳理慢病健康大数据资源，形成数据再组织的创新，为上层智能化应用模型的训练提供高质量的真实业务数据基础。

2. 实现了基于深度神经网络技术的临床电子病历识别理解与结构化

自然语言处理是医疗辅助诊断的基础，传统模型的弊端给诊断辅助与决策带来很大困难，本案例提取了非结构化临床文档中关键实体的关系，加强了对临床电子病历的理解，形成了结构化的电子病历描述，方便对电子病历的分析处理，支持AI系统的落地。

3. 实现了基于中文医疗知识图谱的自动化构建

本案例利用基于中文医疗知识图谱的自动化构建技术实现了基于慢病健康领域命名实体识别和医疗术语序列模式探查的知识图谱，将非结构化的病历文书中的知识点，自动而精准地转移到基于图数据库的医疗知识体系中。

4. 实现了基于大数据与深度学习技术的辅助创新临床医学影像诊断

本案例实现了将影像数据与临床病理文本、检验、病理、基因检测等其他类型的数据相结合，通过机器学习、深度神经网络等技术进行综合分析，根据病人的各类信息综合推断，得到更准确、全面的结果，提升影像识别结果的准确率。

三、应用实施

依托公司在国内医疗信息化领域已具备的产业化基础优势以及医疗大数据应用技术国家工程实验室在智慧医疗领域的领导地位，本案例面向各省市区卫计委（如四川、湖南、武汉、宁波鄞州）、上海市三甲医院进行产品的推广应用。截至目前，已经在上海市卫计委、上海交通大学医学院附属瑞金医院、宁波市鄞州区卫计局以及复旦病理诊断中心等单位开展应用示范，同时支持中国疾控中心、北京大学、浙江大学、复旦大学等科研单位开展了基于人工智能技术研发的临床辅助诊疗服务，更多区域医疗、三甲医院、科研单位正在对接中，具体如图4-27所示。

图4-27　案例应用实施情况

1. 人工智能革新糖尿病的诊断及治疗模式——上海交通大学医学院附属瑞金医院

本案例在瑞金医院的应用实施利用人工智能技术革新糖尿病诊断及治疗的模式，为全科医生提供辅助诊疗方案，以此提升标准化诊疗水平。依托本案例研发构建的糖尿病风险评估方案，处理了瑞金医院的12万名糖尿病人的资料，随访时间横跨13

年以上，每个病人大概有527个数据，在这样的基础上预判人们未来三年患糖尿病或代谢综合征的潜在风险，帮助患者更早发现、更早预防、更早干预。本案例在后期还将进入国家标准化代谢性疾病管理中心落地试用，为全国超100家代谢中心提供标准化糖尿病用药建议，管理近3万名患者。

另外，本案例的技术团队和瑞金医院临床团

队结合了国内外的糖尿病用药策略、专家经验以及AI数据模型，模拟专家在治疗糖尿病时的用药思路，根据患者不同的身体代谢状况给出综合建议，辅助基层临床医生做出更科学的决策。

2. 人工智能助力前列腺肿瘤精准诊断评价——上海申康医院发展中心、上海同济医院

本案例采集前列腺MRI多参数影像以及临床电子病历、影像报告、病历报告等多源数据，对数据进行关联、脱敏、标准化，构建前列腺影像智能分析数据库，在此之上结合深度学习算法，对前列器官自动分割，融合不同参数扫描序列，训练前列腺癌识别和分类智能模型，以辅助医生快速诊断和决策。

本案例的研发和应用为多参数前列腺影像智能诊断提供了创新的方法和手段，智能算法减少了医生读片的重复工作，提升了诊断效率，融合多源数据进行分析，提高了医生诊断决策的科学性和正确率，为医生对前列腺癌的快速诊断提供了重要支持。

3. 一体化"智能病理诊断服务平台"——复旦病理诊断中心

本案例以基于云的远程病理诊断模式为切入点，重点解决病理资源分布不均的问题，以云计算、大数据和人工智能技术为驱动，以权威优势病理专家资源为后盾，根据人工智能应用于病理诊断的业务需求，制定分病种、分项目的病理切片数据标准规范，采集、整理、标注以形成高质量病理诊断标准数据集，构建智能化病理识别、分类、预测模型，形成一体化的病理智能诊断应用。以此减少医生的繁重工作，加速病理诊断医生培养，拓展服务提供形式，从而缓解病理诊断资源供给不足，提升临床诊断整体水平。

本案例中研发的一款甲状腺乳头癌切片智能判读算法在2018世界人工智能创新大赛——人工智能卓医创新挑战赛（MedAI Challenge）中，在初赛阶段从总计125支来自全世界的优秀队伍脱颖而出入围决赛，在大赛中以100%高正确率实现甲状腺切片智能判别，最终在总决赛中获得第四名，在云病理赛道中获得第二名。目前，产品已在多个与复旦病理诊断中心合作的临床病理诊断分中心开始试应用示范，被多家主流媒体报道，受到医院、患者的广泛好评。

4. 构建基于人工智能的慢病管理及疾病预警研究生态——宁波市鄞州区卫计局

依托鄞州区优质的业务数据资源，本案例实现了对业务数据的标准化和资产化，使数据资产质量稳步提升，并实现了数据资源面向人工智能模型训练的再组织，设计实践了基于深度神经网络的多个数据组织模型，解决了鄞州区卫计局海量数据"宝藏"难以统一高效利用的重点问题，加强了鄞州区卫计局对本地慢病管控的医疗服务能力，有效提高了本地医疗资源的利用率。另外，本项案例还探索与实践了优质医疗大数据资源和人工智能新技术能力的碰撞，在保障数据隐私的前提下，深度发掘数据价值，推动区域层面的慢病管理服务能力和智能化水平的提升。

─特邀点评─

人工智能和机器学习技术的兴起正在带动临床病理诊断的效率和准确性不断提升。利用AI技术采集、管理和分析病理信息，可帮助病理医生减少很多机械重复的工作，而且在病理学的临床教学中能给学生提供很好的支持。面向重大慢病的智能临床辅助决策产品在临床病理诊断领域的应用，产生了大量用于数字切片的辅助诊断应用服务，实现了对数字切片中病变区域的自动检测和各项指标的定量评估，辅助临床病理医生快速、准确地做出病理诊断，该成果的应用推广具有重要的临床价值。

──朱虹光　上海医学会病理学专科委员会主任委员，博士生导师

　　万达信息股份有限公司搭建的面向重大慢病的智能临床辅助决策产品，实现了将机器学习、语言识别处理、图像识别、知识图谱、人机交互技术等一系列人工智能技术与医疗领域知识及专家丰富的慢病管理专业知识相结合，将人工智能技术深度应用于慢病管理全过程，辅助慢病管理各业务环节决策能力的提升，形成数据驱动的科学研究模式与智能慢病管理服务体系。该方案是一次成功的探索实践，将给我国慢病管理模式带来深刻变化，在功能性、技术能力方面均达到较高水平。

　　　　　　　　　　——王培军　同济大学医学院影像系主任、同济大学影像学硕士点及博士点负责人

CHAPTER

电信领域

05

168

无线网络 AI 大数据平台

中国联通网络技术研究院

－ 应用概述 －

无线网络 AI 大数据平台依托联通在"云、管、端"和大数据应用等方面的优势，采用机器学习和深度学习算法等人工智能技术，建立能够从业务体验、用户感知、网络质量、网络效率等方面提升网络性能的人工智能平台。无线网络 AI 大数据平台可应用于小区扩容分析、用户满意度分析和网络感知分析等，在网络规建维优等方面发挥积极作用，提升效率，及时发现用户对网络贬损的真正痛点，分析和定位影响用户速率感知的根源问题，对运维部门提供系统性的优化解决机制和指导建议。

－ 技术突破 －

本平台将未来网络的大数据、大连接和人工智能的多元复杂求解等关键技术相结合。

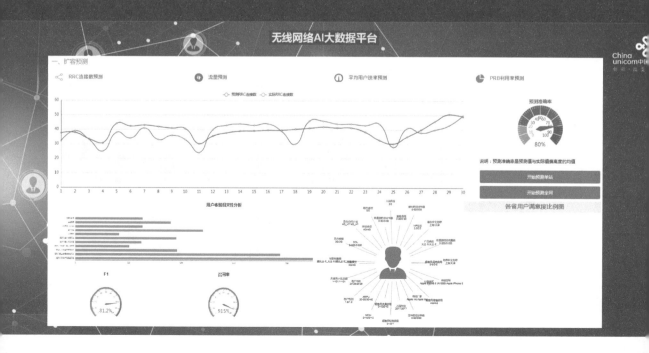

— 重要意义 —

本平台解决无线网络中的实际问题，降低网络建设维护等成本、提升用户体验。

— 研究机构 —

中国联通网络技术研究院

— 技术与应用详细介绍 —

随着5G时代的到来，移动互联网的快速发展导致了数据流量的爆炸式增长，以人工方式为主的模式已不能支撑未来网络对高效运营的需求。面对复杂的网络环境变化和网络规模及用户的成倍增长，用户需求对网络质量的要求不断提升，无线网络的管理和运维的效率也需要进一步提升。无线网络大数据平台对用户数据、业务数据、网络数据的挖掘与分析，完成了对用户的精准画像与行为预测，能够使运营商感知终端用户的服务需求、偏好，为改进产品、制定营销策略及提供增值服务等多方面注智，更好地开展精准营销、精细服务，提高营销成功率与服务质量。通过对未来网络KPI指标的预测、网络参数的感知关联分析，本平台可定位影响用户速率感知的根源问题、分析特定区域是否需要扩容以提升用户体验，开展网络优化或基站建设。

一、规范化平台、多样化场景（平台架构及模块）

无线网络AI大数据平台提出人工智能技术在4G+/5G及未来融合的无线网络中的应用方案，基于AI+无线网提高无线新技术应用和无线网络演进的效率，推动无线通信服务更好地发展。同时，无线网络AI大数据平台作为实现工具，在TensorFlow、Theano等常见框架的基础上进行算法开发，针对不同的业务场景实现差异化的算法模型。本平台整体架构，如图5-1所示。

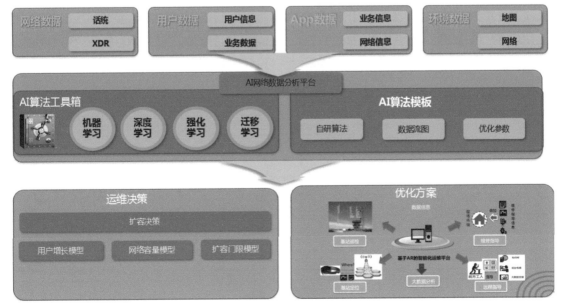

图5-1　整体架构

无线网络传输过程中有大量的测量信息，并且包括大量的终端、业务、用户、网络运维、无线传输性能等大数据。本平台充分利用这些通信大数据，采用机器学习和深度学习等人工智能方法，进行深度挖掘，提高了网络性能和用户感受。为减少人力成本投入，达到自适应各种新型应用的目标，本平台对上万个通信小区不同时间段的网络数据、用户数、App数据和环境数据进行分析整理，对多省市的上千万条数据进行分析，评估各地通信网络的负载、质量及扩容需求。

为更好地实现无线网络AI平台的规范化，平台分为以下六大模块：一是基础的数据存储及获取层，用来快速获取不同格式的数据文件；二是基础数据处理层，用来整合、提取不同维度的数据，并且统一数据格式、为数据脱敏，保证数据的隐私性和安全性；三是中间数据处理层，对基础数据预先处理，并且在中间节点存储已有的数据结果，有助于后续高效处理及快速响应；四是人工智能分析层，也是整个平台的核心层，具有各业务场景的算法模型，并且能根据实际情况灵活调用；五是统一管理层，用来实现用户信息、数据权限的统一管理，实时监控操作日志、程序异常等，对整个AI大数据平台进行系统的管理；六是可视化层将应用层及平台中间步骤的结果利用文字、图表等形式直观显示。

二、提前布局，感知未来（小区容量预测）

随着通信网络的快速发展，高清视频、物联网、行业应用等新业务层出不穷，急速的流量和用户扩张一方面既促进了运营商和网络的高速发展，又给通信网络带来了较大的压力。虽然整体网络负荷相对还不高，但部分热点地区、热点场景已经出现网络利用率快速增长、网络容量接近极限的情况。另一方面，用户对移动业务体验的要求不断提高，网络在满足容量要求的前提下还需要进一步提高用户体验，这也给通信网络的发展带来极大的挑战。运营商需要合理地评估、制订扩容计划。

为了充分利用资源，运营商需要在提升用户网络体验、避免网络拥塞的同时合理分配网络资源。

另外，为保障用户体验，在扩容工作中，需要了解用户业务的发展趋势，提前判断网络扩容的时间点和扩容需求。不仅要考虑当前用户与业务的网络需求，而且要依据历史用户和业务的变化规律预测未来一段时间内网络的需求，提前进行扩容工作的规划布局。为解决网络快速演进与传统运营方式不匹配的问题，向5G网络的智能化的方向发展，项目方案开发了无线网络AI大数据平台，扩容预测部分包括单小区预测和全网预测，利用人工智能算法，根据小区的时间序列网络关键指标，预测未来该指标的变化值，预测结果可应用于5G初期部署和4G网络扩容决策中，具体如图5-2所示。

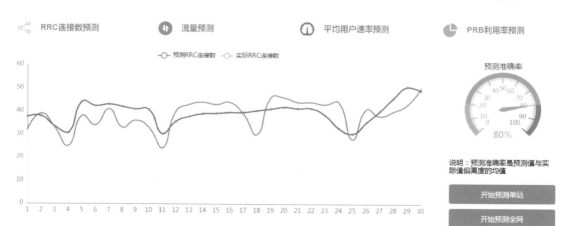

图5-2 扩容预测分析

三、端到端感知用户（用户感知分析）

由于网络新业务的不断出现和用户数据业务需求量的激增，未来通信网络的各层都需要具备智能化和自动化的能力来提升网络的整体性能、网络效率以及维护和运营效率。依托人工智能的机器学习和深度学习能力，该平台可以在海量的运营商网络数据中抽取隐含的关联特征和规则，同时可以通过共性特征的提取总结，找到影响用户网络体验的关键因素，预测用户对网络服务的满意度，为用户提供更个性化的服务，从而增强用户黏性。用户满意度分析部分以用户侧数据和网络侧数据为基础，分析用户群体特征，找出影响用户网络感知评分的关键因素，预测用户对通信网络的满意度，建立用户画像，及时调整网络运营相关方案。

平台聚焦重点地区、重点场景和重点业务，从客户角度感知、分析网络和业务信息，提高面向用户的端到端的运营分析能力，对业务使用过程中的质量和特征进行全方位的分析挖掘。基于AI的用户满意度分析，一方面可以通过特征选择的分析过程，建立用户满意度与多维特征间的关联，发现用户对网络贬损的痛点；另一方面可以通过预测用户满意度，及时帮助运营商网络建设和运行维护部门制定提升用户网络感知的策略，以点带面推动网络不断发展。

无线网络AI大数据平台为制定联通无线网络智能化策略提供技术参考，契合联通以创新为导向的思路，紧紧抓住国家人工智能发展规划以及混改带来的历史性机遇，充分利用混改方的技术、产品、运营实力，促进中国联通向网络智能化、业务个性化、行业应用智慧化和管理智能化转型。无线网络AI大数据平台通过人工智能技术，提高网络规划、建设、维护等的效率，增强网络智能组网、灵活运作、高效支撑业务等能力，降低网络建设维护成本和管理成本，提升用户体验，促进中国联通"智而美"转型的实现。

－特邀点评－

无线网络AI大数据平台以实现人工智能技术在无线网络的应用为目标，针对当前无线网络发展中遇到的网络结构复杂化、业务多样化、用户需求迅速增长等问题，提出了利用机器学习、深度学习等人工智能算法的解决方案。同时将人工智能应用于网络的规划、建设、优化等，以达到降低建设和维护成本、提升用户体验的目的。平台致力结合人工智能和网络能力研究新的服务模式和产品，为用户提供无处不在的、智能化的通信与信息服务，实现智能管道以及流量变现。

——李佳俊　中国联通网络技术研究院专家

无线网络AI大数据平台以大量真实可信的网络数据为驱动，建立能够从业务体验、用户感知、网络质量、网络效率等方面提升网络性能的人工智能平台，是通信系统面对未来各种挑战的良好解决方案。无线大数据和人工智能技术相结合的平台，可为网络本身的管理及网络性能的优化提供智能化和自动化的可能性。

——迟永生　中国联通网络技术研究院副院长

中兴通讯大数据人工智能融合平台uSmart Insight DAP

中兴通讯股份有限公司

－ 应用概述 －

中兴通讯大数据人工智能融合平台uSmart Insight DAP（简称DAP），是构建在 Spark 计算平台之上（也支持 GPU 计算平台），一站式的算法探索与智能应用开发平台，该平台提供了基于 Web 的可视化实验搭建控制台、丰富的通用算子库以及可定制化算子，通过简单的拖曳即完成数据探索和算法模型探索，帮助用户在线快速进行业务应用的算法探索和开发，并完成算法的评估和发布。可视化的机器学习、深度学习和强化学习平台，使得行业专家以及普通用户方便在各自行业中使用AI技术，对用户屏蔽了算法、大数据架构和建模流程的复杂性，方便业务专家和行业客户应用AI技术。

－ 技术突破 －

本平台采用强可视化技术，支持机器学习、深度学习、强化学习，将强化学习应用到参数寻优上，支持大数据集群、云端部署、单机模式。

－技术与应用详细介绍－

一、项目主要内容

1. 提供人工智能三大领域即机器学习、深度学习、强化学习的分析挖掘功能

用户可以方便地将人工智能技术应用到各自的行业。基于浏览器，简单易用的可视化建模流程，将分析挖掘的数据预处理、数据查看、特征工程、各种算法、模型评估、模型发布以可视化的算子方式实现，用户仅需在网页中拖动鼠标即可完成建模与评估的全流程，具体架构如图5-3所示。

2. 为机器学习建模提供丰富的可视化算子

分类、聚类、回归、关联、数据预处理、特征工程、时间序列预测、统计分析、网络优化，支持丰富多样的数据图形化展示算子，支持用户定制开发自定义算子，具体如图5-4所示。

普通用户

业务分析师　软件工程师

支撑团队

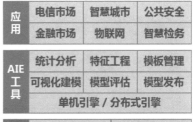

图5-3　架构

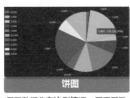

GIS地图
基于经纬度显示数据的KPI指标，支持颜色，用于弱覆盖分析

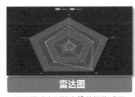

饼图
显示数据分布比例情况，用于显示各类别的占比，判断数据分布

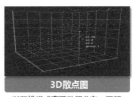

雷达图
不同模式类别的多维数据构成不同形状的雷达图多边形

3D散点图
以三维模式查看数据分布，用颜色标识不同的数据

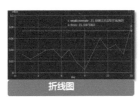

折线图
显示随时间（根据常用比例设置）而变化的连续数据

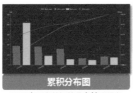

累积分布图
可用来观察数据的分布情况及各分组对应的累积频率

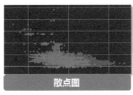

散点图
用两组数据构成多个坐标点，判断两变量之间是否存在关联

相关系数热力图
对输入的表的指定列进行相关性大小的可视化呈现

图5-4　可视化分析

174

3. 支持深度学习和强化学习

支持CNN、RNN、LSTM深度学习网络构建、训练和评估，如LeNet-5、ResNet等卷积神经网络建模、训练、评估，支持集群、单机模式的推理，支持使用GPU进行加速，支持强化学习框架DQN、DDPG。

4. 支持大数据集群模式（支持云端部署）、GPU、单机三种模式，支持小规模、中规模和大规模多种部署方式。

5. 支持模型发布，将训练好的模型上线，用于线上预测，具体如图5-5所示。

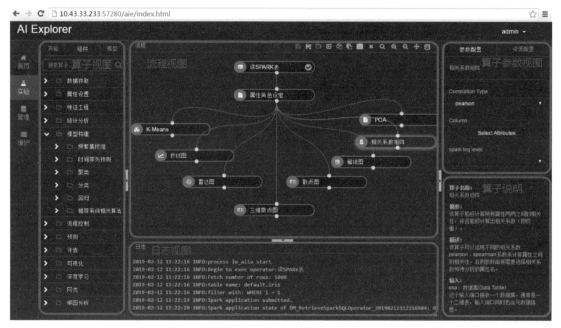

图5-5 建模界面

二、项目先进性

国内外均有可视化建模工具，如Weka、Rapid-Miner、阿里PAI和腾讯。Weka和RapidMiner均需要安装单独的客户端程序才能进行分析挖掘。阿里PAI基于阿里云建设，需要用户将其业务数据上传到平台来使用其分析功能，而数据是用户的核心商务机密，许多企业用户不愿意将数据上传到第三方分析挖掘平台。

中兴通讯大数据人工智能融合平台uSmart Insight DAP集数据探索、模型的构建、训练、评估和发布于一体，并提供基于WEB访问的全流程可视化，支持单机、云化多种部署方式，使企业的业务专家和用户能够快速使用人工智能技术。

三、技术特点

DAP支持机器学习、深度学习和强化学习，并创新性地将强化学习应用到机器学习的参数寻优中，在目前公开资料中还是非常少见的，目前常规的参数调优以人工方式或暴力搜索为主。

DAP除支持大量的机器学习算子外，还提供

了电信行业专用算子，已发布的算子数量超过100。大部分软件只有通用算子，没有专用算子。平台中的中兴通讯深度学习组件，在GPU计算方面做了优化，在单机多卡方面性能提升明显。

DAP支持WEB方式，只要有浏览器即可使用。

DAP支持分布式，支持云端部署，也支持轻量化单机模式，支持基于Hadoop/MR/Spark的大数据技术，利用大数据平台的计算存储能力，进行海量数据的挖掘建模分析。

在中国信息通信研究院的大数据产品数据挖掘2018年年初的测试中，本项目首批通过全部条目的测试，并获得认证。

四、产品特点

在人工智能快速发展的背景下，DAP为用户提供了一个通用化的分析挖掘平台，极大地降低了用户使用人工智能技术的难度，使AI技术从象牙塔走向了普通的用户。基于DAP，用户可以在一个平台完成多种类型的分析挖掘。

DAP支持用户自定义算子，可以为电信、智慧城市、警务的用户提供人工智能技术的支撑。

采用可视化建模模式，将算法封装为可视化的算子，业务专家可以零门槛使用。在模型构建过程中动态检查和提示，及时发现和解决建模过程中的错误。

DAP产品于2015年发布，随后通过了国家软件著作权登记，通过了中国信息通信研究院分析挖掘产品的认证，并在电信项目、客户私有云等项目中应用。

五、项目实施效益

1. 国产替代

国际领先和专用分析挖掘工具如RapidMiner、SAS、SPSS、Weka等均为国外产品，如SAS、SPSS价格昂贵，一般企业无法承受；国内大厂如阿里、腾讯等的分析挖掘产品基于其云平台运行，一些重视数据资产安全的企业，不愿意企业数据上云。DAP填补了这方面的空白，满足了我国企业对分析挖掘产品的应用需求。

2. 电信应用

平台内部提供了电信相关算子，用于电信的网络优化、根告警分析、流量预测、故障预测等方面的分析。随着电信网元种类的增长、电信网络日益复杂，仅依靠传统的人工经验，难以解决日益复杂的网络优化、网络运维问题，DAP为解决这些问题提供了有效的方法。

3. 行业定制

DAP支持用户自定义算子，针对行业特点，进行定制化开发，满足企业需求。

六、市场化及应用情况

1. 电信领域

在电信领域，市场前景广阔，无论是已有网络还是新建网络的运营商，均有强烈和迫切的使用人工智能技术的需求。随着IMS、3G、4G以及当前5G的建设，网元种类迅速增长，网络结构复杂化，用户迫切需要采用人工智能相关技术在网络规划、网络优化、网络运维等方面进行分析和挖掘，以弥补传统手段的不足。如中兴通讯接触的国内多家电信运营商，以及国际的日本某电信公司、印度尼西亚某电信公司等在AI落地方面均有强烈需求。

2. 物联网领域

物联网处于探索和初建期，但分析挖掘功能将是物联网系统的一个重要环节。面对海量接入的终端，在其边缘部署边缘智能分析功能，在中心部署分析功能，可以对全网络或局域网络进行分析，以便挖掘其内在规律。

智慧城市、警务系统、检务系统等领域，在空气质量预测分析、水务分析、案件检索、关系人分析等方面均有需求。

－特邀点评－

大数据、人工智能是目前非常火爆的热门技术和重要趋势，在各行业领域也都有了广泛成熟的应用。两者最终的融合、提供给使用者的，本质上还是分析挖掘的算法应用，而大部分应用场景是直接在算法上的定制开发，阿里等大厂提供的通用建模平台也主要基于云能力的提供，特点是云上载数据、云提供分析能力。但在运营商、中小企业，如隔离网络排障、局部区域数据维护等实际操作中，线下或线上大规模集群的样本训练＋线下小规模（单机）的模型推理，也是重要的场景，在这方面DAP提供了一套集群训练、模型快速输出并兼容单机轻量化部署，是一种比较好的创新方式，值得推荐。同时，DAP智能分析平台在轻量化基础上也率先植入了强化学习等无监督学习建模流程，更好地解决了5G趋势下复杂的基站调优、流量经营等难题，是一种很好的可视化智能解决方案。

——张强　中兴通讯股份有限公司　大数据平台经理

随着大数据与AI技术的发展，横亘在应用开发工程师面前的技术门槛不仅没有变低，反而变得更高。应用工程师不仅要理解庞大的大数据技术栈，还要理解AI技术栈，普通工程师难以胜任。中兴通讯大数据人工智能融合平台uSmart Insight DAP通过构建界面友好的中间层，为应用工程师隐藏大数据与AI的技术细节，减少应用开发成本，并缩短应用开发周期，具备极高的应用价值。

——王德政　中兴通讯股份有限公司　中心研究院总工程师

AI智慧稽核

中国移动广东公司

－ 应用概述 －

中国移动广东公司为响应集团公司集中化的工作思路，实现"IT换人、降本增效"的工作目标，对AI智慧稽核平台进行开发。该平台基于图像分类、物体检测、人脸识别、图像处理等多种AI核心技术，对前台业务办理过程产生的单据和业务数据进行智能化稽核，自动输出稽核的明细项结果数据和稽核判断结果，提升业务稽核的效率，减少稽核人工成本的支出，有效缓解稽核工作出现的问题；且具备业界的大量共性需求，涉及的AI技术面比较广，可以为其他AI应用奠定技术基础，对未来开展其他研究和AI应用的孵化有深远的指导意义。

－ 技术突破 －

AI智慧稽核有两大技术关键突破点：人证比对优化传统人脸识别算法的损失函数，解决年龄变化、采集质量等业界人证比对难题；手写签名鉴真是首个业内逆向思维创新，将签名识别鉴真问题降维简化为图片特征提取比对问题。

- 重要意义 -

1. 多模型应用，由图像分类、文字信息识别、目标检测多种模型形成的AI智慧稽核系统，是AI前沿先进技术的集合。

2. 目前国内外对基础业务单据进行合规性稽核的相关产品和案例较少，该项目具有一定的领先性和独创性。

- 研究机构 -

中国移动广东公司信息系统部AI能力支撑中心

- 技术与应用详细介绍 -

一、突破技术

1. 单据分类技术

图像增强提升模型鲁棒性。深度卷积网络建立图片分类模型，并结合各个分类的概率均值和方差建立判别模型，提升模型准确率。

2. 证件识别

边缘检测算法进行图片矫正。区域检测算法检测关键区域。OCR识别关键信息。

3. 签名检测

局部放大高概率签名区域，提升模型准确率，基于SSD模型检测输出签名位置。

4. 签名笔迹鉴真

双卷积模型识别签名样本与底库照片返回欧氏距离比值。

5. 人证一致比对

MTCNN级联卷积网络检测提取人脸五官特征点，Inception网络结构比对人证欧式距离。

6. SIM卡/套卡物体检测

Mask R-CNN像素级别分割SIM卡/套卡边缘，建立分类器分类SIM卡和套卡。

7. 活体防伪技术

傅立叶频谱分析/微纹理活体检测。

AI支撑中心基于AI技术，实现了多模型组合的AI智慧稽核系统。

（1）单据分类

本项目自主设计了13层的深度神经网络对各类高度相似的业务单据图像进行分类识别，将图片进行角度旋转、对比度增减、左右/上下颠倒等随机变化，增加不相干的图片，提升模型的鲁棒性，通过深度卷积网络建立图片分类模型，并结合各个分类的概率均值和方差建立判别模型，进一步增加模型的准确率。

（2）证件识别

本项目采用SSD技术+特征识别技术+文字识别技术，实现复杂扫描场景下的证件信息读取，通过SSD技术实现对业务单据中各类元素位置的精准提取，利用边缘检测算法，对图片的微倾斜角度（20度以内）进行矫正，以及对背景占比过大的图像进行切边，利用区域检测算法，对身份证的关键字区域进行目标检测，最后将检测到的目标区域图片，采用网络层级更深、精度更高的

Desnet+CTC的OCR算法；在图像增强上，采用Text To Image的生成方式，通过不同的底纹、颜色、字体和旋转、模糊、噪声等图像生成方式，构建一个通用的OCR模型，不仅针对身份证，对其他自然场景也有识别能力，鲁棒性更强。

（3）签名鉴真

本项目将LSTM结合注意力模型实现对业务单据签字库的对比鉴真。分别建立两个卷积模型，识别签名样本与签名库的图形特征，通过不断拉近两个模型提炼出的图片特征点的欧式空间距离对模型进行学习训练，最终通过模型输出的签名特征欧式距离判别是否为签名库中的图片。

（4）人证比对

本项目采用MTCNN进行人脸五官特征点检测，第一步，使用P-Net全卷积网络生成候选窗和边框回归向量，使用非极大值抑制（NMS）合并重叠的候选框。第二步，将通过P-Net的候选窗输入R-Net中，拒绝大部分false的窗口，继续使用Bounding box regression和NMS合并。第三步，使用O-Net输出最终的人脸框和特征点位置，将提出的人脸区域图片使用Incepetion卷积神经网络末端全连接层输出的128个特征映射到欧式空间中，再以Triplet Loss为监督信号，获得网络的损失与梯度进行训练。

（5）活体防伪技术

本项目利用傅立叶频谱分析/微纹理进行活体检测。

（6）SIM卡套卡检测

本项目利用Mask R-cnn算法，对每个候选对象确定一个类标签和一个边界框偏移值，于像素级别进行特征点定位，方便对SIM卡对象以及SIM卡套对象边缘的精确分割；分割后建立分类器对SIM卡类型及SIM套卡分类。

本项目改进传统稽核工作依赖于员工业务经验的模式，通过系统内嵌稽核点，自动罗列每个单据需要进行稽核的业务点，方便稽核人员抽查和审计AI稽核结果数据。通过业务稽核流程嵌入AI智能稽核能力模块，采用人工+AI、在线+离线稽核模式，基于集团的稽核矩阵，目前覆盖开户、补卡、密码重置、身份确认等10项A类业务，稽核通过准确率99.7%，稽核工作量下降88%，客户返厅次数减少0.8%，单据全部当天完成稽核。

二、智能化设计程度

AI智慧稽核智能化设计关键技术点如下。

1. 优化人证一致比对

本项目优化传统人脸识别算法的损失函数，解决年龄变化、光照、设备图像采集质量等业界人证比对难题。我们在移动公司业务场景下进行了等错误接受率测试，对标face++模型正确识别率高1.38%，比谷歌开源官方模型高14.9%，如图5-6所示。

2. 手写签名比对鉴真

（1）采用逆向思维创新，将签名识别鉴真问题降维简化为图片特征提取比对问题，属行业首创。

（2）当前手写签名日均调用1.2万次，算法正确识别率96.43%，错误接受率0.06%，如图5-7所示。

三、市场应用情况

AI智慧稽核应用情况如下。

1. 降低成本

本项目采用AI稽核，广东省每年可节约成本5737万元，集团推广预计可节约成本3.4亿元，如图5-8所示。

180

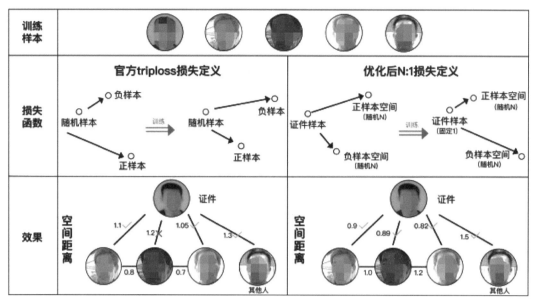

图5-6 优化人证一致比对

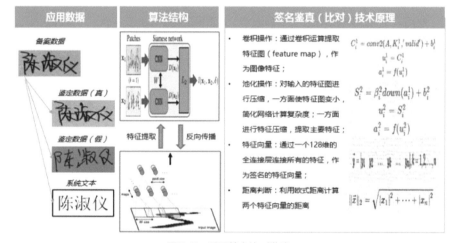

图5-7 手写签名比对鉴真

推广范围	用户数	年均A类业务BOSS工单数	每单AI稽核成本	折合年均AI稽核成本	人工稽核成本	AI稽核辅助节约外包比例	每年节约稽核人工成本	折合每年节约成本
广东	1.5亿	4800万	0.0048元/单	4800万×0.0048元/单≈23万元	1.5元/单	80%	4800万×1.5元/单×80%≈5760万元	5760-23=5737（万元）
集团	9.1亿	2.9亿		2.9亿×0.0048元/次≈139万元			2.9亿×1.5元/单×80%≈34800万元	34800-139=34661（万元）

图5-8 降低成本

2. 提升效率

采用AI稽核，核单速度提升了80%，准确率比人工高出13%，如图5-9所示。

目前，该产品在中国移动集团内获得广泛认可，集团与省各级领导纷纷到广东智能支撑中心进行调研，并对应用的优化方向给予了宝贵的指导意见。该产品已在全集团进行试点推广，集团IT公司、宁夏公司等单位正在接入相关的AI能力。

对比项	人工	AI辅助	提升
核单速度	200笔/人·天	360笔/人·天	80%
风险排查能力	4.1笔/100单	4.85笔/100单	18%
人工成本	100人·天/月	13.8人·天/月	-86.2%

图5-9　提升效率对比

－ 特邀点评 －

AI智慧稽核是中国移动（广东）人工智能能力支撑中心为有效保障业务信息安全而开发的智能稽核工具，于2018年6月上线。该应用以汕头移动作为试用标杆，在广东省内21个地市公司掀起智慧稽核的浪潮，为广东移动稽核工作节约了大量人力，并提升了稽核工作的效率和准确性。

产品通过人工智能技术与稽核业务的紧密对接，颠覆传统的业务稽核模式。后续广东移动将加大研发资源，此案例非常适合作为一个强力发展契机，在其他稽核量大、风险高的业务场景上线智能稽核产品用。同时，产品具备通用的智能稽核能力，可以向金融等高风险行业提供实时在线的智能稽核服务能力，具有良好的市场潜力。

——陈辉　中国移动广东公司信息系统部AI能力支撑中心主任

AI智慧稽核基于AI图像识别技术实现业务单据的识别和关键信息读取，智能化输出稽核判断结果。

该应用改进当前稽核工作依赖于员工业务经验的模式，通过系统内嵌稽核点，系统自动罗列每个单据需要进行稽核的业务点，方便稽核人员抽查和审计AI稽核结果数据，将机器与人工紧密结合，在省内智慧应用的智慧审计模块中，起到了先进示范作用。

——崔志顺　中国移动广东公司信息系统部总经理

云纱——敏感数据保护系统

中国移动通信有限公司研究院

- 应用概述 -

云纱——敏感数据保护系统（以下简称"云纱"）是一款数据安全智能产品，面向电信大数据平台提供敏感数据识别与防护服务。它基于机器学习和神经网络等人工智能算法，实现了敏感数据的精准发现；结合用户权限分析与动静结合扫描技术，实现了算法自适应推荐，完成了高效脱敏。目前，云纱已为中国移动多个省份的 CRM、BOSS、ERP、VOLTE 等系统提供了 7×24 小时不间断的敏感数据实时监控与脱敏服务，解决了电信大数据安全问题，有效保护了业务数据和用户个人隐私数据，推进了数据资源开放共享。

- 技术突破 -

本项目集合大数据处理、自然语言处理、机器学习和神经网络、智能推荐算法等人工智能关键技术。

云纱——敏感数据保护

保护用户隐私 推进数据共享

MRO

VoLTE　财务　家宽

ERP　CRM　BOSS

GN

- 重要意义 -

本项目解决了电信大数据安全问题，7×24小时实时高效保护用户隐私数据，推进数据资源开放共享。

- 研究机构 -

中国移动通信有限公司研究院

- 技术与应用详细介绍 -

一、电信大数据的安全需求

基于网络与业务数据的精细化分析，不仅可以对运营商网络质量、业务质量进行优化，提升用户体验，而且还能极大地丰富移动互联网业务。但是，运营商网络数据与业务数据中包含大量的用户隐私信息，一旦泄露或遭到非法利用，将严重危害用户的隐私和个人信息安全，甚至严重影响国家网络关键基础设施安全。因此，在推进数据资源开放共享的同时，如何保障业务与用户敏感数据安全就成了关键问题。

目前业内对敏感数据识别主要依赖正则表达式、字典匹配和人工梳理的方法，前两者的能力受限于正则表达式和字典的数量、质量，尤其是当正则表达式、字典不完整或字典有误时，会出现精度不高、覆盖率欠佳的情况；后者在大数据情况下，人工梳理周期较长，而且对处理人员的专业素质要求较高。

二、"动静结合"数据精细保护

本项目研究基于AI的敏感数据自动识别和脱敏的算法与工具，制定敏感数据分类分级原则、敏感数据自动发现与抽取、脱敏算法自适应推荐3个步骤，实现数据资源在开放环境中（开发、测试、数据分析等）的精细化保护。

1. 依据行业标准制定分类分级原则

为方便对数据进行统一管理及推广应用，以集团规范为标准，根据数据的内部管理和对外开放场景的特点，数据分为四大类：用户身份相关数据、用户服务内容数据、用户服务衍生数据、企业运营管理数据。按照数据敏感程度，依据预设的泄漏损失特征进行风险计算获得数据分级，分为4级：极敏感级、敏感级、较敏感级、低敏感级。后续，正则表达式、策略集、模型等规则会根据此原则设定分类、分级标签。

2. 动静结合抽取敏感数据

在一个典型的生产环境中，B（业务）、O（操作）、M（管理）3个域中每天有将近200TB的数据等待处理，其中包含数以百万计的敏感数据表和字段，为了快速、准确地进行识别，需结合数据的已有标记，有区分地使用不同的敏感数据发现能力。

本项目提出结构化（数据库字段、固定格式等）和非结构化数据（短信内容、业务内容等）分别对待的"动静结合"机制。静态方式保证准确率，动态方式提高系统发现能力，二者做到"一静一动"相辅相成。在扫描数据库元数据和抽样数据时，结构化数据首先针对静态元数据分析，采用正则、中文模糊匹配、关键词等方式识别敏感数据；非结构化数据和部分元数据不能识别的内容则采用抽样方式，通过人工智能算法构建识别库或识别模型。

电信类的非结构化数据中大部分为短文本数据，

184 如短信。短文本由于字数较少、表达随意等特点，在自然语言分析过程中会带来"数据稀疏""语义鸿沟"等特殊问题，本项目利用自研方法基于子语义空间挖掘敏感规则，如图5-10所示，方法过程如下。

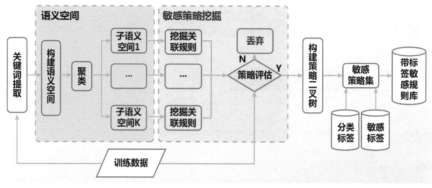

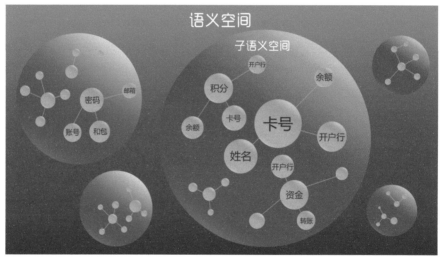

图5-10　基于文本语义敏感规则挖掘算法

（1）**关键词提取**：利用主题词提取算法获得关键词，去除无用词的干扰。

（2）**构建词汇语义空间**：利用词向量扩展更多相近语义的词汇，打破敏感词数量少、提取稀疏数据的能力弱等局限性。

（3）**聚类划分子语义空间**：如果直接挖掘关联规则，不仅存在数据量规模庞大的问题，而且语义空间内的所有词向量并非存在关联关系，容易造成内存溢出和挖掘速度慢等问题，所以采用划分子语义空间实现对大数据的"分而治之"。

（4）**并行挖掘策略**：利用关联规则算法挖掘各子语义空间，生成信度较高的强相关策略，同时推理出更多潜在策略，通过训练数据对策略做评估，丢弃判定力差、误判率高的策略。

（5）**策略合并**：策略规则中存在大量的包含和交叉情况，通过构建和遍历策略二叉树，有效合并形成精简策略集，最后根据分类分级原则形成最终的带有标签的敏感策略库。

上述5个步骤灵活运用机器学习算法，让AI技术为工程服务。

利用正则表达式和上述语义敏感规则能够自动识别80%左右的敏感数据；剩余数据如用户地址信息、口令信息、企业营业信息、个人健康信息等隐私数据和一些分散的敏感信息，利用有限的规则覆盖困难，所以采用卷积神经网络（CNN）训练相对应的模型。

本项目采用正则表达式和语义敏感规则构建敏感规则库，积累了超过30 000条规则，利用CNN网络构建了11个识别模型，敏感数据的发现与识别准确率提升到96%，远高于使用关键词与正则的70%敏感数据的识别能力，而且可对每日的增量数据实时训练模型，扩张能力强。

3. 脱敏算法自适应推荐

遵循脱敏有效性、可配置性、一致性和透明性四项原则，以业务场景、业务需求、适用者作为横向维度，自适应推荐脱敏算法，其中脱敏算法包括加密、格式保留算法（FPE）、重排等可逆算法以及关系映射、偏移取整、散列、随机替换、常量替换、截断、掩码、泛化、K-匿名、差分隐私等不可逆算法，如图5-11所示。

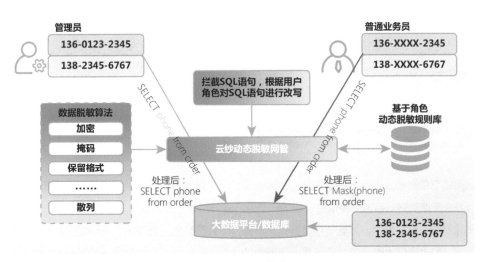

图5-11　脱敏算法

原有的脱敏算法的配置一般靠专家进行，存在两个问题：一是对人员能力要求高，二是不同专家的理解存在偏差。本项目在动态脱敏网关设置对信息类型动态识别并自动推荐脱敏算法，然后由专家进行审核确认，有效避免敏感数据脱敏算法配置过程依赖人的主观判断。自动脱敏算法配置一致、准确、效率高，在不降低敏感数据安全等级的同时，保留原始数据的数据格式和部分属性，确保脱敏后的数据依然可进行数据分析、挖掘、测试等应用，实现敏感隐私数据的可靠保护。

三、项目实施效果

该工具已纳入中国移动通信有限公司研究院自研的数据安全产品"雷池——大数据安全管控平台"，并在4个省市大数据平台系统上线使用，日均处理数据超过800TB，目前已累计识别10万余项涉敏数据信息，避免了大量敏感信息泄露。敏感数据发现周期从按月缩短到按天（24小时以内），系统上线周期约缩短了30%，如图5-12所示。

项目的实施有利于推动国家信息化发展，既响应了"十三五"规划纲要中明确提出的实施国家大数据战略，推进数据资源开放共享要求，又满足了《网络安全法》和公司对数据安全保护的相关要求，具有良好的社会效益。

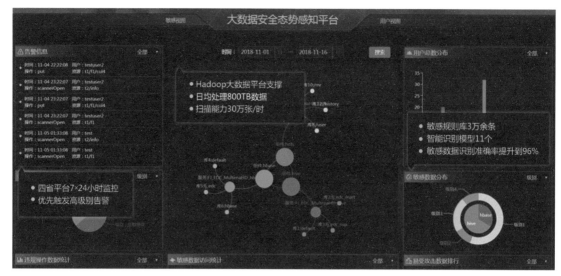

图5-12 大数据安全态势感知平台

－特邀点评－

大数据共享是一把双刃剑，在带来便利的同时也带来了很多安全隐患，如电信大数据无论对运营商还是互联网而言无疑具有很高的商用价值（如用户画像、业务推荐、人群分析等），但电信数据的分析和应用也将越来越复杂、难于管理，尤其一旦遭到非法泄露，个人隐私将无处遁形，所以如何在高效保护用户隐私的前提下，推进电信大数据的共享将是一个很大的挑战。云纱——敏感数据保护系统利用大数据和机器学习、深度学习等人工智能技术，面向电信大数据平台提供敏感数据识别与防护服务，从敏感数据分类分级、自动抽取、脱敏算法推荐3个步骤打造一个闭环全自动系统。云纱是利用人工智能技术对电信大数据保护的初步探索，更重要的是可以从电信大数据治理中汲取更多的经验，从而加快全国各行业大数据的开放共享进程，推动国家大数据战略的实施。

——杜跃进　阿里巴巴集团安全部副总裁

大数据时代数据的价值得到了业界的高度认同。数据如何在一个多边的、复杂的环境里共享与应用，充分发挥其价值，同时保证其安全性，是一个对大数据应用的核心诉求。作为数据安全保护的第一步就是需要在海量、动态变化的数据集里面识别出敏感数据，人工智能可以在这个领域进行创新尝试。本案例针对电信大数据，利用人工智能技术实现自动发现敏感数据，并结合脱敏算法形成一套云纱系统，利用人工智能技术准确、高效地识别敏感数据，有利于数据的分享、应用和价值提升。

——杨志强　中国移动研究院副院长

基于 AI 的互联网网络管理系统

中国联合网络通信有限公司广东省分公司

－ 应用概述 －

基于 AI 的互联网网络管理系统（简称 AiMS 系统）从主动监控预警、网络割接管理两个方面提供智能化、自动化的支撑手段，通过引入机器学习算法，构建了多维度业务指标预测模型，实现了黄金指标的主动异常识别与检测，同时基于多方网络数据，构建"互联网业务数据湖"，在主动发现异常并预警的基础上，行业首创引用 AI 技术，通过割接场景数字化、流程编排自助化、割接操作原子化、割接验证智能化，打造松耦合的基于 AI 的智能运维平台，实现了网络割接自动化、智能化的闭环管理，解决了日常维护中人工操作易出错、验证复杂且无法发现隐性风险、耗时长、效率低等问题。

－ 技术突破 －

本系统基于机器学习算法实现网络异常主动识别及故障定因，引入 AI 技术实现网络割接无人化和智能化的闭环管理。

- 重要意义 -

本系统从智慧监控和智能割接两个方面解决人工操作易出错、验证复杂且无法发现隐性风险、耗时长、效率低等问题。

- 研究机构 -

中国联合网络通信有限公司广东省分公司

- 技术与应用详细介绍 -

一、前言

运营商互联网日常维护存在两大痛点：一是网络复杂，网络故障频繁且多为被动发现，故障历时长、客户感知差，事先预警及主动维护手段不足；二是网络割接操作量居高不下，耗时耗力，管理难度与成本越来越高，且人工操作不慎极易引起网络故障。基于AI的互联网网管系统通过引入大数据、AI等新技术解决此类问题，在识别网络业务异常和隐患排查的同时，结合对业务割接流程的灵活编排，实现网络割接自动化、智能化。

二、AI技术的引入

在AI技术日益繁荣的今天，通过引入AI技术改变运维工作方式，促使传统运维向AI运维转变的整体趋势不可阻挡，面对数据量巨大、流程烦琐的工作，交由AI处理是最佳选择。也唯有如此，才能形成更好的用户体验、更强的交付能力和业务支撑能力。

基于AI的互联网网络管理系统从主动监控预警、网络割接管理两个方面提供智能化与自动化的支撑手段，主要包括智慧监控、智能割接任务中心、编排中心、决策管理、能力中心、基础管理等功能。系统架构如图5-13所示。

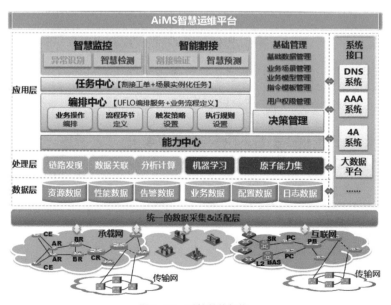

图5-13　系统总体架构

1. 智慧监控

传统运维模式的故障预测难度大且迭代周期长，通过引入机器学习算法，以现有系统数据为支撑，建立自动更新的业务数据预测模型，提取实时数据的特征，作为样本输入模型。然后，机器学习模型主动识别数据异常并预警，利用现有系统数据之间的关联，引入决策树分析模型，实现智能化故障定因，大幅提升运营效率、数据规模和计算准确率。

2. 基于机器学习的异常识别

系统预置"线性回归算法""移动加权平均算法""Arima算法"等多种机器学习模型对网络及业务数据异常进行主动监测，其主要功能特点如下。

（1）可快速适配不同的业务场景，通过数据预处理、算法模型的选择，可针对不同业务场景预测未来趋势走向。

（2）可灵活设置阈值并自动调度，根据设置的算法模型及预警门限进行定期任务调度并计算，当预测值与实际值偏差超过预警阈值时，进行主动预警。

（3）同一业务可同时设置多种机器学习算法及参数：如同比数据的预测使用线性回归算法，环比数据的预测使用Arima算法。机器学习模型如图5-14所示。

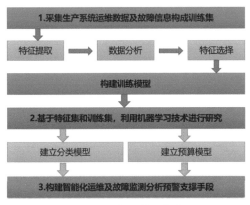

图5-14　机器学习模型

以互联网中继器或用户端口流量为例，在传统

网络监控中，流量的突增或突降是无感知的。引入机器学习预测模型后，将端口的历史数据作为样本数据并引入Arima算法模型对未来流量进行预测，系统主动监测模型预测值与实际值偏差，如果偏差幅度过大则认为异常并预警。

3. 基于决策树的故障定因

在系统主动发现异常并预警的基础上，利用数据之间的关联，引入决策树分析模型，进行故障定因并直观呈现，减少排查工作量。

（1）以现有系统数据为基础，识别业务所承载的设备/板卡/端口/Trunk链路的业务归属关系。

（2）分析监测用户业务特征指标（如流量）主动监测并识别异常发生时间点或时间段。

（3）通过异常时间点或时间段，利用决策树分析模型进行故障定因，并提供详细的诊断分析记录，如基于关联数据自动分析的各种性能指标、告警关联、配置变更、设备操作日志等。

4. 智能割接

智能割接由任务中心、编排中心、决策管理、能力中心等功能模块组成，系统基于工作流引擎，针对不同业务场景实现"拖拉拽"式的灵活编排与原子化，原子能力可灵活调用并按流程自动执行，割接操作可通过SDN控制器实现指令下发，割接后引入AI预测判断业务是否恢复，同时也可调用自动化探针进行业务拨测验证，分场景实现割接自动化。各项割接任务执行过程可集中动态呈现，区分执行状态及执行结果实时显示红灯、绿灯，无须人工介入。

5. 主要功能特点

（1）**割接场景数字化：**可自动收集割接前、割接中、割接后的网络性能指标及业务参数指标，网络割接全过程自动执行。

（2）**割接操作原子化：**将传统割接操作分解为多个原子，每个原子完成特定任务，各原子按某种方式灵活组装形成一个整体，实现各类场景割接所需的功能。

（3）流程编排自助化： 基于工作流引擎对业务场景及割接流程进行自助编排和定义，在系统上通过"拖拉拽"原子块即可完成割接场景的编排与开发，快速适用于多种割接场景，实现割接流程操作自动化。

（4）割接验证智能化： 打通现有数据烟囱式孤立的局面，引入AI预测算法对割接验证指标进行验证，为割接验证提供强有力的依据；同时基于AI自主学习生成偏差模型，实现实际值与预测值的精确告警；通过引入决策树算法，快速准确定位故障原因。

图5-15为在执行中的割接场景流程。

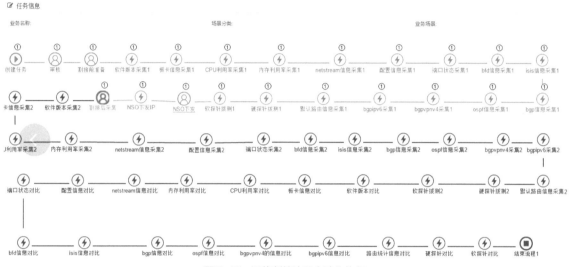

图5-15　网络割接流程自动化执行

同样，割接前采集监测指标、割接中SDN控制器下发、割接后验证及对比指标等各类操作都可以作为原子能力被自动化割接流程调用，在业务验证阶段可通过决策中心割接验证（指令参数验证+探针拨测验证+AI验证）判断割接是否需人工介入，割接完成后自动生成割接报告。

针对割接验证环节，可通过AI算法模型的流量预测，识别割接异常。如流量预测与实际值的误差在20%以内，可以认为是割接正常；反之，认为是割接异常，需人工介入。预测结果异常的流量模型如图5-16所示。

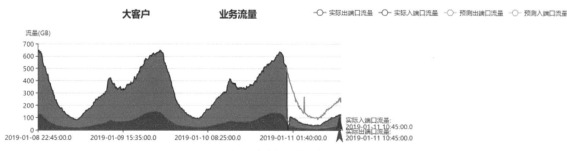

图5-16　AI算法发现某大客户流量异常

从图5-16可知，割接开始时，流量出现突降且幅度很大，说明割接对此设备的流量影响很大；

割接完成一段时间后（一般设置凌晨3点），预测流量偏差超过20%，说明业务流量没有恢复，此时需人工介入查看异常定因，避免割接引起故障。

三、运维模式的变革

传统运维模式下，大量的人力、物力都消耗在不断地重复无序的劳动中，无法形成有效的支撑能力。AI带来的运维模式变革，让运维团队面对数据量巨大、流程烦琐的运维工作更加得心应手。广东联通基于AI的互联网网络管理系统引用AI技术实现网络主动异常识别与网络割接自动化，解决了割接工作人工操作容易出错、验证复杂且无法发现隐性风险、耗时长、效率低等问题。

1. 大幅提升主动维护水平

提供多种机器学习模型预置并灵活选择，适配多场景的多维度业务指标预测，实现黄金指标智能化的主动异常识别与异常根因检测分析。

2. 大幅降低系统投资成本

提升智慧运维管理能力，预计投资仅为原维护模式投资的1/3。

3. 大幅降低割接人力成本

传统运维中网络割接操作平均每单割接4~5小时，系统实施后，平均每单割接缩短至50分钟之内，割接人力资源成本降低60%。

4. 大幅降低割接故障率

系统上线运行后未出现因割接引起的严重故障，远低于同行业因割接引起的故障比率。

5. 大幅提高资源利用率

通过与大数据平台进行交互，实现低成本、高效率的大规模数据存储和数据处理及数据共享。

6. 大幅提升割接成功率

系统实施后，平均割接准确率提升20%，割接成功率提高30%。

7. 具备高可用及高扩展性

提供统一规范的接口，业务能力较强的人均可参与原子能力的迭代开发，可通过灵活的流程编排快速适配并满足不同割接场景要求，对已具备的原子化能力，跨专业或跨域均可大范围应用和推广，大大优于同行业割接封闭系统。

四、未来的发展

相关数据显示，中国企业IT运维已是千亿元市场，并以16%的复合年均增长率高速增长，预计到2020年将达近万亿元的市场规模。广东联通基于AI的互联网网络管理系统已实现互联网、承载网、分组网中上百个业务场景的智能化异常识别及互联网运维中两大主要割接场景无人化，目前每周可应用割接流程约24个，节约120小时。后续互联网专业超过80%的割接场景将基于此系统实现自动化操作，同时可拓展到承载网、IPRAN、分组网等IP设备，具备非常好的推广复制性，场景编排和原子集可跨专业调用，实现互联网、承载网、分组网和传输回送网等业务割接与监控原子共享，系统架构设计和原子能力可在全行业或集团内部推广。同时，基于AI技术在运维的应用探索，亦可广泛适用于IT监控，应用性能管理、外网监控、日志分析，系统安全等方面。

－特邀点评－

广东联通网络规模与业务规模保持高速增长的同时，带来维护量的迅猛增长，如何有效减少网络维护的人工成本，提高网络维护的效率与效益成为挑战。基于AI的互联网网络管理系统在业务监控和业务割接

192

模式方法上探索创新，做了积极并且有效的实践，实现了 AI 网络异常主动识别和网络割接的自动化、智能化，顺应传统运维模式向 AIOps 智能运维模式转变的趋势，形成更好的用户体验、更强的交付能力和业务支撑能力。

——叶晓斌　中国联合网络通信有限公司广东省分公司专家人才、技术总监

基于 AI 的家宽装维质量管控系统研发及应用

中国移动通信集团有限公司网络部、中移（杭州）信息技术有限公司

－ 应用概述 －

基于AI的家宽装维质量管控系统采用图像识别、语音识别、OCR文字识别、深度学习等新型人工智能技术，构建智能化质检手段，基于家庭宽带安装维护过程中采集的照片和录音文件进行识别分析，对安装过程是否规范、安装结果是否合格等整体质量进行实时检测与反馈，有效提高了装维效率，降低了人工成本，同时能够大幅提高末端资源利用效率，避免无效的布线、扩容等重复建设。在提升哑资源管理能力、提高客户服务质量、树立中国移动精品宽带品牌、提升整个公司形象、避免浪费等方面都有着重要价值。

－ 技术突破 －

本项目集合了多模型融合图像识别算法等关键技术。

- 重要意义 -

本项目有效提升了装维效率，减少了人工成本，提高了资源数据准确率；建立了主动发现问题的手段，缩短了整改周期，减少了用户投诉；大幅提高末端资源利用效率，避免无效的布线、扩容等重复建设；提升家庭宽带品质和用户满意度。

- 研究机构 -

中国移动通信集团有限公司网络部
中移（杭州）信息技术有限公司

- 技术与应用详细介绍 -

一、需求背景

中国移动已成为宽带业务的第一大运营商，提升家庭宽带品质，从低价获客向品质获客过渡，是保有存量用户、长期持续发展的关键。家宽装维的质量及用户体验对占领市场起着决定作用，如下几点问题是影响装维工作质量的重要因素。

一是装机质量和资源数据准确性对及时扩容、提升装维效率、提升用户感知至关重要，而家宽ODN属于无源光网络（哑资源），缺乏有效管控手段。

二是当前家宽装维工单的质检工作普遍采用人工抽查方式进行，需要大量人力进行重复性劳作，存在覆盖率低、延时长、效率低、成本高、结果不可靠等问题，如图5-17所示。

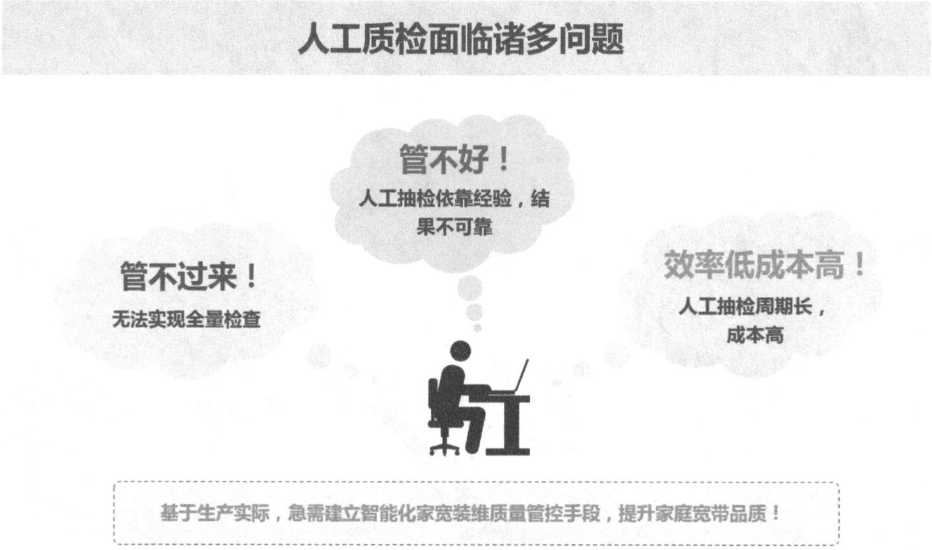

人工质检面临诸多问题

管不好！
人工抽检依靠经验，结果不可靠

管不过来！
无法实现全量检查

效率低成本高！
人工抽检周期长，成本高

基于生产实际，急需建立智能化家宽装维质量管控手段，提升家庭宽带品质！

图5-17　人工质检面临的问题

三是当前运营商了解家宽问题主要依赖用户投诉，缺少主动发现问题的手段，从用户投诉到装维二次上门的整改过程周期长。

当前人工智能还处于弱人工智能阶段，其最大优势在于对标准化信息的收集和处理，以及在相对固定的专业领域的学习能力和执行效率，最适合用于开发替代机械重复性的工作。而家宽装维领域的质检工作恰恰是这种高强度大批量的机械工作，且

该领域具备大量的图片、语音等非结构化历史数据，通过深度学习、计算机视觉和语音识别等人工智能技术构建智能化的质量管控手段，运营商能够有效提升装维效率，减少人工成本，建立主动发现问题的手段，改变资源整治"前治后乱"的循环。

二、产品介绍

基于人工智能的家宽装维质量管控系统采用图像识别、语音识别、OCR文字识别、深度学习等新型人工智能技术，构建智能化质检手段，基于家庭宽带安装维护过程中采集的照片、录音文件进行识别分析，对安装过程是否规范、安装结果是否合格等整体质量进行实时检测与反馈。经大规模样本标注与模型训练，图片质检已支持对分光器尾纤标签、端口准确性、施工工艺、施工环境等质检点

自动检测，语音质检已支持对服务敬语、服务忌语、预约时间等质检点自动检测。通过AI代替人工，不仅提高了装维效率，节省了人力成本，提升了服务品质，还从根本上改变了问题资源数据的采集渠道，使数据收集反馈具备了"实时性"和"全面性"两个关键能力，实现了"哑资源"的"准监控"，改变了资源整治"前治后乱"的循环，实现了资源质量的"自愈"式管理。

三、技术特点

基于人工智能的家宽装维质量管控系统属行业首创，是人工智能技术面向网络运维管理领域的有效切入点，项目成果在模型算法、技术应用、机制能力等方面实现了多维度创新。

1. 多模型融合算法提升图像识别准确率

家宽装维过程中采集的图片存在场景多、目标杂、质差大等特点，非常影响图片的识别率与准确率。产品基于Tensorflow、Torch、Keras等开源深度学习框架，创新性地采用了包括场景分类、无效图片过滤、目标检测、语义分割、文本识别、二维码识别等多模型组合的融合算法，有效区分了图片拍摄场景，避免了自动定位模糊、拍摄距离过远、拍摄内容不完整等无法识别问题，极大地提升了图片识别率与准确率。

2. 通过端口变化分析支撑网络规划建设

本项目基于时序分析端口占用情况与占用率的变化，感知分区域的宽带业务发展状况，实现精细

化扩容，提升网络建设和市场预测的准确性。

3. 语音识别"精准化""标准化""可视化"

本项目结合长语音转写（Long Form ASR）及自然语言处理（NLP）技术，实现单一信源活者分离、预约日期时间智能识别、优化录音回放体验等功能，以达到定位精准、输出标准、结果可视的效果。

4. 建立监督学习机制，赋予AI生命力

本项目建立监督学习机制，让AI能够通过现网数据不断优化提升。一方面，通过对照片、录音等数据采集规范性进行人工抽检，不断改进和推行数据采集规范、预约话术规范、装维人员施工规范等来规范施工过程，优化采集数据，提升识别率。另一方面，通过对机器识别结果准确性进行人工抽检，对识别不准确的图片、录音等进行分类标注后，通过深度学习技术不断优化模型，提升准确率。

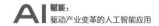

5. 打造"哑资源"的自愈能力

本项目通过图像识别的资源数据采集方式，数据收集反馈具备了"实时性"和"全面性"两个关键能力，实现了"哑资源"的"准监控"，改变了资源整治"前治后乱"的循环，配合实时勘误流程实现了资源质量的"自愈"式管理。资源质量的提升带来运维效率的大幅提升。

四、应用情况

基于人工智能的家宽装维质量管控系统已在全国各省落地商用，通过对资源的全面核查，有效提升了资源数据准确率，提高了装维效率。同时能够大幅提高末端资源利用效率，避免无效的布线、扩容等重复建设。这对提升哑资源管理能力，提高客户服务质量，树立中国移动精品宽带品牌，提升整个公司形象，避免浪费等都有重要价值。

本项目研究成果具备良好的适用性，除家宽装维领域外，后续可向传输、政企等领域延伸拓展。

在家宽领域，本项目可向智能组网、智能家居等安装服务延伸，对设备安装布放位置、施工工艺等进行检测。

在传输领域，本项目可将人工智能技术应用于入网审核时的重复性和机械性工作，提高资源入网的效率与资源数据的准确性。

在政企领域，本项目可通过物联网摄像头自动采集电表、水表、燃气表等表具读数照片，自动识别表具读数，实现能源稽核管理。

－特邀点评－

家庭宽带业务的发展已由"高速度"向"高质量"转型，基于人工智能的家宽装维质量管控系统，通过图像识别、语音识别、机器学习等AI人工智能技术，构建了家客智能化质检手段，有效降低了人工成本，缩短了问题整改周期，提升了资源准确率，取得了降本、增效、提质的成效。研究成果未来可向智能运维、智能监控、网络优化等场景延伸拓展。

——任志强　中国移动通信集团有限公司网络部国际及集客业务支撑处副经理

人工智能作为一项重要的战略性技术，近年来在金融、电商、安防、医疗、自动驾驶等领域得到了广泛的应用，运营商也在不断结合自身优势积极探索和实践。海量的数据及自身特有的业务场景是运营商切入人工智能领域的主要优势。结合这些优势，运营商可以实现自身业务的智能化，提升管理水平和管理效率，不断积累，逐步拓展，构建人工智能生态圈，提供通信、工业、医疗、金融、教育等领域的解决方案，促进企业转型升级，推动步入人工智能赋能新时代。

——顾宁伦　中国移动通信集团有限公司网络部副总经理

基于 AI 的僵尸网络 C&C 主机检测

中国移动通信有限公司研究院、中国移动通信集团福建有限公司

— 应用概述 —

近年来，随着物联网技术的快速发展，智能终端的数量急剧增加，僵尸网络活动也越来越猖獗。2016年，Mirai 僵尸网络攻击导致美国大面积断网，其变种导致有史以来最大的 1.5T 的 DDoS 攻击；2017年，新型物联网僵尸网络使全球上百万家企业受到影响。不法分子可利用僵尸网络发起包括 DDoS（分布式拒绝服务攻击）、薅羊毛、刷票、挖矿等各种攻击。僵尸网络的 C&C（Command and Control）主机（主控端）是整个僵尸网络的发号施令者，只要实现对 C&C 主机的治理，整个僵尸网络将不攻自破，但为了躲避检测，僵尸网络 C&C 主机演变出各种逃逸方法，使治理变得困难重重。在此背景下，本文提出了基于人工智能的僵尸网络检测技术，实现了僵尸网络 C&C 主机域名的主动检测及新出现的僵尸网络 C&C 主机域名的智能预测，并通过联动处置与溯源处置实现了 C&C 主机域名的治理及受控设备的预警，解决了僵尸网络主动检测难及处置不及时的问题，实际治理效果明显。

— 技术突破 —

本成果通过基于多维域名特征的人工智能检测算法，实现了僵尸网络检测从被动分析到主动发现的转变，提高了检测的准确性和及时性。

- 重要意义 -

本成果通过对C&C主机的主动治理，实现了对整个僵尸网络黑产链条的治理，从而解决了由僵尸网络引发的DDoS、薅羊毛、刷票等恶意行为的治理问题，净化了网络空间。

- 研究机构 -

中国移动通信有限公司研究院
中国移动通信集团福建有限公司

- 技术与应用详细介绍 -

随着物联网技术的快速发展，智能终端的数量急剧增加，部分智能终端的安全防护措施较弱，极易受到攻击并被感染成为僵尸网络的受控设备，随着受控设备的增多，僵尸网络的规模不断壮大，其带来的危害也越来越大。不法分子利用僵尸网络可发起多种非法活动，如DDoS引发恶意攻击与竞争、薅羊毛损害平台利益、刷票影响网络秩序等，以上非法活动除了会对被攻击对象产生影响，还会对全网网络质量产生影响。通过检测发现僵尸网络C&C主机，阻断受控设备与C&C主机的通信，阻止受控设备发起攻击，可以减少以上威胁的发生，净化网络空间。

一、僵尸网络检测困难重重

僵尸网络的核心是主控端C&C主机，其负责对僵尸网络的受控设备进行控制并发送非法攻击命令，所以只要检测发现僵尸网络的C&C主机并阻断被控设备与其通信，就可以实现对整个僵尸网络的检测治理。但是，在僵尸网络的发展演变过程中，C&C主机为了逃避检测，由传统的单一IP、单一域名、多个域名模式，逐渐产生了Flux、Double Flux及DGA等逃避检测技术，同时也出现了去中心化的僵尸网络、集中与去中心化相结合的混合僵尸网络。僵尸网络C&C主机域名的频繁变化和短暂的生存周期，使僵尸网络C&C主机的主动检测与治理变得困难重重。

二、人工智能带来的技术突破

传统检测僵尸网络C&C主机域名的方法为逆向分析法及黑名单匹配法，需要大量的人工参与和时间消耗，且检测过程十分被动，面对变化多端的僵尸网络，检测时效往往滞后于僵尸网络C&C主机域名的变化。人工智能的出现填补了僵尸网络C&C主机主动检测的空白，本成果将人工智能技术应用于僵尸网络检测，通过对已知僵尸网络域名的学习实现对未知C&C主机域名的检测，能主动发现网络中的新型C&C主机域名，突破了传统的只能通过逆向或黑名单匹配检测C&C主机域名的局限，使C&C主机域名的检测效率大幅提升。通过引入人工智能技术并对模型进行优化，最终僵尸网络C&C主机域名检测准确率达99.38%，误报率0.28%，漏报率2.25%，实现了僵尸网络C&C主机的精准检测。基于人工智能的僵尸网络C&C主机检测工作流程，如图5-18所示。

本成果一方面提取域名的特征，采用有监督的机器学习算法，可实现对已存在僵尸网络域名的精确检测；另一方面基于已发现的僵尸网络域名进行数据挖掘，采用无监督学习方法（聚类），可实现对未知僵尸网络域名的提前发现。

僵尸网络域名的特征多变，不同类型的僵尸

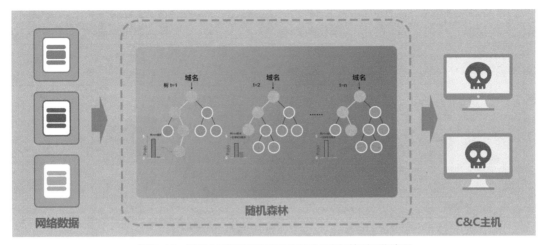

图 5-18　基于人工智能的僵尸网络 C&C 主机检测工作流程

网络域名和不同病毒家族的僵尸网络域名的特征不尽相同，在检测方法不断升级的同时僵尸网络域名的逃避手段也在发生变化，隐藏特征的方法层出不穷，欲在模型训练阶段将僵尸网络域名所有类型的特征都覆盖并非易事，为了达到最优的检测准确率，本成果对检测模型进行了多次调优。首先，通过对比支持向量机（SVM）、极端随机树（ET）、随机森林（RF）等多种机器学习算法，最终选择随机森林作为僵尸网络 C&C 域名检测算法。其次，基于正常域名与 C&C 域名的可能差异，选取域名熵、元音、辅音、数字、字母概率（n-gram）等多个特征，建立了僵尸网络 C&C 域名机器学习检测模型。再次，从训练数据、特征数量、模型参数3个方面对模型进行优化（训练数据从最初178万个扩充至1141万个，特征数量从最初17个逐渐增加至71个，模型参数从最初30棵决策树拓展至300棵决策树），确保了人工智能算法的查准率和查全率。经过优化，系统检测准确率由88.23%提高至99.38%，误报率从13.51%降至0.28%，漏

报率从10.16%降至2.25%。最后，在现网进行试点，使用机器学习模型对网络数据进行检测，发现疑似僵尸网络 C&C 域名，并根据僵尸网络活动特点，统计访问疑似僵尸网络 C&C 域名的 IP 数量及访问时间，实现对僵尸网络 C&C 域名的确认。部分 C&C 主机域名与正常域名的特征向量建模对比数据，如图5-19所示。

在预测方面，本成果基于域名关联关系，使用已确认的僵尸网络域名，通过 IP 和域名距离聚类，实现了对未知僵尸网络域名的预测，解决了僵尸网络域名发现滞后的问题。在数据选取上，根据被控设备访问僵尸网络 C&C 主机的活动特性，基于访问 IP 数对不存活的域名进行筛选。在算法选择时，首先对多种聚类算法如 Levenshtein、Kmeans、Dbscan 以及 Python 包下的 SequenceMatcher方法等进行横向比较，其次对同一算法在不同相似度下的聚类效果进行纵向对比，最后选择相似度为0.6的 Levenshtein 作为聚类算法。聚类效果如图5-20所示。

三、检测、处置一体化

本成果集数据采集、智能分析与挖掘、溯源与处置三部分为一体，构建了一套针对僵尸网络从检测到溯源处置的完整防御系统。在联动处置方面，对检测发现的僵尸网络 C&C 主机域名，通过与网

关等设备联动进行处置。在溯源处置方面，根据僵尸网络通信数据，从中溯源查找请求主机的地址，确认受控设备，并对其进行预警。本成果通过集成检测装置、联动处置与溯源处置，实现了僵尸网络

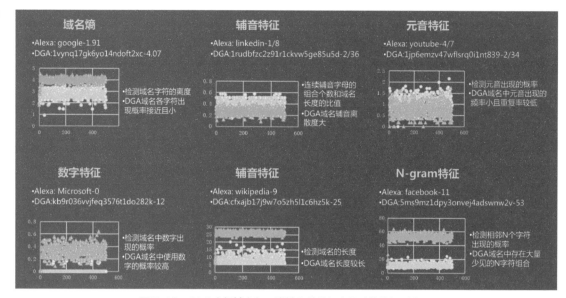

图5-19　C&C主机域名与正常域名的特征向量建模数据对比图

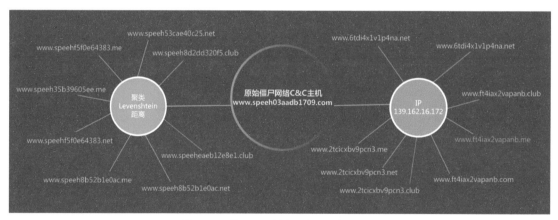

图5-20　基于IP和域名距离的聚类效果图

的监测和处置的闭环管理，保护了网络资源，净化了网络空间。

四、应用与成效

本成果联合福建移动进行验证和应用，已成功对网络中的僵尸网络域名进行拦截，并在第一时间发现僵尸网络受控设备，平均每天检测发现僵尸网络域名请求超12000次，涉及域名200多个（包括存活与不存活的域名），累计处置域名2000个，累计发现网内3000多台客户主机出现访问C&C服务器的行为，僵尸网络检测与治理效果显著。

－特邀点评－

近年来，人工智能技术发展迅速，给各行各业带来了前所未有的机遇，但同时也带来了巨大的挑战。挑战之一是各行各业能否在适合的环节恰当地引入人工智能技术解决其领域特有的问题，从而提高生产效率。基于AI的僵尸网络C&C主机检测项目通过对比找到最佳的机器学习算法并通过优化使算法准确度达到最优，在海量网络数据中精准发现僵尸网络C&C主机域名，大大提高了僵尸网络检测处置的效率，是人工智能技术在网络安全领域一次很好的实践，可供其他行业引入人工智能技术解决其领域问题的参考。

——陶小峰　北京邮电大学网络空间安全学院执行院长、
移动互联网安全技术国家工程实验室主任

与互联网的高速发展相伴而生的网络安全形势日益严峻，并且网络安全已上升到国家层面的高度。中国移动作为基础网络运营商，一方面，保障网络与信息安全是自身的责任；另一方面，在网络运营中发挥基础网络数据作用来研究安全技术也具有独到的优势。本案例基于网络数据和人工智能技术，对僵尸网络控制主机进行检测，从而进一步消除僵尸网络攻击对信息服务带来的影响，就是一次很好的实践，具备良好的示范效应。

——杨志强　中国移动通信研究院副院长

基于AI的面向无线的多维多域多专业故障自动定因系统

中国联合网络通信有限公司广东省分公司

－ 应用概述 －

移动网业务是运营商的收入重点，也是网络保障的重点。然而在移动网业务故障中，由于端到端涉及网络层级过多、网络结构复杂，故障的定位分析需要较长时间，进而影响移动网业务的感知体验。本项目基于人工智能算法，对无线网、核心网、传输、动力等多专业产生的告警、日志、KPI等多维数据进行机器学习，利用回归、聚类、随机森林、时间序列、因果分析等算法模型，实现异常事件的自动发现和自动根因定位，进而为无人维护值守提供辅助决策。

－ 技术突破 －

本项目从数据特征工程阶段开始，进行特征清洗、特征降维，采用图计算、随机森林、RNN、文本相似性分析等多类算法进行故障事件的聚类与因果性分析。由于实现了多维度的数据来源，准确度相比传统的时间与文本关联性方法提升40%以上。

–重要意义–

本方案主要解决运营商故障在跨专业、跨域情况下自动根因定位的问题，引入多维度数据信息，运用特征工程、多种机器学习算法，研究实时故障信息处理，对未来推进运营商无人值守有很大的指导作用。

–研究机构–

中国联合网络通信有限公司广东省分公司

–技术与应用详细介绍–

一、前言

无线移动网业务是运营商收入的重要来源，主要承载3G和4G用户的无线移动网，对网络稳定、高速、可靠的要求更敏感，在移动网业务故障中，由于端到端涉及的网络层级过多、网络结构复杂，故障的定位分析需要较长时间，进而影响移动网业务的感知体验。本项目引入人工智能算法，可实现故障的快速定位。

二、AI技术的引入

云系统中的不同过程往往错综复杂地交织在一起，告警事件可能是在不同的过程中产生的，导致告警事件之间既有空间依赖关系，即节点A产生的告警事件E_1与节点B产生的E_2具有依赖关系；又有时间依赖关系，即节点A在T_1时刻产生的事件E_1与在T_2产生的事件E_2具有依赖关系，如图5-21所示。

告警事件进行时空关联分析，最终获得事件之间的影响关系图。

图5-22展示了告警事件的时空依赖关系的计算流程，整个分析流程主要包括事件聚合、事件编码、二值化处理、事件序列化、概率模型（统计因果）、因果聚合（时序因果）、告警事件压缩及根因定位。

1. 事件聚合

告警事件的发生没有周期性和规律性，事件发生的时间间隔具有随机性，而且事件是由不同的进程产生的，为了进行后续的因果分析，需要将不同事件按照时间线对齐，并且按照特定时间间隔等（如1分钟）聚合事件，在同一间隔内如果同一种事件发生多次则合并记为1次。

2. 事件编码

本项目将每种事件抽象为一个时序变量。但是，告警事件的告警内容一般由自然语言构成，分

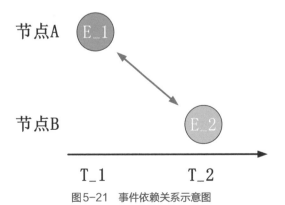

图5-21　事件依赖关系示意图

因此，本项目利用统计因果和时态因果方法对

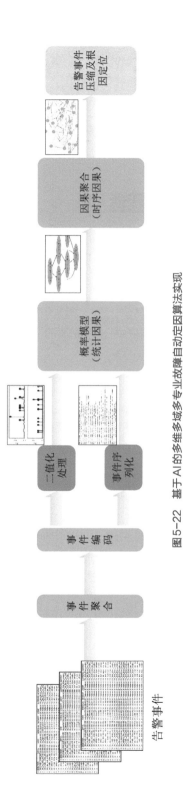

图5-22　基于AI的多维多域多专业故障自动定因算法实现

析起来比较困难，为了区分不同的告警，需要对告警进行简化编码，本项目采用字典映射的方式，用唯一的ID对应每种告警事件，如将"某小区不可用告警"编号为A1。

3. 二值化处理和序列化

将告警事件编码后，按照时间等间距展开。一个事件如果在某个间隔内发生记为1，如果没有发生记为0。经过二值化后，事件序列变为规则化的二值矩阵，用于进行统计因果分析。本项目拟采用LSTM挖掘告警事件之间的时态因果关系。LSTM需要输入一串事件序列数据，因此，本项目将时间序列按照事件的发生时间串行化。

4. 基于统计因果的概率图模型训练

本项目利用条件独立性测试（Conditional Independence Test）构建统计因果关系图，利用告警事件和一些假设构建因果交互理论，构建一个有向无环图DAG。与关联关系不同，因果性用于表达变量之间直接的"cause-effect"关系，给出两个变量X和Y，如果X的变化能够直接引起Y的分布发生变化而反之不成立，则X是Y的原因，表述为$X \rightarrow Y$。换句话说，X是Y的父变量之一，表述为$X \in pa(Y)$。在一组变量中，如果Y的所有父变量被确定，Y的分布也会被确定下来，并且不受其他变量的影响。在这些因果关系中，不允许出现两个变量相互影响的情况。因此，这些因果关系可以编码成一个有向无环图DAG（Directed Acyclic Graph）。DAG包含节点和带有箭头的边，节点表示一个特定的变量，带有箭头的边表示因果关系的方向。一个严格的因果关系图需要大量干涉性实验来确定谁是因、谁是果，但是这在实际系统中是不可行的。因此，本项目利用告警事件和一些假设构建因果交互理论。假定将一个变量的一次变化当作一次干涉，那么因果关系就可以按照此方式构建起来。给定图$G=(V, E)$，V是一组变量（顶点）集合，E是一组边的集合。如G是有向的，即G是一个DAG，对于每个$(i, j) \in E$，$(j, i) \notin E$，表示为$i \rightarrow j$。作为区分因果性和关联性的关键属性，因果Markov条件被用于计算超过两个变量之间的独立关系，其被定义为"给定一个有向无环图DAG，$G=(V, E)$，对于每个$v \in V$，在给定$pa(v)$的情况下，v独立于v的非后继变量"。本项目利用基于条件交叉熵的G^2定量测试给定Z时X是否依赖于Y，其中X、Y和Z是变量集合V中不相交的变量，X和Y是单变量，Z可以是一个变量集合。本文选择G^2而不是其他方法如Gaussian独立性测试，因为这种方法不需要对变量的分布做任何假设。

三、系统架构

本项目依托广东联通AI大数据孵化平台提供的训练环境，综合无线、传输、动力3个专业的历史告警事件源、告警、工单、监控数据，完成数据建模、算法训练及结果分析。AI孵化平台提供同一类型不同格式的日志适配，日志数据通过SFTP、原始数据流数据采集的方式采集，平台的数据仓库完成数据入库、存储及读取，同时平台集成常用的AI模型、算力环境和能力组件。本案例采用的技术架构如图5-23所示，分为离线训练和在线模块。

1. 离线模型

离线模块调用平台存储的日志、告警、性能、流量、拓扑、工单、业务数据等，离线完成事件聚合、事件编码、二值化处理、序列化处理。训练初期，为提高算法效率，采用人工标注的方式校验告警事件的处理结果，即故障定因，形成算法样本库，调用基于统计因果的概率图模型，离线计算形成算法模型。

2. 在线模块

本项目产生的背景在于现网业务需求，故设计

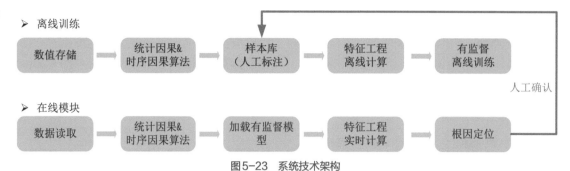

图5-23　系统技术架构

在线模块，根据离线有监督的训练模型，在线实时读取数据，加载有监督模型，通过特征工程实时计算，实现场景化的根因定位。同时，在线模块输出的事件集设计人工确认，一方面统计准确率、召回率，另一方面变为离线训练的新样本，提高模型精准度。

当前案例仅实现了离线训练。

四、实施效果

本项目研究了场景化的故障定因，目前以无线专业为切入点，分析了以下7个场景的故障：小区退服、电源故障、单板故障、信令链路故障（载频与CMB的HDLC链路断等）、光模块故障、CRC错包和IPRAN链路故障，用于故障定因的辅助决策及统计分析。

如图5-24所示，以项目中采用的告警训练集来看，在13 895条故障告警中，故障根因在动力配套占比74%，即动力相关告警是产生基站告警的主要来源，基于AI的多维多域多专业故障自动定因算法训练结果具备可解释性。

此外，准确度相比传统的时间与文本关联性方法，经验模式提升40%以上；故障定因时间由传统人工经验模式的2~30小时，压缩至分钟级。

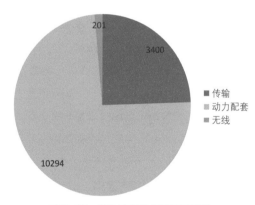

图5-24　算法实现的故障定因统计

本项目主要解决运营商故障在跨专业、跨域情况下的自动根因定位的问题。在传统告警时间、文本相似性分析技术之上，引入多维度数据信息，运用特征工程、多种机器学习算法，在明显提升准确率的情况下，依然保持较好的计算力负荷，可以用于实时故障信息处理，对网络维护模式转型有很大的推动作用。

——叶晓斌　中国联合网络通信有限公司广东省分公司专家人才、技术总监

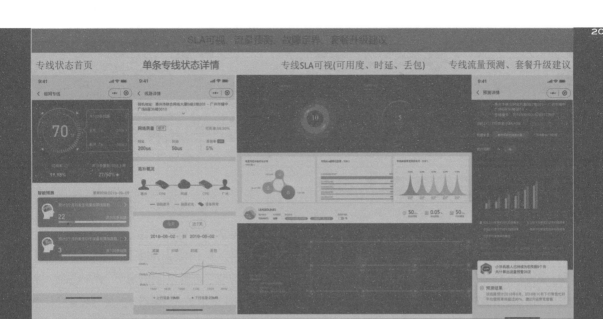

基于 AI 的品质专线

中国联合网络通信有限公司广东省分公司

－ 应用概述 －

运营商专线运营缺少"售后运维数据支撑售前营销"的反馈闭环，本案例引入 AI 流量预测、基于 AI 的告警压缩和疑似根因分析、AI 光性能预测和亚健康分析、业务 SLA 实时监控和网络 KPI 关联分析等能力，对专线业务进行流量建模和客户画像，实现了基于网络、业务的流量预测，以及专线端到端故障根因分析和故障点智能定位，为销售部门提供了精准营销的有效支撑，为网络部门提供了精准扩容、智慧运维的有效工具手段。

－ 技术突破 －

本案例运用 ARIMA（趋势预测）和 Boosting（训练提升）算法，基于历史流量数据对未来 1~3 个月的数据进行预测，精度高达 90% 以上，指导运营商精准营销及精准扩容。

- 重要意义 -

本案例通过AI算法能力，进行专线流量建模和用户画像，主动感知和预测用户业务需求，实现了专线的主动营销和精准扩容。

- 研究机构 -

中国联合网络通信有限公司广东省分公司

- 技术与应用详细介绍 -

目前，专线运营普遍缺少"售后运维数据支撑售前营销"的闭环反馈。对销售部门而言，哪些是热点区域（专线数量的分布、业务流量分布）、当前用户专线使用情况及如何识别存量和新增的高潜用户，均存在盲区。与此同时，对网络部门而言，如何实现年度规划的扩容及预覆盖模式高效支撑专线业务的快速发展、如何更好地支撑行业市场大项

目等，都需要有效的支撑手段。

在此背景下，本案例通过"大数据+AI"能力，构筑"可评估、可排障、可预防"的专线SLA主动保障体系，如图5-25所示，实现专线业务状态的实时感知、AI训练引擎的分析与决策、快速业务部署及自动优化控制。

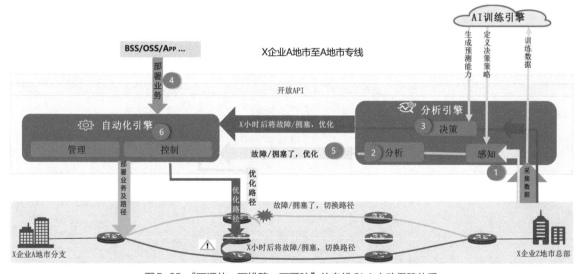

图5-25　"可评估、可排障、可预防"的专线SLA主动保障体系

"可评估、可排障、可预防"的专线SLA主动保障体系，从专线用户痛点诉求出发，加入AI元素，有针对性地提出解决方案，赋予专线智能化的

能力，提升广东联通在专线市场的竞争力，如表5-1所示。

一、AI流量预测

本案例基于专线流量历史趋势分析，运用ARIMA（趋势预测）和Boosting（训练提升）算

法，提供未来3周或3个月的预测能力，精准识别专线扩容机会，支撑精准营销，可根据用户的专线

使用情况，给出用户的流量套餐使用建议，并与现有运营商B域或O域系统对接，实现了用户在线自主完成套餐更改。

表5-1　专线运营痛点及AI解决方案

痛点	解决方案	AI能力
被动响应用户带宽扩容诉求，网络流量变现慢	专线流量预测	AI流量预测
专线带宽不足，影响业务体验	专线BOD	
SLA不可视和缺乏有效定位手段	专线SLA实时可视和故障预警	基于AI的告警压缩和疑似根因分析、AI光性能预测和亚健康分析
	专线故障快速定界	
网络操作变更和新业务发放不可评估	网络变更仿真	专线发放仿真（开发中）
	专线发放仿真	
被动响应用户，缺少主动运维手段	专线亚健康预警	业务SLA实时监控和网络KPI关联分析
缺少故障自闭环手段	专线SLA自优化	

本案例主要具备以下能力。

基于AI的专线流量趋势预测建模；

ARIMA+Boosting算法调优；

App向潜在用户推送流量报表和套餐建议；

用户在线完成套餐更改。

本案例以专线峰值速率为例，取历史1~9月峰值速率数据，计算训练集自相关系数（ACF）和偏相关系数（PACF），发现关键参数p为自回归项，

q为移动平均项，均存在拖尾，固选取ARIMA模型；设置32个不同（p、d、q）模型，拟合输入数据，引入Boosting，根据每次训练的训练误差得到该次预测函数的权重，将每步生成的模型赋予不同权重叠加得到最终模型。

图5-26所示为某用户专线情况和专线的流量预测的详情，按照专线流量的上、下行流量分别进行流量预测，根据过去6个月的历史数据对未来3

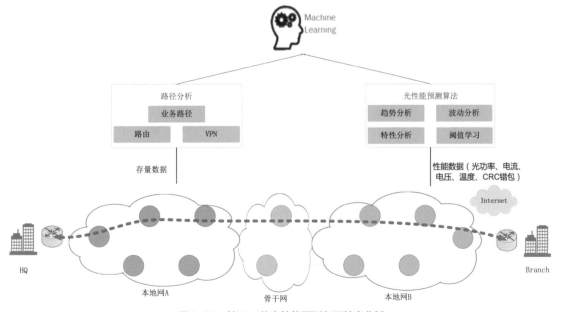

图5-26　基于AI的光性能预测和亚健康分析

个月进行预测，同时根据预测结果生成流量预警智能提醒，给出升级带宽套餐建议。

当前，基于AI的流量预测能力在专线业务运营中对接了B域或O域生产系统，实现了电商化服务流程，用户可根据流量实时报表、流量预测结果自助调整带宽，通过App完成BOD操作。

二、AI光性能预测和亚健康分析

某地市一个月的专线故障统计显示，在专线使用过程中光性能导致的业务故障占比较大。在传统运维过程中，此类业务故障只能被动响应客户投诉，故障修复时间较长。因此，本案例研究光性能预测算法，预期提前感知亚健康业务，在业务故障前修复，从而降低业务中断次数和中断时间，有效提升专线可用度。

基于AI的光性能预测和亚健康分析，实时采集业务性能数据，如光功率、电流、电压、温度、CRC错包等，从光路特性、趋势、波动等维度分析，学习亚健康阈值，实现IP光模块、光路性能预测，结合业务路径提前识别亚健康业务，提前更换备件，主动消除隐患。

当前算法在实验室实现了亚健康业务预警，通过多维度光性能预测算法识别出稳态区域、亚健康区域和故障区域，其中在实验环境下IP光模块和光路的性能预测准确率达85%。

三、业务SLA实时监控和网络KPI关联分析

在前文总结归纳的专线业务运营痛点中，SLA不可视、缺乏有效故障定位手段是影响专线用户感知的重要问题。为解决此痛点，本案例研究专线业务SLA实时可视和劣化预警，结合业务路径还原和网络KPI关联分析，运用业务级别E2E Trace及分段LSP Trace，精准锁定故障位置，实现专线中断故障快速排查、专线SLA劣化快速定界，从而降低业务中断的时长，保障业务SLA。

本案例SLA可视化针对SD-IPRAN专线，实现了时延、丢包、抖动、可用度、越线率的综合分析。

本案例尝试研究了基于AI的专线故障定界，其架构及实现思路，如图5-27所示。在SD-IPRAN域内收集流量、时延、丢包、带宽利用率、CPU利用率等SLA参数类指标，对以上数据进行秒级采集及基于AI的实时异常分析，如图5-27所示，在11:30:43时刻，出现带宽利用率异常，产生劣化告警，11:30:44分别出现了时延和抖动异常，产生劣化告警，与此同时接入段链路也出现网络告警，网络KPI劣化与告警事件吻合。

业务SLA实时监控和网络KPI关联分析，实现了专线业务SLA的实时感知及劣化故障定界，有效缩短故障定位时长，提高定位精准度，为政企专线业务差异化运营提供了有力的手段。

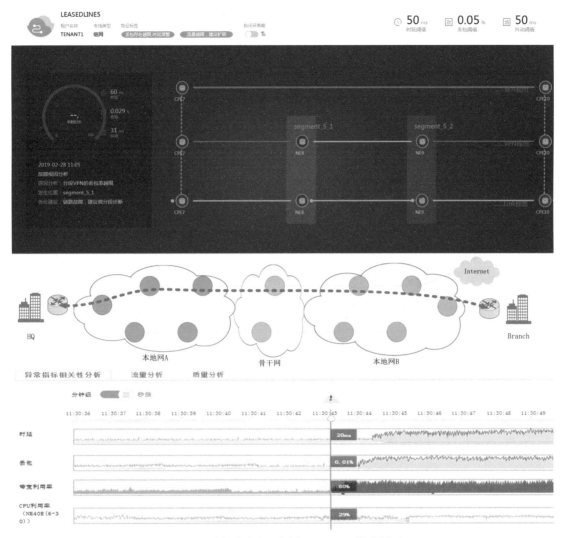

图5-27　专线故障定界（路径还原、KPI关联分析）

－特邀点评－

政企业务是运营商收入的重要来源，如何实现透明化、智能化、个性化服务是保持竞争力的关键。广东联通基于AI的品质专线，立足于用户视角，融入多种AI技术，探索专线产品全生命周期管理，实现了基于用户的流量管理、故障管理、按需调整等智能化的自服务能力，是人工智能技术与网络、产品高度融合的深入尝试，具有较深远的推广意义。

——叶晓斌　中国联合网络通信有限公司广东省分公司专家人才、技术总监

基于 AI 的身份认证系统

中国移动通信研究院美国研究所

－ 应用概述 －

中国移动通信研究院自研的基于 AI 的身份认证系统旨在通过视频摄像头实时采集人的面部信息，通过同步获取远程数据库的身份信息，再由身份认证系统的人脸检测与识别算法判别是否同一个人以及身份的真伪，达到快速、准确地认定人、证信息一致性的目的。

－ 技术突破 －

本系统采用了自研的业界领先的人脸识别算法，实现了多角度、多摄像和多属性的身份识别，在识别精度和速度上达到了很好的平衡。

基于人工智能身份认证系统—未来营业厅场景

- 重要意义 -

本系统利用基于人脸识别的身份认证技术可以帮助政府和企事业单位提高效率，是智慧家庭、智慧安防、智慧金融和智慧城市的基础性技术。

- 研究机构 -

中国移动通信研究院美国研究所

- 技术与应用详细介绍 -

基于AI的身份认证系统集成了中国移动通信研究院自研的多任务级联区域生成神经网络的人脸检测技术、改进光流的人脸跟踪技术和基于关键帧的超细粒度人脸识别深度神经网络，实现了快速、准确的人脸检测、人脸追踪和人脸识别功能；同时系统支持静态人脸检测、五官定位、动态人脸抓取、1：1人脸比对、1：N人脸大库检测等功能；

与市场上同类产品的最大差异是实现了多角度、多摄像和多属性的识别，在识别精度和速度上达到了很好的平衡；可广泛应用于各种需要实时验证身份的场景，如（移动）营业厅客户认证等企业应用场景、银行用户验证等特定行业场景、高铁机场验票及身份认证等场景，如图5-28所示。

图5-28 基于人工智能的身份认证主界面

基于AI的身份认证系统在技术应用方面采用了中国移动通信研究院自研的多任务级联区域生成神经网络的人脸检测技术，提高了人脸检测的准确率，降低了对图片质量的要求，同时大幅提升了人脸的检测速度；利用中国移动通信研究院自研的改进光

流的人脸跟踪技术，对视频序列中的人脸进行快速跟踪，通过人脸图像评价算法选取高质量的人脸图像进行人脸识别，并结合多数投票算法极大地提高了人脸识别的准确率，并有效地降低了系统的负载；同时利用自研的基于关键帧的超细粒度人脸识别深

214 度神经网络，对高质量的人脸图像进行局部微小特征和全局结构特征进行提取，融合多种特征计算目标人脸和数据库中人脸的相似度实现人脸识别。

本系统采用了中国移动通信研究院自研的业界领先的人脸识别算法，实现了实时的人脸检测、五官定位、关键点检测和人脸的1：1和1：N比对等核心功能，使得整个系统可以实时完成身份认证功能。同时，该系统也具有可扩展性强的特点，基于身份认证解决方案方便开发多种应用功能，如图5-29所示。

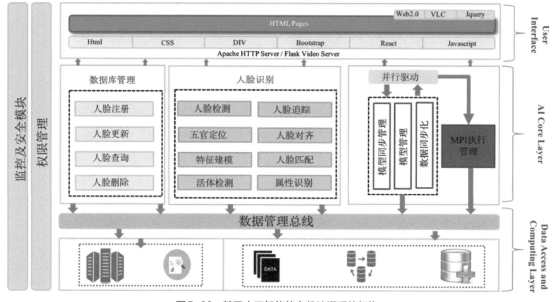

图5-29 基于人工智能的身份认证系统架构

基于AI的身份认证系统实现了停留人员无须主动配合、在正常行走过程中就能进行身份认证。系统具有超实时识别、极低延迟、识别精度高、性价比高的特点；基于人脸识别的身份认证在楼宇门禁、安全验证、公安犯罪识别、酒店安防布控、无人超市等方面有着巨大的应用场景；可以帮助政府和企事业单位提高效率，是智慧家庭、智慧安防、智慧金融和智慧城市的基础性技术，如图5-30所示。

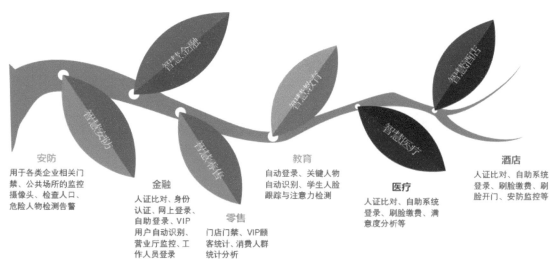

图5-30 基于人工智能的身份认证系统应用案例

特邀点评

中国移动通信研究院美国研究所的身份认证系统融合了自研的基于人工智能深度学习的人脸检测、五官定位、人脸对齐和人脸识别等多项核心算法，有效提升了多角度、部分遮挡和多光照等条件下基于人脸识别身份认证系统的准确性和稳定性；系统实现了人员无须驻留、可在行走中实时进行身份认证，并且在识别精度和速度之间达到了很好的平衡，为人脸大数据应用提供了有力的支撑，可广泛应用于移动物联网、智慧城市、智慧金融和智慧安防等各种需要身份认证的场景。

——冯俊兰　中国移动通信研究院首席科学家、人工智能与智慧运营研究中心总经理

近年来随着人工智能技术和相关产业的发展，中国已进入了一个"刷脸"的时代。人脸识别在安防、金融、服务等领域得到了广泛应用。本方案结合中国移动自身和行业客户的实际需求，实现了复杂环境下、多功能、多角度的人脸识别，给出了既实用、新颖，又先进、高效的人工智能身份认证解决方案供读者参考。

——杨志强　中国移动研究院副院长

基于AI的视频剪辑处理系统

咪咕文化科技有限公司

- 应用概述 -

基于AI的视频剪辑处理系统——"咪咕视频AI直播剪辑官"通过深度学习技术训练视频剪辑模型，针对特定视频AI精彩剪辑系统（足球）在足球比赛直播过程中实时根据进球、射门、角球、点球、红黄牌、庆祝等场景，通过对至少8路信号智能共剪，合流为比赛集锦、花絮，实现赛事资讯内容的"智能合成"；同时结合咪咕的视频彩铃业务，实现剪辑内容分钟级生成足球专属视频彩铃，让用户在通话前的等待时间能看到最精彩的内容。在开启彩铃的视频时代世界杯期间，AI视频智能剪辑官共剪辑2900多段精彩短视频，其中单段"C罗"进球在咪咕视频点播超3亿次。《人民日报》、光明网、环球网、体育头条等多家主流媒体进行报道。

- 技术突破 -

本系统基于双流3D卷积神经网络模型对视频片段进行动作场景分类、基于多任务卷积神经网络对视频帧进行球星人脸识别、基于LSTM神经网络扩充对比分板场景下的简体汉字和阿拉伯数字的数据集提升OCR识别准确度。

咪咕视频AI直播剪辑官

识别进球等七大场景
识别世界杯参赛球员
识别世界杯32支球队

智能剪辑

智能合成

智能分享

智能推荐

"秒看"海量精彩短视频

－ 重要意义 －

传统人工剪辑至少需要5分钟，而"咪咕视频AI直播剪辑官"将短视频剪辑速度缩短至10秒以内，效率提升30倍。场景与人物辨识度、关键帧捕捉等准确度远超传统剪辑师。

－ 研究机构 －

咪咕文化科技有限公司

－ 技术与应用详细介绍 －

基于AI的视频剪辑处理系统为应对当前的AI发展趋势，通过构建统一的、跨媒介的、多形态交互能力的AI云服务，为咪咕视频提供统一的AI服务与能力。本系统通过AI服务于视频、音乐、阅读、动漫、游戏等产品，形成差异化能力，提升客户体验，打造"杀手级"应用；通过AI提升业务全流程效率，节省研发、运营成本；通过AI整合并挖掘内部数据和能力，实现公司数据价值最大化；通过AI构建新的业务或商业模式。目前，咪咕公司AI视频智能剪辑技术已成功应用于足球赛事（世界杯、英超、亚洲杯等）、篮球赛事、演唱会等场景，累计剪辑短视频数万条，极大地节省了人力成本。预计未来更多场景将实现智能剪辑，智能剪辑基本替代人工剪辑师的工作。

咪咕公司AI视频智能剪辑技术的功能架构如图5-31所示，整个平台由视频解码/合成引擎、Web、AI原子能力、消息中间件四大部分组成。视频解码/合成引擎负责将直播流解码为帧格式，并负责将AI引擎返回的结果合成短视频。Web用于提供AI资源池的配置、AI引擎状态的监控，并提供生成短视频过滤及注入媒资库的能力、配置剪辑流地址及剪辑规则、查看剪辑结果等；AI原子能力则主要包含了人脸识别算法、OCR识别算法以及3D视频片段识别算法，用于实现机器模拟人工剪辑师进行工作；消息中间件用于将视频解码引擎输出的帧分发给各AI原子能力，并将AI原子能力输出的结果反馈给合成器。

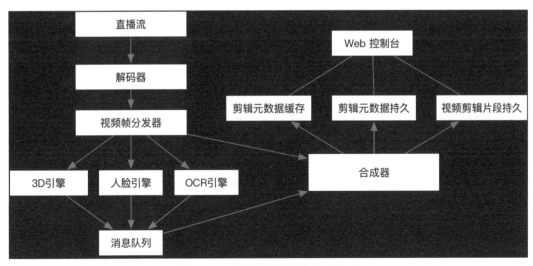

图5-31　AI视频智能剪辑技术功能架构

AI能力以深度学习算法为核心，通过视频流实时处理，关键人物、物体、动作及场景自动化识别等方法，实现机器模拟人工剪辑师进行工作，其主要包含优化SBD算法、OCR识别算法、人脸识别算法、3D卷积视频分类算法。

1. 优化SBD算法。 本系统采用基于直方图特征的优化SBD算法消除足球比赛中由镜头长时间随着足球移动而变化造成的影响，在很大程度上解决平滑移动带来的帧与帧之间的差异性。本系统先计算每帧的直方图特征hist；后计算帧与帧之间的直方图特征差异diff以及特征差异变化程度ratio。依据镜头内部帧的diff变化较小，而分割帧的diff与前一帧的变化较大的原则确定分割帧。当确定一个分割帧后，至少要等10帧后才会寻找下一个分割帧，防止镜头抖动造成连续切割镜头。

2. OCR识别算法。 本系统采用业内领先的基于LSTM神经网络的OCR算法对复杂背景下的阿拉伯数字进行OCR识别，获取比分板上的小组赛中小组的名字、球队名字、比赛进行时间、比分、比分变化以及识别红黄牌时受罚队员的名字等信息。在世界杯项目中，由于场景比较固定，本系统会依靠在Web界面上确定的比分和时间的坐标信息截取分数和时间部分的图像（目前已经研究出不依赖先验坐标信息，可直接提取分割出包含队名、比分等的图片信息，用于分类识别），将RGB格式转化为二值化图像，之后通过LSTM神经网络识别比分的变化，最后设计了包含平滑和纠错等后处理算法提高准确率。

3. 人脸识别算法。 本系统采用先进的人脸识别算法识别世界杯、英超等近百名球星的人脸，结合其他特征自动生成短标题，极大地解放人力，目前针对入库球星的人脸识别准确率能够达到99%以上。该算法首先进行人脸检测，确定图像中人脸的数量，将其框出，并标记特征点；其次将人脸进行仿射变换和裁剪等，进行人脸对齐；最后求得人脸图像的特征，与模型库进行对比，识别出球星，从而进行实时人脸定位及追踪。

4. 3D卷积视频分类算法。 本系统结合双流3D卷积神经网络模型对视频片段进行分类，经过大量的测试训练，确定识别阈值等参数，实现对射门、庆祝、红黄牌、点球、进球、背景等场景的有效分类。传统的卷积神经网络在图像的局部提取特征，通过多层卷积堆叠，由浅至深提取深层的卷积特征，深层的卷积特征与语义特征具有相同的描述能力，从而完成图像分类的任务，AI智能剪辑系统在传统卷积的基础上添加了时域卷积和全局卷积，实现对视频输入的分类。该算法在inception网络结构的基础上，将所有的inception module以及conv layer、pooling layer替换成3维卷积核。在替换过程中，空域上的感受野不发生变化，时域上的感受野与空域保持一致。通过类似NL-Means在图像去噪应用中的操作，在处理足球视频序列化的任务时考虑所有的特征点进行加权计算，克服了CNN网络过于关注局部特征的缺点，极大地提高了视频分类的准确率。

Web剪辑控制系统为配合世界杯AI智能剪辑系统的管理、AI结果的实时展示以及AI剪辑出的视频及时上传，设计并开发与之配套的Web管理系统。本系统可以创建AI剪辑任务，可以针对具体的任务，配置任务的名称、直播流地址、视频中的比分板坐标，以及根据需要设定剪辑短视频的时间等，同时可以配置对应的PID参数使之与媒资库相匹配。本系统能够查看AI剪辑状态，可以实时展示AI引擎的工作状态，方便使用人员时刻掌握AI引擎的工作情况。本管理系统能够支撑剪辑功能配置、剪辑结果查看、注入媒资库、直接观看视频流、动态更新配置等服务。

AI智能剪辑系统是咪咕公司自主研发的精彩场景人工智能剪辑系统。该系统是业界首创将AI技术应用于体育赛事和演艺活动精彩场景的实时剪辑系统。AI视频智能剪辑系统在高速运动下的人脸实时定位与检测、场景与人物辨识度、关键帧捕捉等技术上远超传统剪辑师，同时还支持多路信号智能共剪。本系统可应用于各大直播及点播的体育赛事、演艺活动。AI智能剪辑系统已经成功在世界杯赛事、英超赛事、亚洲杯赛事、CBA赛事、咪咕汇等场景实现多路信号智能共剪，目前累计标注数万段短视频、上千名球星数万张图片，能够实现6种AI原子能力（OCR识别、红黄牌识别、角球识别、点球识别、庆祝场景识别、射门识别），自2018年6月上线至今累计支撑23个应用版本，累计调用生成短视频1.1万多段，极大地减少了人工剪辑师的工作量。

－特邀点评－

AI视频剪辑处理系统的成功应用，实现了AI协助剪辑师高效工作，显著改善了短视频的生产效率和发布时间，把剪辑师从繁重的剪辑工作中解放出来，让用户也可以第一时间欣赏到精彩集锦。可以预见，随着AI技术的不断升级，将来可以针对不同用户的喜好、习惯等个性化需求，实时定制生产更符合用户个人口味的短视频，让用户获得更好的观看体验。

——王军　中国移动通信有限公司技术部专利标准处副经理

"咪咕视频AI直播剪辑官"以人工智能深度学习算法为核心，抓住内容运营场景的痛点，通过视频流实时处理，对关键人物、物体、动作及场景实现自动化捕捉，辅以视频精彩度评价、观众多形态交互等智能化手段，大幅提升用户通过手机观看世界杯的体验。"咪咕视频AI直播剪辑官"通过AI科技为体育新媒体赋能，为用户开启了崭新的沉浸式体验。

——陈大庆　中国移动杭州研发中心北京业务支持中心部门经理

"咪咕视频AI直播剪辑官"将卷积神经网络和循环神经网络等深度学习技术应用于视频剪辑场景，其效率远超传统人工剪辑师，大大提升了业务运营效率和推广力度。该系统是将互联网最新技术与自有业务产研结合实现降本增效的优秀案例，具有示范和推广效应，为AI技术服务于视频、音乐、游戏等数字产品业务树立了标杆。

——路晓明　中国移动杭州研发中心安全产品部副总经理

"咪咕视频AI智能剪辑官"创新性地将计算机视觉领域深度学习技术应用于体育赛事及演唱会等视频内容的处理，通过对视频中声音信息及图像信息的智能分析与理解，自动捕获精彩事件及热点内容，极大地提升了短视频的生产效率，体现了咪咕在数字内容生产及分发方面的创新意识与技术水平。

——潘青华　科大讯飞AI研究院副院长

基于人体姿态估计的用户偏好分析系统

中移信息有限公司天津分公司

- 应用概述 -

基于人体姿态估计的客户偏好分析系统，是以人体姿态估计技术为核心，以计算机视觉为基础的智慧推荐系统，通过对用户肢体形态进行分析，判断出客户对商品的偏好及情绪，进而辅助厅店人员进行场景化的接触营销和个性化推荐，对厅店运营效率提升有很大帮助。

基于人体姿态估计的用户偏好分析和推荐，关键在于人体的特征点定位。核心是人体骨架模型，由肢体上的特征点（关节）决定，与人脸上的五官特征点定位非常相似。本系统在样本图片上标注人体骨架点，用于训练 CNN 模型，从而进行特征点的定位。同时本系统基于高清摄像头和人工智能图像处理程序，可以进行图片预处理、关键帧提取，利用 CNN 卷积神经网络不断优化识别模型，结合行为、形态、姿态的估计算法，判别出客户对某一类商品的偏好情绪。

- 技术突破 -

本系统引入了人体姿态分析技术，通过监控系统、智能算法、深度学习平台，快速获取客户对商品的偏好度，实现对客户最感兴趣的商品的精准推荐。

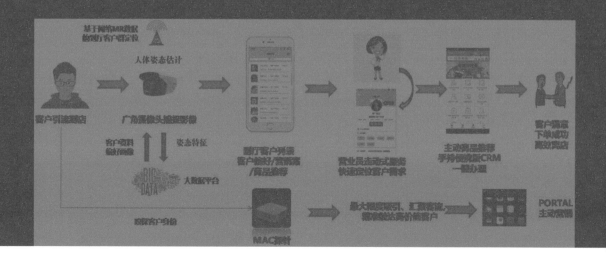

— 重要意义 —

本系统能够有效减少客户特征点的数量级，把人体行为转换成十几维的特征点，降低了模型输入的复杂度，完成快速的算法输出，便于厅店人员做出实时的业务推荐举措。在保护用户隐私的前提下，本系统能够完成智能化的业务推荐，辅助厅店人员的工作效率，帮助厅店人员挖掘潜在的客户，提高经济效益，具有极大的实用价值。

— 研究机构 —

中移信息技术有限公司天津分公司

— 技术与应用详细介绍 —

为了适应新零售背景，在保护用户隐私的同时，给客户推荐其感兴趣的商品，实现厅店新体验、新场景、新运营效率的要求，"基于人体姿态估计的用户偏好分析系统"采用并基于CNN卷积神经网络对用户肢体形态进行分析，结合行为、形态、姿态的估计算法，判别出客户对商品的偏好情绪，如非常感兴趣、摇头、摆手、试戴、犹豫不决、匆匆而过等，通过确定客户对商品的喜好程度，辅助厅店人员进行场景化营销和个性化推荐，从而提升厅店的零售转化率和客户体验价值，挖掘更多的客户，提高经济效益。

一、技术特点

1. 精准的人体特征点定位能力

基于人体姿态的估计进行客户偏好分析，核心能力在于人体的特征点定位。

核心是人体骨架模型，由肢体上的特征点（关节）决定，与人脸上的五官特征点定位非常相似。本系统在样本图片上标注人体骨架点，用于训练ASM模型，从而进行特征点的定位。

本系统基于人体姿态分析客户偏好，其主要内容包括以下几个方面，如图5-32所示。

（1）数据采样；

（2）预处理；

（3）模型训练与测试；

（4）根据测试结果对用户喜好进行分类；

（5）根据分类结果，进行个性化的推荐服务。

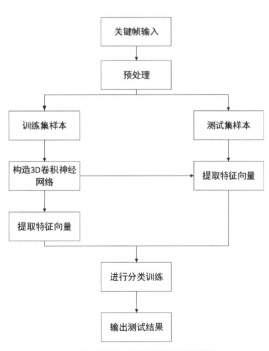

图5-32　基于人体姿态分析客户偏好

以监控系统拍摄的人体图像为依据，从中提取图像中每帧人体关节点的位置坐标，即根据监控系统采集到的图像，对图像中每帧人体进行姿态估计，得到人体脖子、胸部、头部、右肩、左肩、右臀部、左臀部、右手肘、左手肘、右膝盖、左膝盖、右手腕、左手腕、右脚踝和左脚踝这15个关节点的位置坐标，如图5-33所示。

 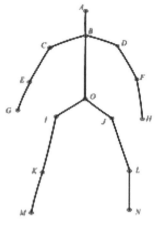

图5-33　人体15个关节点的位置坐标

本系统根据数据结果对用户喜好程度进行分类，并根据测试结果与真实值之间的差距，即误差均值的大小，对测试结果进行分类，具体类别分为3类：非常感兴趣、犹豫不决和匆匆而过。

本系统基于人体姿态估计，首先可以基于CNN进行客户对商品感兴趣程度的分类；之后，基于精确肢体（如手部、头部）的动作捕捉，可以进一步推断客户是不感兴趣地摇头、摆手，还是感兴趣地试戴，精准把控客户对商品的感知。

2. 大数据个性化的推荐服务

厅店高清摄像头采集店内顾客的图像后，立即根据姿态进行估计，根据欧几里得距离的大小值判断其所处的分类结果，从而得出客户对商品的喜好程度。

本系统将客户的喜好程度推断结果实时地传送到厅店人员的手机上，厅店人员收到消息后，可立刻采取行动。厅店人员根据客户对商品的喜好程度，先是进行主动式的某一商品介绍，然后利用实物或是手持终端设备为用户进行详细的商品展示。最后，根据客户对商品的反应，注册客户的用户资料，录入厅店的会员库，为客户做后续的推荐服务。

面向厅店的人体姿态分析和推荐系统，基于高清摄像头和人工智能图像处理程序，利用CNN卷积神经网络不断优化识别模型，结合行为、形态、姿态的估计算法，判别出客户对某一类商品的偏好情绪，通过客户对商品的喜好程度，从而辅助厅店人员进行场景化营销和个性化推荐，提升厅店的零售转化率和客户体验价值，如图5-34所示。

二、实施效果

在客户感知方面，本系统以人体姿态估计技术提升客户的零售体验。

本系统将客户的喜好推断结果实时地传送到厅店人员的手机上。厅店人员收到消息后，立刻进行场景化营销，可以明显提升厅店的业务成功率。客户对商品的喜好分析准确率提升到98%，客户购买转化率提升到45%，满意度提升了5%。

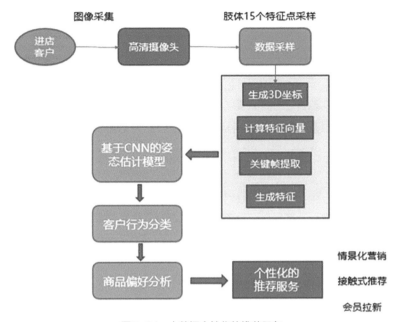

图5-34　大数据个性化的推荐服务

三、应用情况

　　本系统立足天津移动营销并进行了产品使用和推广，目前已应用于天津移动两家营业厅，支撑营销人员基于客户实时感知场景进行现场营销，有效提升了营销效率。本系统可以有效提升现场营销效率，节省客户选购时间，提升产品推荐成功率，在新零售背景下、流动式营销场景下，具有极大的应用潜力。

1. 基于人体姿态分析的商品推荐新流程

　　为了适应新零售背景，在保护用户隐私的同时，给用户推荐其感兴趣的商品，实现厅店新体验、新场景、新运营效率的效果，本系统引入了人体姿态分析技术，通过监控系统、智能算法、深度学习平台，快速获取客户对商品的偏好度，实现对客户最感兴趣商品的精准推荐。

　　本系统主要聚焦业务推荐和用户体验提升，通过对经过厅店或厅店内的客户行为进行分析，判断出客户对商品的喜好程度，从而辅助厅店人员完成商品的智能推荐，提升工作人员的业绩及客户的服务体验。

2. 基于人体关键点的人体行为特征提取新方法

　　本系统根据监控系统拍摄的画面，将其转换为一帧帧的图像，并提取图像中的关键点信息，构成特征向量，进而完成模型的训练与测试。该方法可以极大地降低计算复杂度，提升算法运行效率，并且该特征库仅存储客户的关键肢体点特征，仅为十几维的浮点数，在保护客户隐私的同时所需存储量极小，能够毫秒级实现客户行为分析任务。

－特邀点评－

　　此系统智能化程度高，使厅店人员的营销推荐基本满足到店客户的需求，在节约人力的同时，又给厅店运营效益带来明显提升。厅店人员无须毫无目的地进行推荐，客户对所有商品的喜好程度的对应信息均属于智能运算，能够主动提示给厅店人员，辅助厅店人员进行场景化营销和个性化推荐，提升厅店的零售转化率和客户体验价值。

——戴水东　浙江杭申集团副总经理/总工程师

· ·

基于人体姿态估计技术实现客户对商品感兴趣程度的精确分类，基于精确肢体（如手部、头部）的动作捕捉，迅速挖掘推断用户对商品的喜好程度，可以精准把控客户对商品的感知，提升厅店的精细化运营能力。

——钱程　中国移动苏州研发中心首席科学家

· ·

随着人工智能技术的成熟，尤其是卷积神经网络技术在计算机视觉应用的发展，人体姿态估计在行为估计、人机交互、异常检测等方面有着广阔的应用前景。此系统将人体姿态估计技术引入厅店零售环节，通过对用户肢体形态进行分析，判断出用户对商品的偏好及情绪，进而辅助厅店人员进行场景化的接触营销和个性化推荐，对厅店运营效率提升有很大帮助。

——于慧敏　浙江大学博士生导师/教授

中国联通使能型智慧运维能力平台

中国联通江苏省分公司

－ 应用概述 －

中国联通使能型智慧运维能力平台是基于云平台部署的面向数字运营的下一代OSS系统，支撑运维自动化、使能数字化运维和基于ICT基础架构演进的OSS solution，采用的微服务化技术，可以实现弹性部署、敏捷开发、开放集成；基于人工智能算法及原子编排能力，面向网络核心层网元，支持巡检任务灵活定制，并对异常巡检结果全流程调度管理，实现对核心网元隐患快速评估及智能调度管理；面向网络接入层网元，通过故障流程处理流程智能编排，实现对传输无线接入层网元告警智能排障及自动愈合。

－ 技术突破 －

本平台集合了多种人工智能算法、原子编排能力、非机构化数据及复杂决策流程高并发处理能力。

— 重要意义 —

中国联通使能型智慧运维能力平台面向运营商，在网络规模日益增长、人工成本居高不下的背景下，结合人工智能算法及智能策略编排能力，实现通信网元设备智能化管理，是人工智能技术在通信设备智能运维的大胆尝试，对行业技术的发展具有启发意义，对运维降本增效产生巨大的价值。

— 研究机构 —

中国联通江苏省分公司

— 技术与应用详细介绍 —

一、 构建开放的 AIOps 能力平台

网络开放体系架构，如图5-35所示。

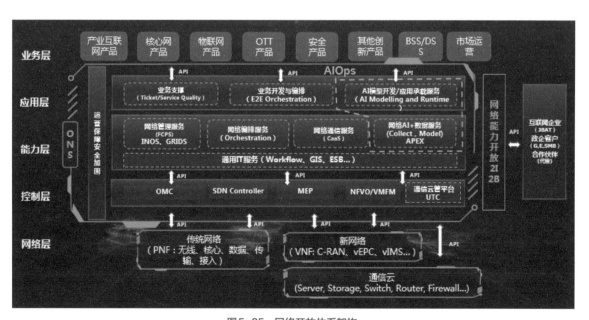

图5-35　网络开放体系架构

本平台基于中国联通CUBE-Net2.0体系，构建灵活开放的AIOps平台，依托网络侧的海量数据及网络能力，以人工智能算法驱动运维自动化驾驶，打造"自检""自优""自愈""自管理"网络，如图5-36所示。

AIOps平台基于微服务架构，弹性部署、敏

捷开发、开放集成，具备以下3个特点。

1. 一站式模型开发和部署能力：通过ML Studio工具，提供模型E2E的全流程管理（数据集、数据预处理、特征工程、可视化建模、训练、评估、发布）。

2. 提供传统机器学习和深度学习两种服务，

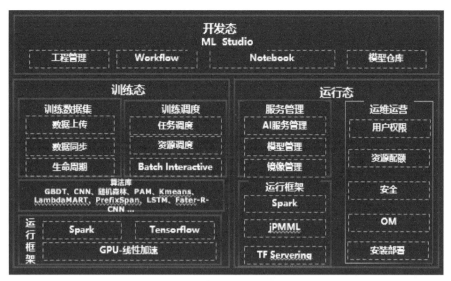

图5-36　AIOps平台架构

支持预测服务的可视化配置与多模型兼容，支持 TensorFlow、Spark计算。

3. AIOps平台逻辑上分为开发、训练、运行环境，在开发环境中，快速构建AI模型，并利用海量现网数据在训练态进行模型的训练，与实际现网环境分离有效保障了系统及通信网络运行安全，同时，训练完备的AI模型可以快速部署到现网应用投产。

二、AI驱动的智能运维

AI驱动运维应用场景，如图5-37所示。

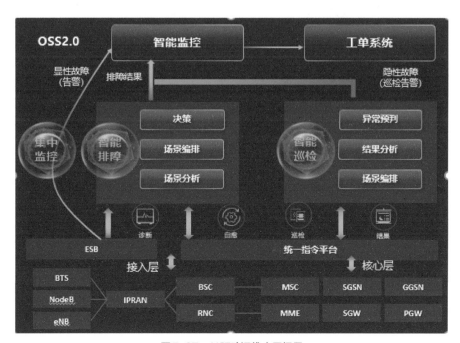

图5-37　AI驱动运维应用场景

本平台基于人工智能算法及原子编排能力，面向网络核心层网元，支持巡检任务灵活定制，并对异常巡检结果全流程调度管理，实现对核心网元隐患快速评估及智能调度管理。本平台面向网络接入层网元，通过对故障流程处理的智能编排，实现对传输无线接入层网元告警智能排障及自动愈合。

1. 灵活原子编排能力

不同设备厂家的设备支持协议不同，对应的指令集也不同，指令下发结果是非结构化数据，需要消耗大量人力，很多流程中具体原始指令一致的，复用度较高。本平台将原始指令进行封装，构建了原子能力库，基于丰富的网络运维原子能力资产库，通过BPM流程引擎，实现排障方案的快速编排、开发，缩短故障流程开发周期，使新流程开发上线周期缩短为原来的1/4。

2. 跨域故障根因溯源

（1）传统传输无线根因定位

本平台基于传输IPRAN、无线基站资源拓扑数据，抽取IPRAN环信息数据、通道数据，建立传输域与无线域的承载关系，并根据业务逻辑、告警关系，构建RCA根因定位模型，实现秒级精准识别传输双边开环、单链故障、电源等故障根因。

（2）NFV跨层根因定位

本平台通过对DC硬件故障、虚拟资源层、业务层告警信息及网络拓扑建模，并根据历史告警关联关系，构建RCA根因识别规则，实现NFV网络垂直跨层、水平跨域、跨DC故障根因定位。

3. 隐患快速预警

快速预警逻辑架构，如图5-38所示。

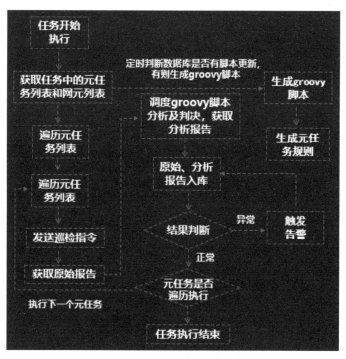

图5-38　快速预警逻辑架构

传统设备告警依靠设备网管已知的显性问题进行监控，设备隐患问题无法通过实时告警方式进行预警。本平台基于AIOps平台构建智能巡检能力，通过自动执行巡检任务，下发巡检指令，对巡检返回结果快速解析，并根据定制的阈值门限触发巡检告警，实现隐患闭环管理。巡检能力具备以下3个特点。

（1）安全性：巡检执行服务的集群负载均衡，

每台执行服务器分配不同数量级的任务。

（2）**高效性：** 巡检指令下发解析支持多线程并发，每个工作线程负责定时从任务执行队列获取任务执行信息，并启动任务执行。任务执行和获取队列在同一个线程运行。

（3）**稳定性：** 巡检具有健康检查机制，对于自身和外部的接口提供可用性检查功能。

三、AI算法应用

1. 基于AI机器学习日志挖掘

在智能运维过程中，需要依靠人工经验加以萃取、建模，形成可复制、可编排的运维模型。在日常维护中，工程师积累下来的每一步操作日志数据是一个丰富的"金矿"。

操作日志数据是结构化数据，对数据进行建模，业务抽象，需要满足一些关键假设。数据处理的原则依赖关键假设的成立以及我们对问题的定义：操作日志序列的Motif Discovery的问题，即时间序列中固定模式的挖掘问题。数据处理过程为先对数据进行清洗降噪，接着进行数据分组，然后进行时间序列转化，最后进行算法输入格式化。具体建模过程，如图5-39所示。

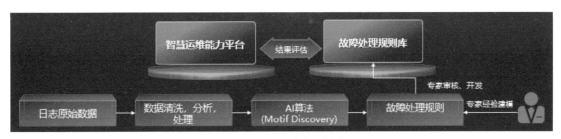

图5-39 AI日志挖掘模型

（1）**将日志编码为时间序列：** 从特定网络运维平台的大量日志中学习这个EMS的日志项字典（日志项"详细信息"模板+编码）；将原始操作序列通过日志项字典转换为时间序列（时间为自然数，值为字典中的编码）。

（2）**在日志序列中挖掘子序列：** "同一种问题的处理过程"（排障规则）可以被视为由日志项形成的时间序列中有意义的子序列。发现这种子序列是Motif Discovery from Time Series领域的课题。本平台通过算法从操作日志中搜索近似重复的子序列，它们可能代表一类排障流程。

（3）**专家监督学习排障流程：** 专家参考故障单、告警序列、产品知识解读和挑选Motif（排障命令序列）；对有效处理某类故障的Motif（命令序列），开发自排障Workflow，丰富自排障的场景；对自排障结果，通过评估效果，持续提升排障模型准确率。

本平台借助海量的操作日志和对应的告警数据，结合专家排障经验，通过机器学习，挖掘自动排障规则；通过专家评审后，部署形成执行的自动排障流程。本平台以长期广泛的机器学习代替人工经验排障，提高运维效率，降低运维成本。

2. 基于AI机器学习电源故障诊断

通信设备故障断电之后，95%的电源故障日志原因会被精准记录下来。本平台基于OMC网管历史告警信息与历史日志信息分析发生小区退服、基站退服电源故障概率，从而根据机器学习算法判断电源故障根因。

（1）电源故障历史概率分析

告警信息和日志信息都可以通过命令从EMS获取，日志信息的事件源和告警信息的告警源是相同的，日志信息的产生时间和告警信息的发生时间是存在同一时段的关系的。

本平台除了分析单独网元发生小区退服是因为电源掉电的概率，还需分析多个小区同时发生小区退服是因为掉电的概率。例如：此次发生小区退服的有3个，根据告警列表统计这3个小区在过去半年同时发生小区退服的总次数为A，然后由告警列表和事件日志共同统计发生小区退服时有B次是因为掉电产生的，概率为B/A。

（2）电源故障预测

将每个对象中历史电源故障概率输出作为实时故障电源原因预测的输入预测因子。还有一个主要输入变量为前次故障发生至今的时间长，按照上一个发生故障的时间点至今的天数输入，其他变量为上述采集特征，根据神经网络算法构建电源故障预测模型，根因定位准确率达到90%。

－特邀点评－

随着计算力的进步、算法的演进，以及移动互联网发展带来的海量数据积累，AI技术焕发出新的活力，在行业上得到越来越多的应用。通过引入AI，对网络数据、业务数据、用户数据等多维数据感知，并基于大数据、算力和算法三大基础能力，将业务、网络、用户高度融合，从而实现高度自治网络，网络运营的模式也将由当前以人驱动为主的人治模式，逐步向网络自我驱动为主的自治模式转变。

——周亮　博士生导师、南京邮电大学通信与信息工程学院副院长

AI技术逐渐成熟，为网络IT能力提升注入新动能。网络、业务、客户、技术、运维等多领域变革驱动网络运维转型。全面推动ABC（人工智能、大数据、云计算）技术在网络IT领域深入应用，构建开放的智慧运营生态和智能化运营支撑能力，提升用户体验、赋能业务创新、增益网络效能，为业务数字化转型、运营互联网化转型注入新动能。

——刘洪波　中国联通智能网络中心副总经理、中国联通智能运维总工程师

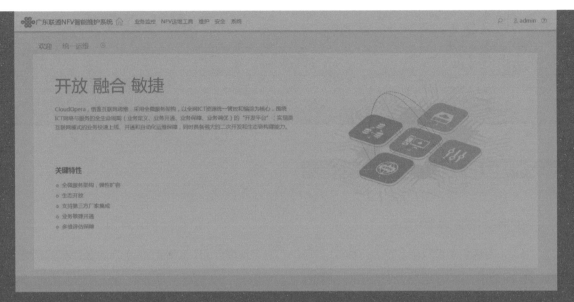

以AI驱动的NFV智能维护平台

中国联合网络通信有限公司广东省分公司

－ 应用概述 －

随着大数据分析及人工智能技术的成熟应用，通信网络维护从传统的被动维护向主动、智能化维护不断演进，可持续提升业务与网络风险和隐患的预测、快速定位及自愈能力降低了故障损失，提高了维护效率。以AI驱动的NFV智能维护平台依托OWS平台架构，借助机器学习和人工智能算法，对告警、日志、性能指标等NFV核心网海量运行数据进行采集、入库、清洗，是面向NFV、云化网络的智能运维产品。以AI驱动的NFV智能维护平台实现了通信网络拓扑可视化、隐性故障发现、故障快速定界及定位、一键业务恢复等功能，并反馈形成专家经验库，指导故障快速处置，从而提高了网络故障处理效率，提升了通信网络的安全可靠性。

－ 技术突破 －

本平台基于OWS平台架构，集合了IPLoM、卡方、3-Sigma、N-gram等多种人工智能算法、海量数据采集、清洗和大数据分析等关键技术。

－重要意义－

本平台通过 AI 算法自动分析和发现 NFV 网络故障，实现了故障快速定界、定位，提高了故障处置效率。

－研究机构－

中国联合网络通信有限公司广东省分公司
华为技术有限公司

－技术与应用详细介绍－

一、虚拟化网络维护难点

NFV（网络功能虚拟化）作为一种 CT 与 IT 进行融合的技术，其初衷是用于解决电信网络现有发展的瓶颈、解决目前业务创新驱动力不足的问题。NFV 通过软硬件解耦及功能抽象，改变网络设备以往烟囱化的架构，使功能与专有硬件分离，从而使底层资源可以灵活共享，实现新业务的快速开发迭代。当前电信网络已迈入虚拟化时代，即将进入 5G 时代。相对传统封闭的电信网络，虚拟化网络因部件多、部件间关联多、风险点多，以及应对保障场景的资源容量评估复杂、操作多导致误操作风险增大、IT 系统受攻击的风险增大等导致风险预防难；因网络拓扑更复杂、业务逻辑不可见、配置风险和资源亚健康隐患容易引发事故，以及恢复手段众多但难以判断使用哪种恢复手段有效而导致事故恢复难；因多部件的故障信息错综复杂对专家经验依赖严重、故障信息统一采集和管理复杂而导致根因定位难。因此，虚拟化网络维护的难度大大增加，而网络故障处理效率和效果是影响运营商网络品牌和价值的重要因素。

二、AI 驱动下的维护模式转型

大数据分析及人工智能技术的成熟应用，使网络维护从传统的被动维护向主动维护、智能维护不断演进。为了可持续提升业务与网络风险和隐患的预测，故障快速定位及自愈能力，降低故障损失，提高维护效率，我们积极开展云平台虚拟化设备智能运维方法的研究，通过应用大数据分析及人工智能技术，开发和部署 NFV 智能运维平台，创新网络维护手段，以"人工智能＋"实现风险预测及预防、故障及时恢复、根因快速定位，降低故障损失，提高维护效率。

三、NFV 故障定界定位的机器学习实践

基于 AI 的 NFV 智能维护平台是一个迭代开发、不断演进的平台，采用了 OWS 工具进行各模块的开发。通过将网络配置、告警、日志、性能指标统一采集、统一呈现、统一入库，打造数据湖底座，并针对异常日志提取采用智能分析平台进行精准分析匹配，给出原因可疑点和处理建议，大大提升了运维效率。平台包括故障可视化分析、跨层日志分析、日志监控及风险预警、一键容灾倒换等功能。

1. 故障可视化分析

故障可视化功能将 NFV 网络的黑盒打开，在 NFVI 网络或硬件导致的故障问题定界定位时，能够根据网络拓扑快速圈定可能影响节点，从而加快故障排查的效率，降低 NFV 定界、定位的技能要求。

故障可视化功能将告警与故障节点关联,自动生成NFV资源拓扑与网络拓扑,基于拓扑,将故障信息与拓扑节点关联,实现故障的可视化。故障信息支持告警、KPI异常监控以及故障预警等,按照严重级别进行不同颜色的呈现。

故障可视化功能基于网络拓扑,按时间与空间维度(水平拓扑+垂直拓扑),联动关联分析多节点、多类型故障信息,提高故障分析效率;基于拓扑关系,将DC内所有的告警按照不同节点进行分类汇聚分析,计算不同节点的故障汇聚得分,故障得分最高表示其为根因的概率最高。维护人员可以结合故障节点的依赖路径,快速找到最大可能的根因节点,如图5-40所示。

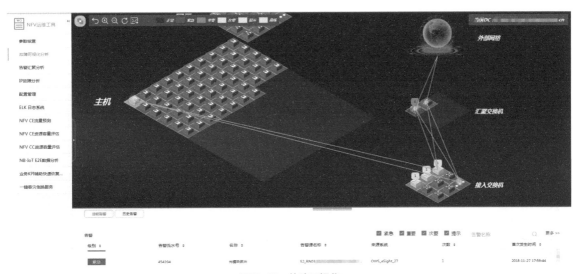

图5-40　故障可视化

2. 日志监控及风险预警

CT和IT的运维有很大的区别,原有CT通过跟踪消息等传统手段定位问题,但在IT及NFV中,日志在故障处理中起着重要的作用。本平台可通过大数据和智能算法,对日志进行深入挖掘分析,打造一站式云化故障处理平台,辅助问题分析及故障根因定位。

NFV智能维护平台对NFV网络的I层、虚拟层、业务层各层海量数据自动采集,将来源、时间和空间维度(包括水平拓扑和垂直拓扑)等要素标注,以文本聚类算法清洗数据,去除非无效信息,把杂乱无章的信息汇聚、归类整理后入库,统一数据存储及数据解析,功能易扩展,支撑常见虚拟资源类故障快速定界、定位价值,实现NFV典型故障快速定界定位。基于AI的日志分析、检测方法如下,并如图5-41所示。

一是日志数量变化检测,通过自动学习到指定的模型数据,以AI算法将实时产生的数量与模型进行对比和匹配,检测数据吞吐量是否有突增、突降等异常行为。

二是日志数据构成变化检测,在历史数据中学习出各个时刻的各个模板,以AI算法检测数据的组成内容是否出现变化。

三是日志数据序列变化检测,以AI算法判断数据序列是否出现变化来发现异常。

四是将不断学习完善的经验库匹配给出故障发生原因点和处理建议,再把经检验确认的经验与故障形成正反馈,进一步完善经验库。

3. 容灾可视和一键倒换

本平台自动采集和检查NFV主用局、容灾局相关网元运行状态、设备健康度、业务健康度、网

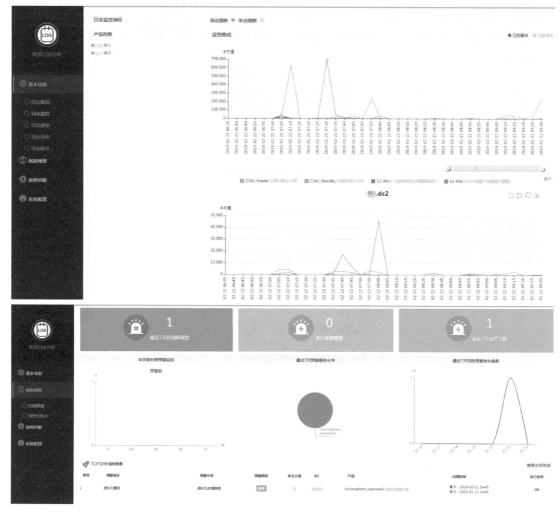

图5-41 基于日志的风险预警

络数据配置、资源容量和利用率等数据，自动评估容灾网元可用性、接管能力，并对比容灾数据的一致性，输出直观分析结果。

通过工具封装容灾倒换命令，实现针对一个或多个网元的一键式容灾倒换及倒换后自动检查，确保倒换顺序准确，降低人员能力要求，提升倒换效率，减少事故影响。

四、使用效果

本平台通过统一界面的下载功能，可解决NFV分层组件多、日志分布分散、数据采集效率低的痛点问题。员工以前纯手工登录后台收集信息，如需采集5个节点数据，则需要登录5个节点、打开3个应用、使用至少5个账号，再通过putty、sftp等多种方式下载，耗费时间长达3~4个小时，而采用系统后单问题信息采集、查询时长压缩至10分钟以内，效率大大提高。

本平台根据规则算法制定特定日志模式作为隐性故障场景预警业务规则，当特定日志检测触发该规则后生成预警并通过短信或邮件告知用户，及时防范故障发生。本平台通过机器学习等方法实现日志类问题15分钟内完成故障定界、定位，故障定界、定位准确率在80%以上。

五、未来发展

下一步，本平台将基于AI对告警、日志、性能指标等网络运行数据进行关联学习和联动分析，增加机器学习的日志安全审计功能，及时识别网络入侵、攻击风险，并进一步提升故障预警、判断的精准性和及时性，打通与网络管理系统、割接系统的连接，整合到统一的生产平台，提供更加便捷的虚拟化网络运行分析、操作结果判断、风险预警及故障处理等智能化维护功能。

－特邀点评－

以AI驱动的NFV智能维护平台以构筑高可靠NFV网络为目标，从隐患预测预防、根因快速定位、故障快速恢复等方面建立起智能化维护体系。工作人员利用NFV智能维护平台，可实现从被动响应处理向主动维护转变，从基于经验操作到大数据分析转变，从"黑盒"到可视化可自定义转变，能有效提升网络主动管理能力和维护工作效率。

NFV网络可视化、自动化和智能化维护是一种革命，以网络虚拟化为契机，实现传统电信网络到虚拟化、云化网络的智能维护转型，以AI提升网络运维管理能力。

——叶晓斌　中国联合网络通信有限公司广东省分公司专家人才、技术总监

贵州智能运维系统
——基于大数据的人工智能运维解决

"智"领未来

有容乃"大"

贵州智能运维系统——基于大数据的人工智能运维解决方案

中国移动通信集团贵州有限公司、中国移动通信集团设计院有限公司

－应用概述－

中国移动通信集团贵州有限公司先后组织市公司、厂家、代维等各级运维主体开展30多次深度调研，经历800+小时联合研发，历时9个月的不断摸索改进后，贵州智能运维系统已上线运营。本系统依托人工智能技术，对运维大数据进行全面分析整合，借助机器学习和人工智能算法，转变运维思路，打造智能化运维系统，从IT智能化、实时可视化等角度发现网络问题、解决运维痛点，并给出相应的优化处理方案，积极调动运维资源，提升网络运维效率，实现降本增效。

－技术突破－

本系统集合Web端运维管理功能、可视化智能App，运用大数据挖掘技术、人工智能技术等关键融合创新技术实现智能运维管控目的。

- 技术与应用详细介绍 -

为解决现阶段网络运维的难点、痛点，借鉴其他行业先进的人工智能技术经验开展运维工作，贵州移动联合设计院共同研发智能网络运维系统，服务全省基站、维护支撑工作。本系统引入人工智能技术，对大量运维数据进行深入分析，为网络运营提供极具业务价值的洞察能力，优先实现系统架构设计研发及底层算法，在业务层面实现站点画像、隐患管理、动态巡检、板件管理、联合派单等功能，并预留功能拓展接口，提高网络运维的效率和质量，减少不必要的重复劳动；通过智能预测，实现主动预防，达到在繁复的运维工作中"降本增效"及构建可持续发展的运维"生态"目标。

一、系统主要功能实现

本系统架构使用目前业内主流、成熟的框架和最佳实践，将集中化、智能化、数据化的理念进行有效固化。智能运维系统架构底层为原始数据输入层，通过ETL（数据仓库技术）在数据存储及后台业务处理层进行解析存储，其包含整个系统的核心部分AI算法平台，数据再经由业务处理层模块化处理，直至相关应用功能（如站点画像、隐患管理、板件管理等）UI业务展示，系统架构如图5-42（左）所示。

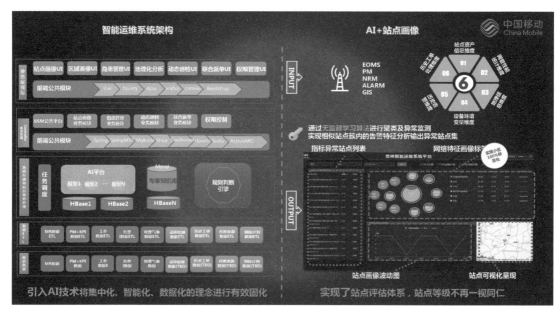

图5-42　系统架构图及站点画像功能实现

1. 站点画像

基于站点设备板件、性能指标、站点环境、基站告警等信息，获取多渠道、多维度运维基础数据作为数据源，通过无监督学习算法进行聚类及异常检测，输出具有网络特征的站点画像标签（实时动态输出高价值隐患站点，辅助人工决策），提供全方位技术支撑与管理协助，建立价值小区聚类分级评估体系，实现对高价值、VIP区域站点资源调度精准配置，有限维护资源精准投放，提升运维效率。目前，本系统已实现全网小区100%标签化，如图5-42（右）所示，呈现的是动态输出高价值隐患站点，辅助人工决策，建立站点评估体系。

本系统应用聚类算法（K-Means）以每个基站作为样本点，以其性能指标参数及历史告警类别和频次作为特征，对所有告警基站进行K-Means聚类，通过不断迭代将告警类型依据相似性能指标进行聚类，深入挖掘各类告警的关键核心特征，作为基站画像、隐患挖掘与管理的基础。本系统引入核密度估计算法进行异常检测，计算正常样本之外

的异常分布可能性，用于异常数据分析、特殊场景分析。对未发生告警的基站进行异常检测，检测其低级别告警、性能指标、业务量、动环、传输等特征是否出现异常，为隐患预测提供辅助信息，最终呈现区域、站点的多维度综合健康度评分，标签化输出异常小区列表。

2. 隐患管理

本系统通过运维专家梳理，选取动力环境、历史工单、网络性能、天气停电、故障告警、综合资管等多个维度数据特征，构建训练数据集。同时，本系统选取多种AI模型进行对比测试，最终利用多层LSTM循环神经网络实现小区退服告警预测，以达到故障预警分析的目的，实现变被动处理为主动预防的运维思路转变，摆脱"救火"的运维状态，实现对故障的事先预判。目前，通过对训练数据集和验证数据集的测试，系统预测小区退服准确率约72%，可将小区退服影响带来的风险降低，如图5-43所示。

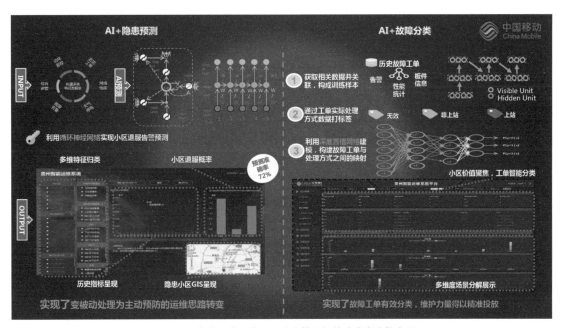

图5-43 智能运维系统——隐患管理与故障分类功能实现

本模块以基站作为样本点，通过常规分类算法将基站分为隐患基站和非隐患基站。模块将隐患基

站性能指标参数、资产信息、地理信息及告警类型级别作为特征，对基站告警隐患进行分级，确定基

240 站隐患级别，根据已训练好的机器学习模型对新样本进行健康度评估，实现设备状态预判。模块对隐患级别高的基站进行重点关注，并将其对应的性能参数指标作为隐患基因统计进入隐患管理库。

本系统基于循环神经网络学习时间序列相关数据的能力，可应用于基站的隐患管理和告警预测。通过将每个基站作为样本，本系统将其历史的性能指标、工参数据、历史天气信息、历史告警数据、历史动环数据作为输入特征，对未来可能发生的重要告警进行预测；通过对历史故障维护数据，包括维护人员、车辆、油机、故障发生频率等信息关联站点维护成本数据建模和预测，本系统最终实现对故障的提前预防，降低基站故障发生概率。

3. 故障分类

本系统通过自动提取历史故障工单，关联告警、性能、板件等数据，形成整体训练样本，并按工单实际处理方式进行标签化处理，当前划分成无效工单、非上站工单、上站工单三类，再运用深度置信网络建模，构建故障工单与处理方式之间的映射关系，实现小区价值聚焦及故障智能有效分类，故障分类准确率可达95%，改变过往粗放式运维

管理模式，维护力量得以精准投放，如图5-39（右）所示。

本系统引入深度置信网络（DBN）对样本类别进行分类，实现设备状态预判。对于样本目标的预测值，系统通过深度置信网络实现基站特征异常概率分析等功能。本系统将基站在发生故障时的性能、业务量、动环、告警等数据作为样本特征，关联故障根因进行建模，构建故障根因分类器，对新发生的故障实现根因分类，实现小区价值聚焦及故障智能有效结合，达到故障智能分类维护的目的。

4. 联合派单

本系统收集不同故障工单发生同期的历史特征数据，同时关联员工擅长的专业领域、工单类型标准化，进行向量化预处理构建训练样本，最终利用协同过滤算法，建模员工与工单的映射，实现工单智能派发。本系统将告警同步信息进行掌上App运维监控呈现、实时告警查询、告警拓扑呈现、智能指导故障处理，方便一线运维人员进行故障解决，随时掌握故障处理动态，提升运维处理效率，同时兼顾板件在线管理、返修、现场巡检信息采集等模块，如图5-44所示。

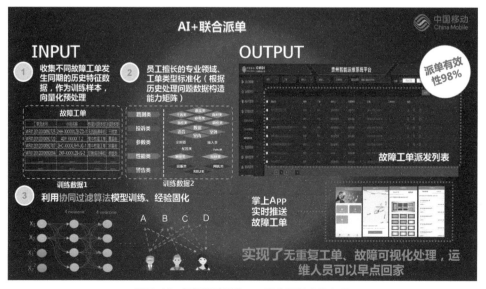

图5-44 智能运维系统——联合派单功能实现

本系统在工单对接流程里对获取的工单数据进 | 行分析整合，归并派单。基于站点画像和隐患管理

功能，预判某个站点或小区出现性能恶化、故障告警概率较高时，根据告警类别，进行多类故障联合派单，减少重复派单数量，通过协同优化算法，建模维护人员与故障处理间的映射关系，实现工单的智能分配，提高一线运维人员的分析和处理效率，同时关联App进行告警推送、派发，告警实时呈现，指导运维人员进行故障处理。

5. 板件管理

本系统全面打造自动化采集现网板件及库存板件多维特征数据库，作为训练样本并做向量化预处理。系统利用常规分类、聚类算法实施精准分类板件及多维特征数据建模，不断完善模型训练，使其经验固化，提高板件维护和调度效率，以实现100%在网板件管理监控，板件位置、流转信息触手可及，在网、返修、备品备件流转的闭环管控，如图5-45所示。

本系统通过采集入网硬件的唯一序列号，建立现网板件信息库，实现在网板件信息实时流转的数据收集，在网返修板件厂家、类型、批次等信息进行监控，依据"扫描入库，审批领用，定期核查"的组织原则，通过App扫码出入库管理，实现板件流转的申请、审批、领用全流程管控；利用常规分类、聚类算法，实施精准板件分类，提高板件维护和调度效率；无线设备采用线上管理模式，针对异常、老化、高频问题板件进行监控和管理，达到异常板件下网处理，对现网板件进行"1对1"流转跟踪，将高频问题板件及时识别替换，确保现网板件运行正常。

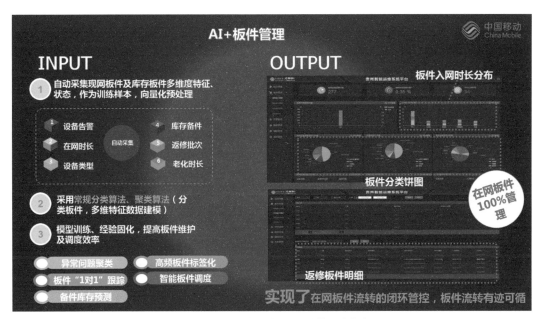

图5-45　智能运维系统——板件管理功能实现

二、应用效果

从系统应用的效果来看，在经济效益方面，经测算，本系统为公司节约成本10%以上；在运维效率提升方面，巡检、故障站点处理时长均缩减至目前的50%~60%，日均巡检、故障站点处理数量提升约50%。运维效率、质量明显提升。

中国移动通信集团贵州有限公司将不断探索人工智能在网络维护支撑领域应用的新场景、新实践。不断变革传统运维模式、提高运维效率、增强运维人员的技术能力，构建可持续发展的运维新"生态"。

AI 赋能：
驱动产业变革的人工智能应用

－特邀点评－

在通信网络运维领域引用AI技术，提升了网络运维效率，改变了网络运维模式，确保用户感知和运营降本增效，实现了运维领域从劳动密集型向技术密集型的转变，构建可持续发展的运维"生态"，助力网络运维质量、效率的提升。

——王西点　中国移动网络规划与设计优化研发中心研发技术总监

传统网络监控和运维处理依靠人工专家完成，消耗了运营商大量的人力、物力，且处理过程非常耗时。本案例基于AI技术构建了通信网络智能运维体系，实现了预测性维护和问题精准定位，在运维效率提升、运维成本控制等多方面进行了大量探索，推动了电信网络运维模式从"被动式处理"转向"主动式预防"。

——王磊　中国移动网络规划与设计优化研发中心高级研究员

本案例针对现阶段网络运维的难点与痛点，通过人工智能技术和大数据挖掘技术的引入，研发网络智能运维系统，在业务层面实现站点画像、隐患管理、动态巡检、板件管理、联合派单等功能。该智能运维系统促进运维效率和质量的明显提升，减少不必要的重复劳动，为公司节约大量成本。本案例是网络传统运维向网络智能运维转变的有效探索和实践，并且在工作效率和经济效益等方面取得了很好的成绩，实际效果好，推广价值大。

——刘永生　中国联通网络技术研究院专家

本案例通过使用人工智能技术和大数据技术，解决传统网络运维的痛点和难点问题，探索从传统运维向智能运维的转变，推动运维模式的变革，实现多项运维能力的智能化、自动化，提升网络运维效率，降低网络运维成本，取得良好的经济效益，最终实现降本增效的目标，是人工智能技术在通信网络领域应用的优秀案例。

——廖军　中国联通网络技术研究院人工智能总监

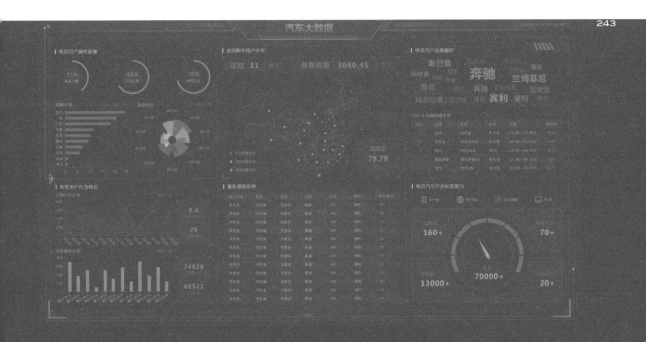

中国电信汽车大数据产品

中国电信云公司

－ 应用概述 －

中国电信汽车大数据产品依托中国电信大数据能力平台和海量数据资源，面向汽车行业，以行业咨询调研、品牌宣传推广、市场营销为出发点，提供运营分析、竞品监测、客群画像、营销线索分析和潜客挖掘等服务。

融合深度BI分析及人工智能技术，汽车大数据产品可以满足客户多维度、多场景的数据洞察服务，并为汽车行业提供深度解决方案及服务支撑，实现中国电信数据资产在汽车领域的技术创新与行业应用。

－ 技术突破 －

本产品基于中国电信大数据能力平台集群架构，综合使用神经网络、随机森林、GBDT等算法，并结合Stacking多模型融合算法实现购车用户的分析与预测。

- 重要意义 -

本产品融合中国电信自有数据及多元外部数据，借助人工智能技术，为行业客户提供深度解决方案，帮助客户提升品牌价值与市场竞争力。

- 研究机构 -

中国电信云公司

- 技术与应用详细介绍 -

一、产品背景与能力优势

在移动互联网时代，手机购物、视频通话、移动支付等数据业务已经不断融入人们的衣食住行，它们在为用户创造全新体验的同时，也为电信运营商默默筑造了一个数据帝国。凭借得天独厚的用户规模及网络优势，运营商拥有的数据资产也具有真实性高、实时性强、覆盖面全、场景丰富等优质特征。中国电信是国内最早完成全国数据集约化管理的运营商，31省的千万级网元数据，日均超百TB的数据汇聚，展现了电信数据的巨大体量；全网全域4门18类数据的整合，则显示了电信数据多维度及规范化的管理。海量高价值数据为AI与中国电信的结合打下了坚实的基础，如果说"AI+运营商"是一段旅程，那么"AI+运营商+汽车"就是中国电信在这段旅程中迈出的坚实而有力的一步。

中国电信汽车大数据产品是电信数据首次在汽车行业深耕并取得突破性进展的产品，它不仅涵盖了以行业经验为主的深度BI分析，同时也引入较为火热的机器学习算法，通过AI技术实现了对人群特征的深度解析、潜客群体聚类以及用户智能推荐。在数据层面，本产品以中国电信全网全域4门18类数据为核心，辅之以互联网公开数据及合作伙伴共享数据，通过对多源数据的融合，构建了汽车行业专属数据集市。在能力层面，本产品基于中国电信大数据能力平台集群架构，满足了多源数据的高并发处理。在模型层面，本产品综合使用神经网络、随机森林、GBDT等算法，并结合Stacking多模型融合算法实现购车用户的分析与预测。

二、产品能力搭建与智能化设计

作为公司首个引入AI技术的分析类产品，汽车大数据产品多从数据角度出发，通过分析数据间的隐含特征及关联关系，完成用户行为预测及能力预估。产品在核心模块设计中运用了深度学习、神经网络等智能化技术，将AI技术赋能汽车行业，实现行业服务的提升，如图5-46所示。

1. 汽车行业数据集市建设

本产品将中国电信自有数据、互联网公开数据和合作伙伴数据进行打通与融合，并构建了汽车行业专属数据集市，同时建立了稳定可靠的数据处理

机制，满足了各类数据接入的高负载、大并发、实时处理响应等要求以及数据加工的多样化需求，展现出较高的业务技术整合能力。

2. 潜客营销线索评估系统

系统基于汽车集市数据，综合人群属性、线上隐性偏好、线下行为特征等信息构建消费者购车意向预测模型。模型从不同角度解析用户的潜在目标车型及真实意愿度，并通过意愿度评分形式对线索进行优先级排序，实现对有效线索的甄别与转换。线索评估系统的智能化设计涵盖以下几个方面的内容。

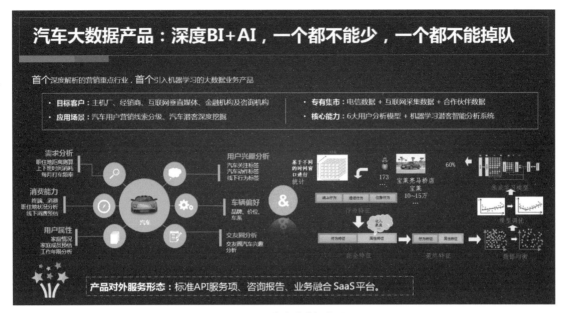

图5-46　汽车大数据产品

（1）移动轨迹分析

移动轨迹是用户移动行为的表征，能够反映用户出行模式及行为特征。移动轨迹分析模型主要通过图挖掘理论及无监督聚类描述用户移动模式，实现对用户通勤行为、到店情况、兴趣区域等特征的分析。

（2）消费能力分析

在购车行为分析中，用户消费水平，消费习惯及消费意愿都将从不同程度上影响用户的购车决策。在用户消费能力判断中，模型利用信息增益分析、数据属性相关分析以及数据归约方法对用户消费特征进行筛选，并基于关联规则、决策树和行业决策知识对用户消费能力进行综合评估。

（3）车辆偏好分析

车辆偏好模型主要基于日常通勤需求、家庭生活需要等情境，通过对用户隐性反馈行为的解析，推断用户对车辆的偏好值。模型基于用户对商品的时序偏好特征分析，可确定用户潜在目标车型、购车预算区间及购车阶段，帮助行业客户提前感知用户意愿，抢占市场先机。

（4）交友圈购车偏好分析

交友圈分析模型使用基于相似度的社区发现方法，根据用户行为特征、联系频次等内容，刻画用户间的关联关系，并以此构建用户家庭圈、朋友圈、工作圈。在用户的交友圈中，模型基于圈内用户偏好品牌、车型以及用户影响力值，计算其对当前用户的购车偏好影响力权重，以此完成用户交友圈的购车偏好分析。

3. 潜客挖掘智能优选系统

潜客挖掘智能优选系统主要是根据已购车用户行为，找寻市场中与之"相似"的群体，以机器学习方式完成潜客挖掘。该系统的核心是用户行为预测，针对用户与4S店关联关系样本，从时间、行为、对象3个维度基于不同的时间窗口统计行为特征，通过对正负样本的解析，挑选出影响力较大的特征集。基于实际业务需求，系统可选择不同特征集、样本集和模型结构对单个GBDT、随机森林、决策树、神经网络等模型进行调优并完成多样化集成。训练后的模型可依据业务需求，完成对全量用户的预测，获取符合要求的潜在用户群。

三、市场应用情况

中国电信汽车大数据产品目前服务的客户共分为两类：汽车行业垂直媒体与汽车经销商。

本产品协助垂直媒体重点实现对其留资用户的全方位画像分析，以及对现有营销线索的评估与分级。通过对存量用户的深度认知，客户可领会用户的真实需求，在服务策略制定方面有的放矢。营销线索的分级可帮助客户在保障营销效果的前提下，降低无效服务量级，实现执行效率的整体提升。

本产品对经销商客户的需求多以定制化服务方式支撑，产品通过引入通信、消费、标签等数据对个体进行分析，同时对不同数据配以相应权重指标，完成潜在用户购车线索筛选，协助客户对不同购车阶段的用户实现精细化运营。

－特邀点评－

汽车潜客挖掘是汽车行业数字营销方面最受关注的内容，其借助数据智能，与"对"的用户进行有效的营销沟通，改善了用户体验，为客户提供了新的选择。电信汽车大数据产品基于汽车集市数据，综合人群属性、线上隐性偏好、线下行为特征等信息构建消费者购车意向预测模型，运用人工智能技术集成建模，充分挖掘了电信多维度的大数据价值，让营销更有效率。

——张宇中　中国电信云公司首席数据分析师

中国电信汽车大数据产品，融合和打通了来自自有、公开和合作伙伴的多源异构数据，建立了科学的数据处理机制，并综合人群属性、线上隐性偏好、线下行为特征等信息构建了消费者购车意向预测模型，基于移动轨迹分析、消费能力分析、车辆偏好分析和交友圈购车偏好分析等实现了有效的线索甄别和转换。

此产品基于中国电信完善的数据集市建设－技术研发－产品化落地体系，充分发挥了中国电信在大数据与人工智能技术上的优势，具有良好的扩展性，可以满足汽车行业垂直媒体、经销商等不同种类客户的多样化需求。

——董滨　理光软件研究所数据挖掘实验室总监

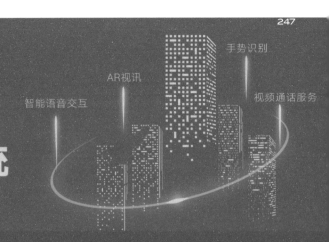

面向家庭的
智能多媒体通信系统

中国移动
China Mobile

智能语音交互　AR视讯　手势识别　视频通话服务

面向家庭的智能多媒体通信系统

中移（杭州）信息技术有限公司

－ 应用概述 －

面向家庭的智能多媒体通信系统是一套支持终端多样化、平台云化的创新语音解决方案。本系统依托中国移动核心资源，采用 IMS/OTT 双域融合方案，支持异构网络、与 VoLTE 优势互补。本系统首次将通信能力赋能多形态终端，通过集成语音识别、声纹识别、人脸识别、手势识别、移动侦测等人工智能创新技术，让通信服务更加智能化、场景化和联动化。本系统成果可广泛应用于家庭、教育、娱乐、安全等领域，满足人们越来越多样化的通信需求。目前，智能多媒体通信系统已服务和家视讯、和家固话、和家看护等多个业务，接入上百款多形态终端，累计发展 3000 万用户。

－ 技术突破 －

本系统融合丰富的 AI 元素，实现智能语音识别、声纹识别、人脸识别、手势识别、移动侦测等先进技术；视频通话服务器平台支持大规模高并发，可伸缩式部署。

－重要意义－

面向家庭的智能多媒体通信系统首次将通信能力赋能多形态终端，支持万物通信，实现了语音通信需求由通用化向场景化的演进，有效地提升了通信业务的市场竞争力。

－研究机构－

中移（杭州）信息技术有限公司

－技术与应用详细介绍－

一、技术突破

　　面向家庭的智能多媒体通信系统是一套自主研发的高质量、全终端覆盖的创新通信解决方案，支持IMS/OTT双平台、双注册，支持特通，符合国家安全要求。本系统通过精简封装支持IMS、OTT双协议的底层通信能力，可满足智能音箱、行车后视镜、机顶盒、摄像头等不同终端设备在语音通信层面的互联互通，为AI时代百花齐放的智能硬件产品赋能，为中国移动家庭业务贡献连接和收入价值。

　　在智能多媒体通信系统中叠加声纹识别技术，可通过识别家庭使用者的声音，匹配对应的通讯录，实现个性化语音控制，使通话效率更高，体验更智能。

　　顶尖图像处理与通信技术的融合，可将3D贴纸、表情特效、魔幻背景、哈哈镜、美肤滤镜应用于视频通话。本系统基于人脸检测及运动追踪，可实现脸部增强现实特效处理，可将画面和声音实时传递给对方，让视频通话更有趣。

　　移动侦测技术、哭声检测技术应用于视频看护系统，可实时掌握老人、婴幼儿、宠物的动态，通过运动检测婴幼儿翻身、跌倒、啼哭时会警示避免危险；当宠物误闯厨房时，会及时提醒报警。

　　该系统采用集群化部署，单机支持2000线音频同时通话，单机支持40万用户同时在线，可随时扩容支持大规模用户；目前，自研OTT音视频通话质量已达到业界领先水平，音视频通话质量方面优于VoLTE和微信（泰尔实验室MATE9手机测试数据：音频MOS值4.2，对比VoLTE为4.1；视频MOS值为4.3，对比VoLTE为4.3，微信为3.9）。

二、智能化设计

　　传统家庭通信以移动电话或微信等社交软件App为主要载体，交互形式比较单一，智能化不足，渐渐难以满足人们日益增长的多样化、多场景家庭通信需求。面向家庭的智能多媒体通信系统融合了互联网通信与传统运营商的通信能力，融入AI元素，可为用户提供覆盖多形态终端（如机顶盒、音箱、摄像头等）跨网络互通的智能多媒体通信服务，实现大、中、小屏家庭通信场景全覆盖，

如图5-47所示。

　　目前，本系统基于自主研发成果积累，已正式推出三款智能通信拳头产品服务于用户：和家固话、和家视讯、和家看护，如图5-48所示。

1. 和家固话，让通信更智能

　　和家固话以智能音箱作为通话终端，通过对接全国移动通信平台，为用户提供一键开通、免安装、家庭群组号码等智能通信服务。用户通过语音

识别技术，声控检索联系人，可免去按键操作，实现通话功能。语音控制拨号可有效提升通话的便利性，为老人、孩子甚至残障人士带来无障碍通信解决方案。此外，和家固话还特别应用了声纹识别技术，可精准识别当前使用者，匹配对应通讯录，解决一户多人使用音箱通话的问题。

图5-47　对接设备

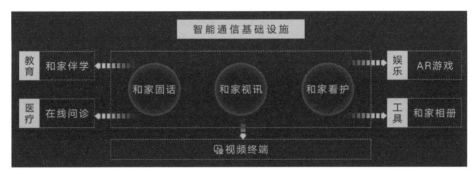

图5-48　智能通信基础设施

2. 和家视讯，让通信更有趣

　　和家视讯是一种集图像、语音、人脸识别、手势识别于一体的智能多媒体通信业务，可满足不同智能终端之间的高清视频通话需求。和家视讯通过动作捕捉、手势识别以及AR增强现实技术，结合3D摄像头的人体追踪定位能力，可实现同屏娱乐互动。

　　和家视讯针对特定的场景，视频通话背景可自动匹配为对应的场景化效果，让通话过程更生动、更有趣。如在新年时，自动在通话背景中添加上红灯笼、鞭炮等喜庆元素；在通话过程中融合抢红包等互动小游戏，增强视频通话的娱乐性。当和家视讯应用于教学视频时，AR技术可强化体验式教学，例如提及热带雨林时，画面即出现热带雨林元素，为用户带来沉浸式场景化体验。

3. 和家看护，让通信更贴心

　　和家看护面向家庭看护场景，以高清摄像头为切入点，对家庭场景进行了全覆盖监控。和家看护后台基于智能云存储系统，可以实时显示画面，跟踪家中情况，实现智能报警通知等。

　　和家看护主要应用了移动侦测和哭声检测技术，可用于远程监控老人、婴幼儿、残障人士、宠物，一旦越过警戒阈值即可触发警报。例如，新生宝宝好动，和家看护通过移动检测，当宝宝翻身、跌倒时会及时警示家长，避免危险；通过哭声检测，宝宝一旦哭闹即可触发安抚音乐并及时启动通知功能；家中老人有紧急情况，可一键紧急呼救，家人可第一时间收到消息、采取措施；在不希望宠物进入的场所（如厨房）设置侦测设备，当宠物误闯时，会及时提醒报警。

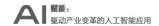

三、市场应用情况

面向家庭的智能多媒体通信系统自2017年9月启动推广，目前累计服务用户量超3000万；在物联网领域，为近百款多形态终端提供智能多媒体通信能力，助力传统通信形态升级；在能力开放层面，多媒体通信系统已对接70余款应用，为咪咕爱看、八闽视频、北京乐活、福建在线医疗等产品通信赋能。中国移动将致力构建以多形态终端为锚点，以多媒体通信业务为触点的软件＋硬件＋增值服务的智能通信生态体系，打造真正以用户为先、体验为先的智能通信服务，如图5-49所示。

图5-49　面向家庭的智能多媒体通信系统

▌ －特邀点评－

智能多媒体技术以智能终端为锚点，深度融合AI技术，将通信能力赋能多形态终端，支持万物通信，在家庭、教育、医疗等领域均可广泛应用，极大地丰富了通信场景，有效提升了通信业务的市场竞争力。随着智能多媒体通信服务入口的搭建，人与人的沟通成本将不断降低，沟通的便利性与趣味性将不断增强，真正实现沟通无处不在。

——程宝平　中国移动杭州研发中心融合通信系统部副总经理

从远古的飞鸽传书、烽火传信，到今天以多形态终端为载体的智能多媒体通信，技术和网络的进步正在激发全新的信息传递方式。可以预见的是，通信服务正逐步走向交互智能、服务泛在和终端多态。多媒体通信技术、AI、多形态的终端，这三者的强强联合，将带给我们越来越多的可能性。这是一次意义重大的前瞻性实践，人与物沟通的触角能延伸至何方，很令人期待。

——张炎　中国移动杭州研发中心副总经理

智慧全域旅游整体方案

联通雄安产业互联网公司

－ 应用概述 －

随着全域旅游市场的不断发展和扩大，为了提高政府对整体旅游产业的把控，提升游客游玩满意度，增强营销黏性，以旅游业带动其他产业，从而增强当地整体经济实力，而提出了一套"旅游+"的智慧全域旅游整体方案。

本方案以1个中心、3个平台、N个景区应用（1+3+N工程）为设计方向，以监管城市旅游产业运行状态为核心，为政府或旅游主管部门提供决策依据，满足游客智慧出行的需求，推动企业快速成长，提升整个城市的旅游信息化水平，塑造城市旅游形象。

－ 技术突破 －

本方案使用SAAS云服务模式、模块化功能架构。

- 重要意义 -	- 研究机构 -
本方案为联通集团级产品，应用成熟；融入旅游产业智慧，进行产业数据整合分析。	联通雄安产业互联网公司

- 技术与应用详细介绍 -

一、全域旅游对智慧旅游提出更高要求

从2014年"互联网＋旅游"概念的出现开始，旅游业被互联网融入，演绎现代旅游业1.0版，到"旅游＋互联网"，旅游业主动拥抱互联网，内生动力，主动作为，跨界融合推动产业转型升级迈向现代旅游业2.0版，再到2016年提出的"从景点旅游模式走向全域旅游"，《"十三五"旅游业发展规划》要求大力推动旅游科技创新，打造旅游发展科技引擎，并着重提出旅游信息化工程建设，建设"12301"智慧旅游公共服务平台、旅游行业监管综合平台、旅游应急指挥体系、旅游信息化标准体系、国家旅游基础数据库，再到2017年首次将"全域旅游"写入中国政府报告，旅游已经成为发展经济、增加就业和满足人民日益增长的美好生活需要的有效手段；2018年成为"美丽中国——全域旅游年"，从此迈进智慧全域旅游时代。

2016年先后两批确定500个"全域旅游示范区"创建单位，2017年增加到7个全域旅游示范省，建成旅游数据中心，成为全域旅游示范区4个验收准入标准之一。

二、行业现状

全国各地旅游资源不尽相同，各有特色，可以开发属于当地特色的旅游项目。自然资源丰富，旅游资源突出，这些都是智慧旅游的基石和着眼点。

"旅游＋形态"的发展促使旅游产业带动整体产业的发展，因而全域旅游整体方案因地制宜的设计可以给当地旅游信息化能力提供基础和保障。

三、全域旅游整体方案的提出

1. 整体设计

根据《"十三五"旅游行业发展规划》和省级相关文件的指导，搭建智慧旅游平台，能够进行全省（市）产业数据整合，通过大数据的应用和运营，打造国际著名、国内一流旅游目的地、打造旅游精品景区，全面提升当地旅游文化的核心吸引力，可以为旅行者保驾护航。

根据整体方案设计思路，提出"1+3+N"工程，建设1个中心，实施3类平台，部署N个应用，如图5-50所示。

2. 整体构架

本方案整体构架，如图5-51所示。

系统架构按层次化、模块化设计原则设计，主要包括设备感知层、网络传输层、SaaS服务应用层、展现层。

图5-50　1+3+N工程

图5-51　整体构架

3. 主要建设内容

（1）1个中心——旅游大数据中心

旅游大数据中心，制定统一的数据采集标准，进行数据采集、编目、分级，实现旅游数据分类归档、授权应用；打破信息孤岛，建立数据共享机制，解决信息数据交换和共享问题；建立"旅游云"数据和技术模型，利用数据挖掘、数据分析技术，构建科学化、智能化、人性化的数据分析系统，发挥数据综合服务和应用效能，提升旅游管理服务水平。

本方案纵向实现与省、市、县（市、区）的旅游主管部门政务信息、旅游企业基础信息、日常经营信息、营销分销数据及行业应用信息的整合；横向实现与应急办、交通、公安、环保、气象、国土资源、文化、卫生等各涉旅部门的数据整合；实现与各行业、各应用系统之间的数据共享与交换，以提高河北旅游信息化的数据处理、访问能力及数据容灾、恢复能力，降低数据安全风险，构建先进、安全、可靠的全省旅游统一信息交换平台，如图5-52所示。

旅游大数据中心数据维度主要来自6个方面。

旅游基础业态数据：包括景区景点、旅行社、餐饮美食、农家乐、旅游厕所等。

运营商数据：包括联通、电信、移动以及银联相关部门的数据。

横向部门数据：包括公安、交通、环保、地震、高速等多个包含旅游行业数据的部门数据。

旅游主管部门数据：包括导游、投诉、咨询等内部业务系统的数据。

互联网数据：携程、同城、新浪、百度等互联

AI 赋能:
驱动产业变革的人工智能应用

254

图5-52 旅游大数据中心数据维度

网评价数据及舆情数据。

其他数据：营销数据、政务类数据等。

（2）智慧管理平台

旅游主管部门的需求主要涉及三项内容：一是构建全区统一的应急指挥联动救援体系，实现日常运行监管和应急指挥调度；二是编制和规划旅游信息化建设标准，从建设内容、组织计划、运营投资政策、技术要求规范和建设标准及服务准则等方面指导企业智慧化建设；三是在推动智慧景区发展过程中的政府服务职能转变，通过旅游资讯宣传、旅游信息公共服务以及信息监控等平台的建设，完善智慧景区建设的后台服务，满足各级相关政府部门

推动旅游产业和旅游信息化的行政办公需求。

本方案整体设计以产业运行监测与应急指挥平台为核心，联合其他产品和平台共同实现智慧旅游，通过产业运行监测与应急指挥平台实现旅游产业数据的整合、交换和共享，通过大数据分析结果进行展现，为管理部门提供决策依据，提升管理效能。

产业运行监测与应急指挥平台通过目前最先进的SaaS服务模式，构建省、市、县（区）3个层级的产业运行监测与应急指挥体系，实现旅游资源整合、旅游信息共享、旅游大数据汇聚处理、挖掘分析，实现应急指挥与公共服务，如表5-2所示。

表5-2 产业监测与应急指挥平台主要功能

分项	具体内容简要描述
SaaS服务平台	完成云计算资源与云存储资源的设计与搭建、产业数据仓库等
数据中心基础平台	按照统一的标准和规范，为支持跨部门、地域间、层级间旅游信息共享而建设的信息服务体系。通过数据资源整合、数据交换、数据处理，实现旅游信息以不同主题纵向在旅游管理部门之间的汇聚和传递，以及数据在横向与行业主管部门、相关行政部门、旅游景区、旅游企业、涉旅行业组织等之间的交换和共享。平台为旅游产业的运行监测、统计分析、公共服务和辅助决策等提供数据支撑服务，同时通过中心管理系统对平台本身进行运行监测
产业运行监测平台	通过平台的建立，及时、有效地整合旅游信息，为日常管理、辅助决策提供服务，促进旅游业的管理更加规范化、科学化、智能化；强化行业监管，为旅游业服务质量的提升打下坚实的基础；结合通信运营商提供的游客分析数据，有效进行景区客流分析、预判及预警
应急指挥平台	在全面了解本地旅游运行特点的基础上，设置应急指挥平台，满足旅游应急事件发生时接出警、信息支撑、联动指挥等需求，有效提升旅游主管部门对各类旅游突发事件应急处置能力
公共服务平台	包括服务游客的旅游公共服务信息发布、服务行政主管领导的重大信息推送领导通、服务行政管理的投诉综合处理平台和满足不同受众的多终端应用平台

本方案可以通过产业监测平台实现对景区实时客流情况、交通拥堵情况、景区酒店投诉、评价情况等相关旅游信息的把握，实现智能旅行，如图5-53所示。

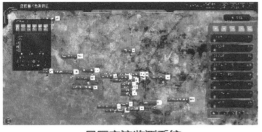
景区客流监测系统

旅游投诉分析系统

应急管理调度系统

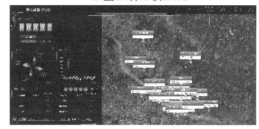
车流量监测系统

图5-53　产业监测平台部分功能模块

（3）智慧服务平台

游客的需求如下。

① 快速获取旅游资讯，制定科学的旅游行程。旅游者在选择旅游目的地，并进行旅游决策时，需要获取大量的旅游目的地的资讯，包括旅游景区的位置、特色旅游产品、旅游线路、景区天气、拥挤程度、涉旅企业诚信等信息，从而为游客制定科学的旅游行程提供决策支撑。

② 有效防范旅游风险，投诉和咨询渠道畅通。游客在旅游目的地购买的当地特产或纪念品往往存在伪劣产品或非正品等情况，希望能有渠道保障旅游购物的质量。

③ 旅游投诉能得到很好的解决。游客在旅游过程中可能会遇到一些欺诈或导游人员非法经营等问题，希望能通过投诉有效解决所投诉的问题，保障游客的消费安全和权益受到保障。

智慧服务平台可以帮助政府通过这个平台为游客提供一些信息化手段，满足他们的需求，实现智慧出行。第一可以通过旅游资讯网进行当地旅游资源查询、预定、消费、支付等，实现便捷旅行；第二可以通过建立官方微信公众号，搭建虚拟体验设备为游客提供更加便捷的出行路线；第三可以通过一部手机游App实现游客随时随地查询旅游信息和更个性化的路线推荐等。

（4）智慧营销平台

大数据应用及运营未来就是要以数据驱动应用，将数据分析结果进行标签用户的推送，实现智慧营销。其中涉及全域旅游网站、电子商务平台、电子票务管理、网络分销等，可实现精准营销。

现在国家也在持续关注旅游扶贫，营销平台中乡村游产品可以帮助乡村旅游商户打破信息孤岛；实现乡村游旅游商户自助共享交互；帮助政府掌握数据，实现旅游富民富村。

（5）智慧体验——N个应用

第一是自助语音导游导览系统。本系统可以根据不同场景设计相应的功能点，为游客在游前、游中提供人性化、智能化的导游导览。

第二是景区应用。智慧景区的建设必不可少的就是基础的信息化应用，如Wi-Fi、智能广播；随着时代的发展，景区信息化水平需要不断提升来满足游客的出游需求。景区可以搭建智慧门禁人脸识别实现快速入园、智慧旅游可以实现游客在景区的自动语音播报、智慧票务提升景区管理效率、智慧泊车解决游客停车难等问题；当然还有一些人工智能AI等高科技产品，如魔幻投影、多媒体沙盘、VR飞行等吸引游客的目光，增加客流进而增加景区收入。

4. 方案总结

整体方案运行方式是以政府引导为导向，政企联合运营为思路，本地化运营团队为重点，打造政府＋承建单位＋运营团队＋线下商家多方联合运营共创共赢的模式，带动经济效益和社会效益。

目前，智慧旅游方案已在一部分省、市、县得到推广应用和落地实施，如河北省旅游云、保定市旅游云、承德市旅游云、平山县旅游云、临城县旅游云、邯郸七步沟景区、邯郸武安东太行智慧景区等，拥有省、市、县景区四级平台实施的成功经验，为旅游信息一体化应用打下良好的基础。

－特邀点评－

智慧旅游助力旅游业认知世界、实现创新、走向融合、提升体验；让旅游业逐步满足社会的个性化需求；引领旅游业向深度和广度迈进；推动旅游业健康可持续发展。

全域旅游的核心价值是"旅游＋"。在互联网和大数据的有效支撑下，旅游＋农业、旅游＋工业、旅游＋科技、旅游＋教育成为人们选择的趋势。旅游行业所追求的"精确管理、精准营销、精细服务"，都是建立在技术融合、应用融合和数据融合的基础之上。智慧化使得旅游产业与社会的融合更加深入，使得"旅游＋逐步"落地。

——廖军　电子科技大学计算机应用技术博士，北京邮电大学通信与信息系统博士后，

教授级高级工程师，中国联通网络技术研究院人工智能总监，

中国联通人工智能专项规划负责人，中国人工智能产业发展联盟标准组副组长

思必驰会话精灵

苏州思必驰信息科技有限公司

- 应用概述 -

会话精灵（Talking Genie）是思必驰新近推出的针对企业信息服务的机器人定制平台。会话精灵基于思必驰首创的启发式对话技术和复杂结构知识管理技术，是一种更流畅的知识和信息的沟通平台，可以帮助企业快速定制专属服务助手，通过口语或文字等多种交互方式，实现企业和用户之间的信息交流与传播；通过将企业的复杂知识和文档进行管理，利用启发式对话适当引导用户关注焦点，帮助用户获取更清晰准确的信息。

- 技术突破 -

思必驰会话精灵集合了领先的自然语言理解、启发式智能交互、复杂结构知识管理等先进人工智能关键技术。

- 重要意义 -

思必驰会话精灵旨在通过人机交互领域的前沿技术研究，为企业提供真正的交互式智能助理与在线客服服务。

- 研究机构 -

苏州思必驰信息科技有限公司（简称"思必驰"）

- 技术与应用详细介绍 -

一、会话精灵

中国客服软件市场经历了3个发展阶段，传统呼叫中心软件、PC网页在线客服+传统客服软件、云客服+客服机器人的智能客服阶段。随着人工智能风潮的掀起，大数据、云计算以及AI技术的发展，研究机构Gartner曾预测，在2020年左右，85%的企业服务都将由人工智能完成，中国智能客服市场将达数百亿级别。目前，国内的智能客服项目多以工单流程为核心，处理售后为主。对其AI化程度的评价标准，一般在于对工单和流程的支持度，即机器的有效拦截率——能够拦截多少个问题流转至人工客服。而除了工单、流程处理以外，企业级的智能服务需求还有很大一块空白没有被满足。

不同领域或同一领域的不同公司、同一公司的不同部门，都有对其独有信息的传播诉求和对外沟通的需求。对用户来说，除了在流程办理之外，常常还希望了解更多相关的知识和信息。对于企业而言，引入"智能客服"的根本目的是加强与客户交流，引导客户了解更多，实现更多商业目标。另外，企业除了要将信息与知识传递给用户外，还希望将长期沉淀下来的知识与信息进行有效的管理以便获取。但当前，在用户与企业的沟通中，仍然存在很大一块需求没有被满足：更主动、更高效的知识传播和交互。

1. 会话精灵的意义

会话精灵是思必驰推出的针对企业智能服务的

定制平台，提供虚拟机器人的在线定制服务。会话精灵基于思必驰首创的启发式对话技术和复杂的结构知识管理技术，是一种更流畅的知识和信息的沟通平台，可以帮助企业快速定制专属服务助手；通过口语或文字等多种交互方式，实现企业和用户之间的无缝无碍交流；通过帮助企业有效地进行复杂知识沉淀和管理，并以启发式对话适当引导用户关注焦点，帮助企业高效传递信息和实现商业目标，实现7×24小时随时在线的全能助手。

2. 启发式智能交互的原理

启发式对话系统是思必驰研发的一种针对企业知识管理，并帮助企业高效传递信息以及实现商业目标的解决方案。在传统人机对话中，用户在提问中占主导地位，机器往往处于被动状态，等待用户提问后，再试图理解用户的意图，只有在发现某些必需的参数信息缺失后，机器才会主动向用户发问。思必驰启发式对话系统支持多轮对话，在思必驰研发的启发式对话中，机器可以适当引导对话方向，一旦用户发起对话，机器在第一轮响应后会主动向用户提问（或提出建议性问题），启发和引导用户进入下一轮的交流。这样除了缓解人们面对机器人不知道该提出什么问题的窘境以外，还能掌握沟通方向。

3. 会话精灵的核心能力

会话精灵将碎片化的知识进行组织以及管理，形成一个知识共享平台，通过对话的形式以及启发式智能交互的手段，让企业能方便地将知识传递给用户，并引导用户实现企业的商业目标。

（1）**知识传播**：会话精灵通过新型的对话知识管理模式，将碎片化的知识进行组织以及管理，形成一个知识共享平台，让客户可以通过对话了解企业的业务、优势、资讯等信息和服务，以此更智能、快捷地服务企业的客户。

（2）**目标引导**：会话精灵通过强大的算法能力在回答完用户的一个问题之后，会根据问题和话题智能地给用户推荐其有可能感兴趣的其他问题，以此引导用户来实现企业的商业目标。

4. 会话精灵的亮点

（1）领先的自然语言处理技术

会话精灵采用了思必驰的语音交互技术。思必驰语音一直在业内处于领先地位。语音识别准确率大于97%；内置多种模式的自然语言理解能力，可以完成基于知识图谱的问答和推理；独创启发式对话技术，在传统对话管理的基础上，增加话题规划和启发式引导能力。

（2）启发式智能交互技术

目前市面上对话机器人的交互模式基本上是由用户先发起提问，对话机器人再被动地回答用户的问题。而采用思必驰启发式智能交互技术的会话精灵会主动出击。会话精灵基于话题树进行话题规划，

在用户提问引发初始人机应答之后，机器将从相关的话题结构中选择相关的推荐问题，以便围绕用户感兴趣的话题进行多轮对话；在回答用户提问的同时，探索用户的真实需求，并逐渐引至最终目标话题，让企业更高效地传递信息和实现商业目标。

（3）复杂结构知识的管理技术

会话精灵支持企业进行知识定制的功能，企业可以通过话题目录树来管理话题和知识，将相同类别的知识放入一个话题中，对知识点进行分类管理。知识定制分成知识卡片和知识问答。

① 知识卡片：通过将具有结构化特点的知识填入知识卡片中，实现知识的卡片化管理，当用户提问到知识卡片中的问题时，后台会自动提取答案并且组织对话进行回答。

② 知识问答：企业通过添加问答的形式录入用户有可能问到的知识点，当用户提问时能对问题进行智能识别、匹配和回答。

（4）创新型交互式官网

目前，官网传递信息的方式很单一，通常将各类信息按模块划分，一般是通过文字、图片、视频等形式。当用户想获取相对复杂或全面的信息时，必须主动寻找（如寻找企业介绍、合作案例、报价等），其效率低下，且交互率低。思必驰会话精灵与官网结合，突破传统冷漠的零交互模式，打造了新

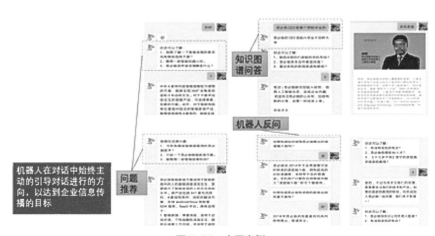

图5-54　应用案例

型的交互式官网，用户打开官网即可与虚拟的官网助手对话，帮助企业更高效的传递有效信息给用户。

会话精灵支持多种应用场景，将在不同应用场景下提供相应的助手服务，如图5-54所示。

① 知识传播场景：如教学助手、企业信息管理助手、垂直领域的百科助手、交互式官网、微信公众号助理、钉钉群助手、智能交互展厅。如虚拟助教——老师将知识点和常见问答录入会话精灵，学生与会话精灵对话，就可以进行复习和答疑解惑。

② 目标引导场景：如销售助手、客服助手、市场助手、故事或音乐智能推荐、HR助手等。

－特邀点评－

目前的专业知识都是分布在各个领域的专业机构中，有很多机构没有足够的人工智能技术积累对这些信息和知识进行处理、组织和交互，从而影响了对内和对外的知识传递效率。思必驰会话精灵就提供了这样一个开发平台，借助领先的自然对话和知识图谱技术，让各领域内的知识可以更加高效的被激发出来，从而搭建起适合自己的知识平台。人工智能对行业的影响，不仅体现在图像和语音上，更加重要的是对我们的自然语言和知识产生重大影响。

——赵云峰　机器之心CEO

思必驰会话精灵是传统企业实现快速AI变革的一把利剑。相信思必驰未来的AI生态布局能力，把智能终端解决方案能力与会话精灵智慧服务能力整合起来，为更广泛领域的企业赋予AI能力。

——李庆成　易讲解CEO

让AI技术走出实验室迈入市场，是AI企业的天赋和使命。思必驰整合智能终端解决方案能力与会话精灵智慧服务能力，为企业发展服务。"主动式的交流才能加速恋爱的步伐"，会话精灵改变传统被动等待式智能客服交互方式，帮企业定制7×24小时的智能服务助手，省去大量重复性工作，解决碎片知识的录入，同时通过启发式对话，积极传播企业关键信息和企业文化。会话精灵力图让企业中的每个人都有AI-CKO，感受智能助理的巨大能量。

——初敏　思必驰北京研发院院长、副总裁

智能客服机器人

全方位智能服务为核心
建设全渠道智能服务机器人

云问智能客服机器人

南京云问网络技术有限公司

- 应用概述 -

云问智能客服机器人针对政务、电商、金融、教育等行业线上与线下交互场景，将机器人核心能力与工作、生活消费及行业智能升级等深度融合，通过智能语义技术定位咨询信息并进行处理，为多渠道业务问答搭建能型客户服务体系，规避重复、低效工作问题，其实质是一款全渠道、一站式、高智能的具有机器人自动用户服务的系统解决方案。

- 技术突破 -

云问智能客服机器人运用DCNN构建机器人话题识别模型、LSTM实现以数据驱动的聊天语言生成、支持多轮会话信息填充自定义配置；长期上下文记忆话题判断准确率91%。

- 重要意义 -

云问智能客服机器人实现"AI+客服"场景的落地性结合，解决了重复、低效工作问题，提升了客服工作效率及岗位价值。

- 研究机构 -

南京云问网络技术有限公司

- 技术与应用详细介绍 -

一、技术特点

1. 技术难点

（1）面向知识图谱构建的基础库语料标注

高质量的语料基础库是高效地构建高质量知识图谱的保证，在应用场景客服数据中，存在大量的从时间、地点、发布部门等不同维度分散的数据，并且新的客服数据源源不断，这对语料切分、高质量语料选择及其分类组织提出了挑战，人工处理会遇到工作量巨大，操作规范难以保证等难题。

（2）大规模营销领域主题词典构造

词是承载语义的最基本的语言单元，因此也是知识图谱构建、智能问答系统中的基础资源。现有的营销业务语料多以文档为单位进行发布和存储，缺少领域主题词的规范定义。因此，如何从大规模文档语料中自动识别主题词、自动检测新主题词，同时实现主题词尤其是低频主题词的分布式表示，是关键和难点之一。

（3）面向客服推理类问题的知识补全

提高推理类问题的回答能力是提升客服智能问题回答正确率和准确率的关键，为此，我们需要找出那些隐藏或隐含在知识图谱中的知识充实知识图谱，以满足回答推理类问题中对知识的需求。这些知识主要包括领域实体间的上下位、部分与整体、等价等关系下隐藏的知识。

2. 关键技术

（1）客服语料标准化技术

本产品分析现有客服语料的特征，研究多源异构语料的获取及融合技术，实现语料的物理集中。

本产品分析客服知识图谱及智能问答系统对语料标准化的需求，从客户、业务及对话3个角度，确定语料库类型及表示形式，实现语料的逻辑集中。

结合专家知识，形成客户语料、业务语料及对话语料的标注方法。

（2）客服语料标注技术

本产品研究基于深度主动学习的语料库标注方法，实现专家和机器协同的递增式语料加工。

本产品研究基于阅读理解的业务语料自动标注技术，并研究基于上下文推理的对话语料自动标注技术，为基于深度主动学习的标注方法提供机器标注结果。

（3）研究客服领域实体消歧等知识融合技术

本产品研究领域内多个知识图谱的合并方法，形成通过实体识别和关系抽取构建的客户图谱、业务图谱等各个知识图谱融合的方案。

本产品研究客服知识图谱中增补常识的方法，将如行政区域划分、季节划分、支付手段等常识对客服领域知识图谱进行增补，形成开放知识常识与客服领域知识图谱的融合技术。

本产品研究由业务数据更新驱动的领域知识图谱演化技术，面向领域的动态业务环境，包括政策文件、问答对话等语料的添加和业务的新旧交替情况下，知识图谱的更新机制。

（4）研究客服领域知识推理、加工技术

本产品研究领域知识图谱的本体构建及推理技术，发现知识图谱中实体之间隐藏的is_a等关键关系，以应对推理类问题求解中对概念实体的上下位关系等知识的需求。

本产品研究领域知识图谱的规则挖掘及推理技术，找出实体关系之间的关联规律，以应对推理类问题求解中对规律性知识的需求。

本产品研究客服领域知识图谱的分布式表示，以实现基于知识图谱高效的实体语义关联，并能够借助词嵌入，将语义关联常识加入领域知识图谱。

本产品研究基于组合推理的知识图谱补全，形成基于本体和规则的逻辑型推理和基于分布式表示的关联型推理的组合机制，发现隐藏和隐含的知识，对知识图谱补全，如图5-55所示。

图5-55　知识图谱示意图

（5）研究智能问答系统的框架设计

本产品分析客服智能问答系统应用场景特征及现有基于FAQ的智能问答系统存在的问题。

本产品开展基于知识图谱问答系统与FAQ问答系统的对比分析，结合客服应用场景特征，研究融合FAQ与知识图谱的客服智能问答系统整体框架。

（6）研究基于领域知识图谱的智能问答关键技术

本产品研究问答系统中FAQ与知识图谱协同应用技术，形成融合FAQ和知识图谱的问答中枢路由方案。

本产品研究基于领域知识图谱的对话理解技术，形成基于知识图谱的对话理解增强和查询重写

方案。

本产品研究知识感知与知识更新技术，形成在智能问答系统中对话数据驱动的知识更新机制。

3. 竞争优势

（1）技术壁垒

用户意图识别：97.5%以上的意图识别，准确率在行业内遥遥领先。

行业DL引擎：行业化构建深度学习机器人话题识别模型。

命名实体抽取：多类命名实体抽取效果评测比赛领先。

用户情感分析：深度学习识别多种情绪类别。

槽位填充：首家支持多轮会话信息填充自定义配置。

长多轮交互：长期上下文记忆话题判断准确率91%。

（2）数据壁垒

交互数据训练：日业务交互量超1000万。

语义容量立方：数千万行业词积累多行业本体模板库。

聊天数据积累：亿级聊天、寒暄语料库。

大量已标注数据：国内客服系统厂商六成采用云问识别引擎并标注使用。

（3）应用优势

多行业覆盖：多行业标杆数据模板覆盖。

商用化经验：6年智能问答项目运营。

灵活配置方案：语义能力及数据接口全开放方案。

AI知识加工：200家以上KA客户知识AI化成功加工流程与引擎。

4. 创新点

创新点1：基于深度主动学习的客服语料标注技术

本产品针对大规模客服语料标注的需求及专家标注存在的难题，提出一种基于深度主动学习的客服语料半自动标注技术，充分利用深度神经网络的特征学习能力，在特征层引入基于不确定度和散度的样本选择策略，在确保标注质量的前提下，降低专家手工标注的成本。

创新点2：基于伪上下文的营销领域低频词表示技术

本产品针对低频领域主题词的语义表示难题，提出一种基于伪上下文的低频词表示模型，根据词的构词结构拆解、相似词的上下文共享等，构造低频词的虚拟上下文进而合成低频词的虚拟训练语料，有效克服低频词训练语料不足的问题，得到更准确的主题词的分布式表示，为领域知识图谱和智能客服系统的构建提供数据支持。

创新点3：融合逻辑型和关联推理的知识图谱补全机制

本产品针对客服领域知识图谱推理中面临的"面向客服推理类问题的知识补全"需求和难题，创新地提出了一种组合了基于本体和规则的逻辑型推理和基于表示学习的关联型推理的知识图谱推理机制，其中包括了基于知识图谱分布式向量化表示基础上的不确定规则挖掘方法、表示学习基础上的马尔科夫逻辑程序不确定规则推理等创新的方法。

创新点4：结合FAQ与知识图谱的智能问答中枢策略设计

本产品针对FAQ与知识图谱在问答中的组合应用难点，设计智能问答中枢模块，结合真实业务消费场景，分发用户问题至对应问答引擎，运用强化学习相关技术，验证FAQ与图谱问答引擎的串并行方案，最终形成基于FAQ与图谱的问答中枢策略，完成图谱问答引擎与原有FAQ问答机器系统的整体融合。

二、应用情况

本产品已形成了一套面向客服领域基于知识图谱的问答技术应用方法：针对客服细化业务场景，基于已构建的领域知识图谱，运用图谱问答的相关技术，解答用户的相关业务问题。图谱问答技术不仅解决了用户对知识推理的需求，也极大地丰富了知识间的关联关系。面向领域的图谱问答技术，结合原有FAQ问答，全方位解决用户真实的知识诉求，增强整体业务问答水平，最终提升用户在人机交互过程中的体验。

目前，云问客服机器人服务用户近10万家，覆盖金融、IT、政务、酒店等60多个行业，迅速发展成为国内覆盖行业最多、用户量最大的服务机器人企业，获得工商银行、邮政储蓄银行、海尔、美的、上海汽车集团等众多知名企业的青睐。

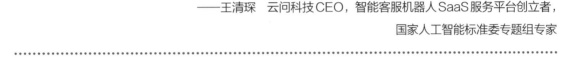

–特邀点评–

近年来，一场以智能机器人取代人工的革命正在客服行业上演，机器人客服已成为活跃在服务行业的主力军。客服机器人不仅带来了管理效率的提升，同时节省了人工服务的成本，提升了服务的接通率。

云问智能客服机器人以NLP技术为核心，人机交互为主要应用方向，让机器通过语义理解精准定位用户意图并抽取相关信息要素，进而完成同用户的智能交互。但云问科技从智能客服起家，如今已不局限于智能客服业务，而是延伸到企业知识交互的全场景，希望打造企业级智能服务的AI大脑。

——王清琛　云问科技CEO，智能客服机器人SaaS服务平台创立者，

国家人工智能标准委专题组专家

云问智能客服机器人是以自然语言处理技术为核心，以问答机器人为载体，为业务交互场景智能化赋能的AI平台。其在推动国内客服行业智能变革，提升工作效率及质量方面，具有创新性开拓意义。

——杜振东　云问NLP研究院技术带头人、首席AI工程师